SCHRIFTEN ZUR HANDELSFORSCHUNG

SCHRIFTEN ZUR HANDELSFORSCHUNG

Herausgegeben von
DR. DR. h. c. RUDOLF SEŸFFERT
o. Professor an der Universität zu Köln

in Gemeinschaft mit

DR. EDMUND SUNDHOFF DR. HANS BUDDEBERG DR. ROBERT NIESCHLAG
o. Professor an der Universität Göttingen o. Professor an der Universität Saarbrücken o. Professor an der Universität München

Nr. 22

UMSATZ, KOSTEN SPANNEN UND GEWINN DES EINZELHANDELS

IN DER BUNDESREPUBLIK DEUTSCHLAND
IN DEM JAHRZEHNT 1949 BIS 1958

WESTDEUTSCHER VERLAG · KÖLN UND OPLADEN

1962

UMSATZ, KOSTEN
SPANNEN UND GEWINN DES EINZELHANDELS

IN DER BUNDESREPUBLIK DEUTSCHLAND
IN DEM JAHRZEHNT 1949 BIS 1958

WESTDEUTSCHER VERLAG · KÖLN UND OPLADEN

1962

ISBN 978-3-322-98056-4   ISBN 978-3-322-98689-4 (eBook)
DOI 10.1007/978-3-322-98689-4

In die Schriftenreihe aufgenommen von Prof. Dr. Dr. h. c. Rudolf Seyffert

Copyright 1962 by Westdeutscher Verlag · Köln und Opladen

VORWORT

Der vorliegende 22. Band der „Schriften zur Handelsforschung" über Umsatz, Kosten, Spannen und Gewinn des Einzelhandels vollendet eine mit dem vor zehn Jahren erschienenen ersten Band der Schriftenreihe begonnene Publikationsfolge, die den Ergebnissen des Betriebsvergleichs des Einzelhandels dient.

Als die Betriebsvergleichsarbeiten des Instituts am 1. Januar 1949 in Räumen, die durch die Kriegsbeschädigungen nur beschränkt benutzbar waren, aufgenommen wurden, so lag der Grund darin, bereits für das erste volle Jahr nach der Währungsreform vom 20. Juni 1948 alle die Zahlen zu erhalten, die für eine langfristige Beobachtung des Einzelhandels wünschenswert sind. Es wurde in den vorbereitenden Besprechungen mit der Hauptgemeinschaft des Einzelhandels und den Fachverbänden, die im Dezember 1948 geführt wurden, von mir betont, daß erst die längeren Reihen Entwicklungstendenzen erkennen lassen und daß die Aufnahme des Vergleichs durch das Institut sich wissenschaftlich nur rechtfertige, wenn mit einiger Sicherheit eine Erhebung durch ein Jahrzehnt hindurch zu erwarten sei. So war schon 1948 an einen Gesamtbericht über den neu aufgenommenen Betriebsvergleich nach zehn Jahren gedacht.

Als Zwischenberichte erschienen die jeweils drei Jahre zusammenfassenden Veröffentlichungen über Beschaffung, Lagerung, Absatz und Kosten des Einzelhandels in den Jahren 1949, 1950 und 1951 (Band 1 der Schriften zur Handelsforschung), 1952, 1953 und 1954 (Band 7 der Schriftenreihe) und 1955, 1956 und 1957 (Band 11 der Schriftenreihe). Zusammen mit den Ergebnissen des Jahres 1958 sind in dem vorliegenden Band 22 nunmehr die Betriebsvergleichsergebnisse in zehnjähriger Reihe publiziert.

Dieser Band stellt keine einfache Zusammenfassung der Dreijahresbände dar. Er bietet die Erhebungsergebnisse (zusätzlich der Handelsspannen) von nunmehr 35 Einzelhandelsbranchen und Teilbranchen in einer doppelten Anordnung. Die Tabellen 1 bis 34 bringen für jede der 34 Auswertungspositionen die Durchschnittsergebnisse jeder Branche, die Tabellen 35 bis 69 für jede der 35 Branchen ihre Auswertungsergebnisse. Da in den beiden Teilen das gleiche Material in doppelter Anordnung enthalten ist, sind nur die Tabellen 1 bis 34 interpretiert worden. Auf die Wiedergabe der Größenklassenergebnisse wurde verzichtet. Sie sind in den Dreijahresberichten zu finden, die für das Jahr 1958 in dem in Vorbereitung befindlichen Dreijahresbericht für 1958, 1959 und 1960. Abweichungen von den Zahlen in den Dreijahresberichten gehen auf Bereinigungen zurück, die inzwischen möglich geworden waren.

Bei Gelegenheit des vorliegenden Zehnjahresberichtes 1949 bis 1958 sei auf die reiche wissenschaftliche Auswertung der Betriebsvergleichszahlen in dieser Zeit hingewiesen. In dem Abschnitt über „Die Veröffentlichung der Betriebsvergleichsergebnisse und ihrer wissenschaftlichen Auswertung" (Seite 7 und 8) sind die aus dem Institute hervorgegangenen Publikationen aufgeführt.

Darüber hinaus haben die ermittelten Zahlen sehr breite Verwendung in sonstigen wissenschaftlichen Veröffentlichungen gefunden und sind auch im Auslande viel genutzt worden, ebenso die Methode, nach der sie erhoben wurden. Es ist anzunehmen, daß ein zweiter Zehnjahresbericht über die Jahre 1959 bis 1968 die internationalen Tabellen enthält, deren Vorbereitung das Institut zur Zeit stark beschäftigt. Ich habe darüber im letzten Jahresbericht des Instituts ausführlicher berichtet (Mitteilungen des Instituts für Handelsforschung, Heft 90, Seite 1007).

Die Bearbeitung des vorliegenden Zehnjahresberichts lag bei dem Leiter der Betriebsvergleichsabteilung des Instituts, Dipl.-Kfm. Dr. Hans P h i l i p p i , auf den auch die textlichen Fassungen zurückgehen und den Diplom-Kaufleuten Dr. Robert Menge, Karl Steinbüchel und Hans Zopp.

K ö l n , den 28. Februar 1962

SEŸFFERT

INHALTSVERZEICHNIS

TEXTTEIL

	Seite
A. Zweck und Methode des Betriebsvergleichs	3
I. Die Aufgaben des Betriebsvergleichs	3
II. Die methodische Entwicklung des Betriebsvergleichs	3
III. Die Veröffentlichung der Betriebsvergleichsergebnisse und ihrer wissenschaftlichen Auswertung	7
IV. Die Berechnung der Durchschnittswerte des Betriebsvergleichs	8
V. Erläuterung der bei der Auswertung verwandten Begriffe	9
B. Bericht über die Betriebsvergleichsergebnisse in den Jahren 1949 bis 1958	15
I. Die Zusammensetzung und Entwicklung des Kreises der teilnehmenden Betriebe	15
1. Die Aufgliederung der Betriebe nach Branchen	15
2. Die regionale Verteilung der Betriebe	16
3. Die Größe der Betriebe	16
II. Die Absatzentwicklung	17
1. Die wertmäßige Absatzentwicklung	17
2. Die preisbereinigte Absatzentwicklung	18
III. Die Personal-, Raum- und Lagerleistung	18
1. Der Absatz je beschäftigte Person	19
2. Der Absatz je qm Geschäftsraum	21
3. Die Lagerbestände und die Lagerumschlagsgeschwindigkeit	22
IV. Die Kreditsituation	23
1. Der Anteil der Kreditverkäufe am Gesamtabsatz	23
2. Die Höhe der Außenstände	24
3. Die Aufgliederung der Kreditverkäufe nach der Form der Kreditgewährung	25

		Seite
V. Die Kostensituation		26
1. Die Entwicklung der Gesamtkosten		26
2. Die Entwicklung der Kostenarten		27
a) Die Personalkosten		27
b) Die Miete		29
c) Die Reklamekosten		31
d) Die Steuern		32
e) Die Abschreibungen		32
f) Die Zinsen für Eigenkapital		32
g) Die sonstigen Kosten		34
VI. Die Ertragssituation		35
1. Die Betriebshandelsspanne		35
2. Das betriebswirtschaftliche Betriebsergebnis		36
3. Das steuerliche Betriebsergebnis		36

TABELLENTEIL

Tabelle 1:	Gliederung der in den Jahren 1949 bis 1958 am Betriebsvergleich des Einzelhandels beteiligten Betriebe nach Branchen und Teilbranchen	41
Tabelle 2:	Die Zahl der beschäftigten Personen je Einzelhandelsbetrieb im Durchschnitt der Branchen in den Jahren 1949 bis 1958	42
Tabelle 3:	Der Absatz je Betrieb in Tausend DM im Durchschnitt der Branchen in den Jahren 1949 bis 1958	43
Tabelle 4:	Die wertmäßige Absatzentwicklung im Durchschnitt der Branchen in den Jahren 1949 bis 1958 (1949 = 100)	44
Tabelle 5:	Die Preisentwicklung im Durchschnitt von 14 Branchen in den Jahren 1949 bis 1958 (1949 = 100)	45
Tabelle 6:	Die preisbereinigte Absatzentwicklung im Durchschnitt von 14 Branchen in den Jahren 1949 bis 1958 (1949 = 100)	46
Tabelle 7:	Der Absatz je beschäftigte Person in DM im Durchschnitt der Branchen in den Jahren 1949 bis 1958	47
Tabelle 8:	Der Absatz je Quadratmeter Geschäftsraum in DM im Durchschnitt der Branchen in den Jahren 1951 bis 1958	48
Tabelle 9:	Die Zahl der Quadratmeter Geschäftsraum je beschäftigte Person im Durchschnitt der Branchen in den Jahren 1951 bis 1958	49
Tabelle 10:	Die Entwicklung des durchschnittlichen Lagerbestandes je Betrieb im Durchschnitt der Branchen in den Jahren 1949 bis 1958 (1949 = 100)	50
Tabelle 11:	Die Umschlagsgeschwindigkeit des Warenlagers im Durchschnitt der Branchen in den Jahren 1949 bis 1958	51
Tabelle 12:	Der Lagerbestand je beschäftigte Person in DM im Durchschnitt der Branchen in den Jahren 1949 bis 1958	52

		Seite
Tabelle 13:	Der Anteil der Kreditverkäufe in Prozenten des Absatzes im Durchschnitt der Branchen in den Jahren 1951 bis 1958	53
Tabelle 14:	Die Höhe der Außenstände am Jahresende in Prozenten des Absatzes im Durchschnitt der Branchen in den Jahren 1951 bis 1958	54
Tabelle 15:	Die Aufgliederung der Kreditverkäufe nach Kreditarten in Prozenten im Durchschnitt der Branchen in den Jahren 1952 und 1958	55
Tabelle 16:	Die Entwicklung der Gesamtkosten im Durchschnitt der Branchen in den Jahren 1949 bis 1958 (1949 = 100)	56
Tabelle 17:	Die Gesamtkosten in Prozenten des Absatzes im Durchschnitt der Branchen in den Jahren 1949 bis 1958	57
Tabelle 18:	Die Personalkosten (mit Unternehmerlohn) in Prozenten des Absatzes im Durchschnitt der Branchen in den Jahren 1949 bis 1958	58
Tabelle 19:	Die durchschnittliche Vergütung je beschäftigte Person in DM im Durchschnitt der Branchen in den Jahren 1949 bis 1958	59
Tabelle 20:	Die Personalkosten (ohne Unternehmerlohn) in Prozenten des Absatzes im Durchschnitt der Branchen in den Jahren 1949 bis 1958	60
Tabelle 21:	Der Unternehmerlohn in Prozenten des Absatzes im Durchschnitt der Branchen in den Jahren 1949 bis 1958	61
Tabelle 22:	Die Miete bzw. der Mietwert in Prozenten des Absatzes in den Jahren 1949 bis 1958	62
Tabelle 23:	Die Miete je Quadratmeter Geschäftsraum in DM im Durchschnitt der Branchen in den Jahren 1951 bis 1958	63
Tabelle 24:	Die Reklamekosten in Prozenten des Absatzes im Durchschnitt der Branchen in den Jahren 1949 bis 1958	64
Tabelle 25:	Die Reklamekosten je beschäftigte Person in DM im Durchschnitt der Branchen in den Jahren 1949 bis 1958	65
Tabelle 26:	Die Steuern in Prozenten des Absatzes im Durchschnitt der Branchen in den Jahren 1949 bis 1958	66
Tabelle 27:	Die Abschreibungen in Prozenten des Absatzes im Durchschnitt der Branchen in den Jahren 1949 bis 1958	67
Tabelle 28:	Die Zinsen für Eigenkapital in Prozenten des Absatzes im Durchschnitt der Branchen in den Jahren 1949 bis 1958	68
Tabelle 29:	Die Sonstigen Kosten in Prozenten des Absatzes im Durchschnitt der Branchen in den Jahren 1949 bis 1958	69
Tabelle 30:	Die Zinsen für Fremdkapital in Prozenten des Absatzes im Durchschnitt der Branchen in den Jahren 1954 bis 1958	70
Tabelle 31:	Die Betriebshandelsspanne in Prozenten des Absatzes im Durchschnitt der Branchen in den Jahren 1949 bis 1958	71
Tabelle 32:	Das betriebswirtschaftliche Betriebsergebnis in Prozenten des Absatzes im Durchschnitt der Branchen in den Jahren 1949 bis 1958	72
Tabelle 33:	Die Gesamtkosten (ohne Unternehmerlohn und ohne Zinsen für Eigenkapital) in Prozenten des Absatzes im Durchschnitt der Branchen in den Jahren 1949 bis 1958	73
Tabelle 34:	Das steuerliche Betriebsergebnis in Prozenten des Absatzes im Durchschnitt der Branchen in den Jahren 1949 bis 1958	74
Tabelle 35:	Umsatz, Kosten, Spannen und Gewinn des Lebensmitteleinzelhandels in den Jahren 1949 bis 1958	75
Tabelle 36:	Umsatz, Kosten, Spannen und Gewinn der Drogerien in den Jahren 1949 bis 1958	76
Tabelle 37:	Umsatz, Kosten, Spannen und Gewinn der Reformhäuser in den Jahren 1955 bis 1958	77

		Seite
Tabelle 38:	Umsatz, Kosten, Spannen und Gewinn des Tabakwareneinzelhandels in den Jahren 1949 bis 1958	78
Tabelle 39:	Umsatz, Kosten, Spannen und Gewinn des Textileinzelhandels insgesamt in den Jahren 1949 bis 1958	79
Tabelle 40:	Umsatz, Kosten, Spannen und Gewinn des Textileinzelhandels mit vorwiegend Herren- und Knabenoberbekleidung in den Jahren 1951 bis 1958	80
Tabelle 41:	Umsatz, Kosten, Spannen und Gewinn des Textileinzelhandels mit vorwiegend Damen-, Mädchen- und Kinderoberbekleidung in den Jahren 1951 bis 1958	81
Tabelle 42:	Umsatz, Kosten, Spannen und Gewinn des Textileinzelhandels mit vorwiegend Herren-, Damen- und Kinderoberbekleidung in den Jahren 1949 bis 1958	82
Tabelle 43:	Umsatz, Kosten, Spannen und Gewinn des Textileinzelhandels mit vorwiegend Meterwaren in den Jahren 1949 bis 1958	83
Tabelle 44:	Umsatz, Kosten, Spannen und Gewinn des Textileinzelhandels mit vorwiegend Wäsche, Wirk- und Strickwaren in den Jahren 1949 bis 1958	84
Tabelle 45:	Umsatz, Kosten, Spannen und Gewinn des Textileinzelhandels mit vorwiegend Haus- und Bettwäsche, Bettwaren in den Jahren 1951 bis 1958	85
Tabelle 46:	Umsatz, Kosten, Spannen und Gewinn des Textileinzelhandels mit vorwiegend Herrenausstattung in den Jahren 1953 bis 1958	86
Tabelle 47:	Umsatz, Kosten, Spannen und Gewinn des Textileinzelhandels mit vorwiegend Teppichen, Möbelstoffen und Gardinen in den Jahren 1953 bis 1958	87
Tabelle 48:	Umsatz, Kosten, Spannen und Gewinn des Textileinzelhandels mit gemischtem Sortiment in den Jahren 1949 bis 1958	88
Tabelle 49:	Umsatz, Kosten, Spannen und Gewinn des Schuheinzelhandels in den Jahren 1949 bis 1958	89
Tabelle 50:	Umsatz, Kosten, Spannen und Gewinn des Möbeleinzelhandels in den Jahren 1949 bis 1958	90
Tabelle 51:	Umsatz, Kosten, Spannen und Gewinn des Beleuchtungs- und Elektroeinzelhandels in den Jahren 1949 bis 1958	91
Tabelle 52:	Umsatz, Kosten, Spannen und Gewinn des Glas-, Porzellan- und Keramikeinzelhandels in den Jahren 1949 bis 1958	92
Tabelle 53:	Umsatz, Kosten, Spannen und Gewinn des Eisenwaren- und Hausrathandels insgesamt in den Jahren 1949 bis 1958	93
Tabelle 54:	Umsatz, Kosten, Spannen und Gewinn des Eisenwaren- und Hausrathandels mit vorwiegend Haus- und Küchengeräten in den Jahren 1949 bis 1958	94
Tabelle 55:	Umsatz, Kosten, Spannen und Gewinn des Eisenwaren- und Hausrathandels mit vorwiegend Kleineisenwaren, Werkzeugen in den Jahren 1949 bis 1958	95
Tabelle 56:	Umsatz, Kosten, Spannen und Gewinn des Eisenwaren- und Hausrathandels mit vorwiegend Öfen und Herden in den Jahren 1949 bis 1958	96
Tabelle 57:	Umsatz, Kosten, Spannen und Gewinn des Eisenwaren- und Hausrathandels mit gemischtem Sortiment in den Jahren 1949 bis 1958	97
Tabelle 58:	Umsatz, Kosten, Spannen und Gewinn des Tapeten- und Linoleumhandels in den Jahren 1949 bis 1958	98
Tabelle 59:	Umsatz, Kosten, Spannen und Gewinn des Papier-, Bürobedarf- und Schreibwareneinzelhandels in den Jahren 1949 bis 1958	99
Tabelle 60:	Umsatz, Kosten, Spannen und Gewinn des Büromaschinen-, Büromöbel- und Organisationsmittelhandels in den Jahren 1949 bis 1958	100
Tabelle 61:	Umsatz, Kosten, Spannen und Gewinn des Fahrradeinzelhandels in den Jahren 1949 bis 1958	101

		Seite
Tabelle 62:	Umsatz, Kosten, Spannen und Gewinn des Radio- und Fernseheinzelhandels in den Jahren 1952 bis 1958	102
Tabelle 63:	Umsatz, Kosten, Spannen und Gewinn des Photoeinzelhandels in den Jahren 1949 bis 1958	103
Tabelle 64:	Umsatz, Kosten, Spannen und Gewinn des Uhren-, Juwelen-, Gold- und Silberwareneinzelhandels in den Jahren 1951 bis 1958	104
Tabelle 65:	Umsatz, Kosten, Spannen und Gewinn des Leder- und Galanteriewareneinzelhandels in den Jahren 1949 bis 1958	105
Tabelle 66:	Umsatz, Kosten, Spannen und Gewinn des Sportartikeleinzelhandels in den Jahren 1951 bis 1958	106
Tabelle 67:	Umsatz, Kosten, Spannen und Gewinn des Sortimentsbuchhandels in den Jahren 1949 bis 1958	107
Tabelle 68:	Umsatz, Kosten, Spannen und Gewinn der Blumenbindereien in den Jahren 1952 bis 1958	108
Tabelle 69:	Umsatz, Kosten, Spannen und Gewinn der Gemischtwarengeschäfte im Jahre 1958	109

TEXTTEIL

A. Zweck und Methode des Betriebsvergleichs

I. Die Aufgaben des Betriebsvergleichs

Der Betriebsvergleich hat sich verschiedene Aufgaben zum Ziel gesetzt. Einmal will er den Einzelbetrieben die Möglichkeit einer laufenden Kontrolle ihres Betriebsablaufs geben. Durch die Übermittlung wichtiger Umsatz-, Leistungs-, Kosten- und Ertragszahlen einer Vielzahl von Firmen sollen die Mängel der Betriebe aufgedeckt und Ansatzpunkte für ihre Beseitigung gewonnen werden. Neben dieser vornehmlich auf den Einzelbetrieb abgestellten Aufgabe des Betriebsvergleichs liegt ein weiterer Zweck in der betriebswirtschaftlichen Analyse des Handels. Auf dem empirischen Zahlenmaterial aufbauend, können die Struktur und Leistungszusammenhänge der Betriebe erkannt und durch die Feststellung von Gesetzmäßigkeiten, ihrer Ursachen und Auswirkungen, Erkenntnisse über die zweckmäßige Gestaltung des Einzelhandelsbetriebes gewonnen werden. Besonders in dieser Möglichkeit des Betriebsvergleichs liegt seine Bedeutung für das Institut, dessen Aufgabe die Handelsforschung ist. Drittes Ziel des Betriebsvergleichs ist schließlich die zahlenmäßige Dokumentation der Situation des Einzelhandels. An keiner anderen Stelle in der Bundesrepublik Deutschland werden zur Zeit zentral für das gesamte Bundesgebiet gleichzeitig Umsatz-, Leistungs- und Kostenzahlen sowie Betriebshandelsspannen und Betriebsergebnisse für den Einzelhandel laufend ermittelt. Insofern ist das Zahlenmaterial des Instituts eine wesentliche Grundlage für die Beobachtung und Beurteilung der Leistung dieses wichtigen Wirtschaftsbereiches.

II. Die methodische Entwicklung des Betriebsvergleichs

Bei Beginn des Betriebsvergleichs im Jahre 1949 war das vom Institut verwendete Verfahren noch relativ einfach. Die wichtigsten Umsatz-, Leistungs- und Kostenzahlen wurden in monatlichen Abständen erhoben und in Tabellen mit den Durchschnittsergebnissen der nach der Zahl der beschäftigten Personen gebildeten Größenklassen und der gesamten Branche bekanntgegeben. Die ersten Erfahrungen der Praxis und des Instituts zeigten, daß der Betriebsvergleich in dieser Form den einzelnen Firmen noch keine ausreichenden Möglichkeiten für eine eingehende betriebswirtschaftliche Analyse bot. Die Vergleichbarkeit war beeinträchtigt, weil zwischen den einzelnen Firmen erhebliche strukturelle Unterschiede vorhanden und somit Abweichungen von den Durchschnittswerten bedingt waren. Bereits im Jahre 1951 ist deshalb das Institut zum synoptischen Vergleich übergegangen. Die synoptischen Tabellen enthalten neben den Durchschnittsergebnissen der Größenklassen und der Branche unter einer Kennnummer auch die Einzelergebnisse aller beteiligten Firmen. Durch die Kennzeichnung der wichtigsten Strukturmerkmale, z. B. der Betriebsgröße, des Standortes, der Sortimentsstruktur, gibt der synoptische Vergleich die Möglichkeit, ähnlich gelagerte Firmen herauszufinden. Hiermit können die von der Struktur ausgehenden Einflüsse ausgeschaltet und die echten Leistungsunterschiede erkannt werden.

Von Januar 1951 bis Dezember 1953 wurde der synoptische Vergleich in monatlichen Abständen durchgeführt. Die synoptischen Monatstabellen enthielten neben den Strukturmerkmalen den Absatz, die Absatz- und Beschaffungsentwicklung gegenüber dem Vorjahrsmonat, den Absatz je beschäftigte Person, den Absatz je Kunde und an Kostenzahlen die Gesamtkosten sowie als wichtigste Kostenart die Personalkosten in Prozenten vom Absatz. Die Erfahrungen dieses Zeitraumes zeigten, daß die monatlichen Kostenzahlen der einzelnen Firmen nur bedingt vergleichbar waren. Es war dem überwiegenden Teil der Firmen nicht möglich, die Kosten auf den jeweiligen Monat abzugrenzen. Die Meldung erfolgte vielmehr nach den Zahlungsterminen, die bei den einzelnen Firmen unterschiedlich waren. Bei dem kurzen Zeitraum eines Monats führten diese Abgrenzungsschwierigkeiten zu ungewöhnlich starken Unterschieden in der prozentualen Kostenbelastung der einzelnen Firmen, die nicht leistungsabhängig, sondern erhebungstechnisch bedingt waren. Aus diesem Grunde ist das Institut ab Januar 1954 zum synoptischen Quartalsvergleich übergegangen. Die synoptische Quartalstabelle entsprach im wesentlichen der bis dahin verwendeten Monatstabelle, brachte jedoch neben den Gesamtkosten und den Personalkosten auch einen Überblick über die Mietkosten, die Reklamekosten, die Steuern und die sonstigen Kosten. Monatlich erhielten die Firmen von diesem Zeitpunkt an einen Schnellbericht, der in Branchendurchschnittswerten die Absatz-, Beschaffungs- und Lagerentwicklung sowie den Absatz je beschäftigte Person auswies. Es zeigte sich jedoch, daß dieser gedrängte Bericht den Firmen für die monatliche Beurteilung der Umsatzentwicklung nicht ausreichte. Deshalb wird ab Januar 1958 eine synoptische Monatstabelle benutzt, die neben den Strukturmerkmalen die Absatz- und Beschaffungsentwicklung sowie den Absatz je beschäftigte Person enthält. Die Quartalstabelle wird in der alten Form, d. h. unter Berücksichtigung der Kosten, weiter fortgeführt. Jeweils ein Muster der heute verwendeten synoptischen Monats- und Quartalstabelle ist auf den Seiten 5 und 6 abgedruckt.

Neben den Monats- und Quartalserhebungen erfolgt nach Abschluß des Jahres eine umfangreiche Jahreserhebung. 1949 und 1950 wurden die Jahresergebnisse nur in Durchschnittszahlen ermittelt. Ab 1951 erfolgt auch der Jahresvergleich in synoptischer Form. Neben den in der Quartalstabelle bekanntgegebenen Zahlen enthält die Jahrestabelle eine Reihe weiterer Vergleichspositionen. Zur Beurteilung der Raumleistung wird der Absatz je Quadratmeter Geschäftsraum (ab 1959 auch der Absatz je Quadratmeter Verkaufsraum), zur Beurteilung der Lagerleistung die Lagerumschlagsgeschwindigkeit, der Lagerbestand je beschäftigte Person sowie die Lagerentwicklung und zur Beurteilung der Kreditsituation der Anteil der Kreditverkäufe am Absatz, die Höhe der Außenstände sowie die Aufgliederung der Kreditverkäufe nach der Form der Kreditgewährung (1. unmittelbar in Verbindung mit Teilzahlungs-Finanzierungs-Instituten gewährte Teilzahlungsverkäufe, 2. alle übrigen Teilzahlungsverkäufe, die in eigener Regie abgewickelt werden, 3. alle sonstigen Kreditverkäufe — offene Buchkredite, Anschreiben usw. —) ausgewiesen. Bei den Kostenarten erfolgt gegenüber der Quartalsauswertung eine stärkere Differenzierung, wobei zusätzlich die sich erst aus dem Jahresabschluß ergebenden Abschreibungen sowie die kalkulatorischen Zinsen für das im Betrieb arbeitende Eigenkapital wiedergegeben werden. Die Handlungskosten werden im Interesse eines betriebswirtschaftlich exakten Vergleichs einschließlich der kalkulatorischen Kostenarten erhoben. Für die Tätigkeit des Inhabers und seiner mithelfenden Familienangehörigen wird ein Entgelt (Unternehmerlohn), für die Benutzung eigener Räume ein Mietwert und für den Einsatz von Eigenkapital Zinsen in Ansatz gebracht. Die Erfassung der kalkulatorischen Kostenarten ist trotz mancher Schwierigkeiten bei der Erhebung notwendig, um die Vergleichbarkeit der Betriebe bei unterschiedlicher Rechtsform, Gebäudeeigentum und Kapitalausstattung zu gewährleisten. Insbesondere sollen auch die Differenzierungen ausgeglichen werden, die sich bei unterschiedlicher Betriebsgröße ohne Berücksichtigung der kalkulatorischen Personalkosten ergeben würden.

Im einzelnen sind in der synoptischen Jahrestabelle folgende Kostenarten ausgewiesen:
Personalkosten,
Unternehmerlohn,
Miete bzw. Mietwert,
Umsatzsteuer,
Gewerbesteuer,
Reklamekosten,
Zinsen für Fremdkapital,
Zinsen für Eigenkapital,
Abschreibungen,
sonstige Kosten.

Aus der Jahresauswertung ergeben sich außerdem:
Betriebshandelsspanne,
betriebswirtschaftliches Betriebsergebnis,
steuerliches Betriebsergebnis.

In Anbetracht der Kurzfristigkeit der Auswertungsperioden und infolge der Streuung der Teilnehmer über das gesamte Bundesgebiet ist die Erhebung des Zahlenmaterials nur mit Hilfe von Fragebogen möglich. Um die Meldung von falschen Zahlen soweit wie möglich auszuschalten, wird in den Frage-

BETRIEBSVERGLEICH DES INSTITUTS FÜR HANDELSFORSCHUNG AN DER UNIVERSITÄT ZU KÖLN

Synoptische Monatstabelle der Firmen-, Größenklassen- und Branchenergebnisse des Lebensmittel-Einzelhandels

Streng vertraulich, nur für den Eigengebrauch der Geschäftsleitung bestimmt

Jede Weiter- oder Bekanntgabe an Dritte, auch auszugsweise, unzulässig. Unter Verschluß aufbewahren

Kenn-Nummer	Strukturmerkmale siehe Schlüssel			Warenabsatz			Warenbeschaffung
	Land bzw. Gebietslage	Ortsgröße	Geschäftslage	in 1000 DM	je beschäftigte Person in DM	in % des Vorjahresmonats	in % des Vorjahresmonats
1	2	3	4	5	6	7	8

Größenklasse 2–3 beschäftigte Personen

Kenn-Nr.	2	3	4	5	6	7	8
0001	3	7	2	14	4569	96	109
0005	2	7	4	19	6320	107	116
0013	6	4	7	10	4929	106	98
0015	6	2	7	11	3463	105	98
0034	5	7	5	6	2923	83	98
0040	5	4	7	5	3487	141	130
0048	5	5	2	9	3537	101	107
0051	1	4	9	15	5014	100	101
0052	1	8	2	21	7043	112	101
0053	6	2	8	6	2259	101	129
0062	5	2	8	14	5443	80	94
0065	5	2	4	12	4089	94	100
0095	7	1	9	19	6217	100	111
0104	1	6	3	15	6009	94	99
0108	3	7	6	12	3851	115	118
0123	3	2	7	10	5088	110	107
0130	4	6	4	21	6937	113	93
0150	3	5	5	7	4537	106	161
0170	2	3	9	7	4692	117	115
0171	5	5	7	12	4063	117	152
0191	4	6	2	19	6374		
0205	6	8	4	5	2085	102	111
0219	7	4	8	14	5500	108	120
0225	6	3	8	9	6039	96	111
0234	7	2	7	6	3786		
0240	4	4	7	14	4603	100	105
0248	3	1	9	12	5771	96	105
0249	5	4	6	19	7677	101	107
0256	3	7	5	11	4483	120	124
0267	4	4	5	18	7170	108	106
0282	5	3	8	10	4153	99	92
0287	1	5	2	10	4891		
0288	1	4	6	7	4734	101	118
0298	1	7	5	7	4879	98	110
0306	6	2	7	11	4253	97	97
0332	5	1	9	13	5200	104	58
0334	6	5	4	14	4506	95	84
0337	4	7	5	10	3361	101	106
0345	6	5	8	16	5333	120	122
0357	2	8	5	12	4067	101	97
0367	7	8	2	16	5254	106	92
0369	5	7	5	13	6411	107	96
0372	6	1	9	10	6365	101	102
0373	6	2	9	10	3908	100	124
0376	5	2	9	9	3654	100	106
0379	7	5	8	13	5056	108	112
0387	2	7	5	16	6446	105	118
0390	7	3	8	17	8363	117	121
0391	2	8	3	12	4872	115	
0396	2	8	6	14	7175	117	111
0400	2	1	7	8	3761	127	136
0418	6	4	3	16	5400	121	
0421	1	2	9	13	5313		
0424	5	1	9	17	5713	107	114
Größenklassendurchschnitt				12	4930	105	109

Größenklasse 4–5 beschäftigte Personen

Kenn-Nr.	2	3	4	5	6	7	8
0007	1	8	4	17	4814	117	125
0017	3	6	4	20	5045	107	123
0021	6	5	6	26	6388	108	137
0022	1	2	7	23	5032	111	111
0039	5	8	6	30	6066	116	134
0043	4	1	7	20	5055	109	104
0044	7	7	2	17	3757	97	89
0058	1	5	8	21	6084	115	116
0067	4	7	3	12	2664	100	104
0086	1	7	4	14	3210	95	75
0090	1	3	7	14	2749	84	101
0097	5	7	3	14	4612	103	99
0105	6	2	7	18	5750	99	134
0109	6	2	9	23	4035	107	99
0113	6	2	9	14	4035	107	99
0114	6	5	6	12	3514	102	84
0117	6	7	3	21	4147	111	127
0129	3	1	9	22	5475	103	97
0137	6	7	4	22	4445	110	111
0148	5	6	4	36	5122	97	98
0151	7	1	9	9	2680	113	88
0179	6	2	7	32	7183	114	124
0185	6	4	7	14	3597	106	94
0188	1	5	4	21	4229		
0192	5	8	5	22	4978	129	112
0202	5	2	9	19	5500	111	145
0208	4	7	4	17	3437	110	
0229	4	7	4	28	6200	98	97
0254	3	7	4	16	4671	113	126
0262	5	8	5	15	3636	97	99
0271	1	7	5	20	5673	90	96
0272	N	3	7	18	4481	90	125
0276	5	7	2	20	5004	137	135
0293	1	4	4	23	5864	106	125
0296	6	8	4	13	3791	103	104
0307	5	4	5	15	4397	104	108
0323	2	7	4	29	6366	133	132
0329	1	7	5	21	4128	103	134
0333	7	5	7	26	5246		
0340	4	4	7	21	4240	100	107
0341	2	5	5	17	4128	110	117
0347	4	2	9	17	4936	105	98
0348	6	8	4	22	5531	97	112
0352	5	4	6	17	4742	100	105
0353	1	5	4	18	5078	118	126
Größenklassendurchschnitt				20	4690	106	111

Größenklasse 6–10 beschäftigte Personen

Kenn-Nr.	2	3	4	5	6	7	8
0008	S	8	4	36	5532	124	125
0009	6	8	4	64	7951	115	108
0012	6	8	1	58	6851	107	102
0018	5	8	1	48	5947	115	106
0049	5	8	5	36	6497	97	113
0056	5	6	1	23	3692	116	150
0064	1	8	4	40	5285		
0074	N	8	1	19	3504	96	105
0077	5	5	5	17	3095	85	127
0080	6	2	4	35	4680	126	137
0081	N	7	6	25	4088	126	
0096	6	4	1	34	3610	98	102
0134	N	3	8	23	3875	116	101
0201	1	7	4	18	3308	95	97
0213	3	3	9	20	3661	109	126
0218	S	7	3	35	4120	114	116
0233	2	2	7	33	5909	105	121
0243	4	3	1	36	5477		
0303	2	8	1	32	4527	108	119
0316	6	4	8	22	3601	94	99
0319	6	4	8	25	4133		
0326	3	6	2	38	4465	113	129
0344	4	8	2	35	4700		
0350	1	3	5	36	4041		
0358	N	5	3	26	3982	91	97
0360	1	5	8	30	4624	117	110
0362	5	5	7	50	5838	113	105
0365	2	4	7	62	7770	115	121
0368	5	5	4	24	4323	108	90
0371	4	8	4	44	6331	107	110
0393	2	3	7	17	2759	102	98
0394	3	3	9	27	4177	106	107
0398	6	4	5	26	3492	87	85
0429	6	8	1	32	5740	106	123
0439	5	5	8	34	3427	122	146
0442	2	8	1	42	4473	111	128
0452	5	2	1	40	5699	110	111
0478	5	8	5	39	4882	103	
0504	5	7	4	20	2889		
Größenklassendurchschnitt				33	4690	108	113

Größenklasse 11–20 beschäftigte Personen

Kenn-Nr.	2	3	4	5	6	7	8
0037	6	6	4	69	3545	101	122
0055	6	4	7	51	3547	108	121
0122	5	8	1	67	5362	97	99
0159	6			47	3504	106	116
0204	4	5	1	71	4291	94	87
0211	6	6	1	59	3964	106	102
0273	1	8	2	40	2762	99	100
0290	6	4	7	42	3783	90	75
0299	6	8	5	68	3974		
0321	1	8	4	53	5053	108	98
0335	6	6	1	78	5778	117	126
Größenklassendurchschnitt				59	4140	103	105

Größenklasse 21–50 beschäftigte Personen

Kenn-Nr.	2	3	4	5	6	7	8
0028	N	7	4	121	3776	107	123
0070	S	6	1	113	5250	115	155
0146	6	6	1	85	3599	90	101
0189	6	6	1	189	4973	116	135
0300	N	7	1	127	4962	109	110
0317	5	6	1	242	5032	110	104
0346	6	8	4	176	6532	118	131
0366	7	8	3	367	9921		
0370	4	7	4	133	4760	99	107
0375	N	8	4	241	7639	112	111
Größenklassendurchschnitt				179	5640	108	120
Branchendurchschnitt				34	5320	107	116

Länder-Schlüssel (Spalte 2)

1	bedeutet:	Baden-Württemberg
2	"	Bayern
3	"	Bremen/Hamburg
4	"	Hessen/Rheinland-Pfalz
5	"	Niedersachsen
6	"	Nordrhein-Westfalen
7	"	Saarland
8	"	Schleswig-Holstein

Bei Firmen, für die keine Länderkennzeichnung erfolgt:

N = Norddeutschland (Berlin, Bremen, Hamburg, Hessen, Niedersachsen, Nordrhein-Westfalen, Schleswig-Holstein)

S = Süddeutschland (Baden-Württemberg, Bayern, Rheinland-Pfalz, Saarland)

Ortsgrößen-Schlüssel (Spalte 3)

1	bedeutet:	Ort mit weniger als 2000 Einwohnern
2	"	Ort mit 2000 bis unter 5000 Einw.
3	"	Ort mit 5000 bis unter 10000 Einw.
4	"	Ort mit 10000 bis unter 20000 Einw.
5	"	Ort mit 20000 bis unter 50000 Einw.
6	"	Ort mit 50000 bis unter 100000 Einw.
7	"	Ort mit 100000 bis unter 300000 Einw.
8	"	Ort mit 300000 und mehr Einwohnern

Geschäftslagen-Schlüssel (Spalte 4)

1–6 bedeutet: Städte mit ausgebildeten Vororten und Außenbezirken

1	"	Hauptverkehrslage in der Innenstadt
2	"	mittlere Verkehrslage in der Innenstadt
3	"	ruhige Verkehrslage in der Innenstadt
4	"	Hauptverkehrslage im Vorort oder Außenbezirk
5	"	Nebenverkehrslage im Vorort oder Außenbezirk
6	"	Lage in abgeschlossener städtischer Randsiedlung
7–9	"	Orte ohne Vorortsbildung
7	"	Hauptverkehrslage in Orten ohne Vorortsbildung
8	"	Nebenverkehrslage in Orten ohne Vorortsbildung
9	"	Lage in kleinen Orten, in denen Verkehrsunterschiede keine Bedeutung haben
10	"	Sonderlagen, z. B. Bahnhofsverkaufsstellen oder ähnliches

Beispiel einer Synoptischen Monatstabelle

BETRIEBSVERGLEICH DES INSTITUTS FÜR HANDELSFORSCHUNG AN DER UNIVERSITÄT ZU KÖLN

Synoptische Quartalstabelle der Firmen-, Größenklassen-, Länder- und Branchenergebnisse des Lebensmittel-Einzelhandels

Streng vertraulich, nur für den Eigengebrauch der Geschäftsleitung bestimmt
Jede Weiter- oder Bekanntgabe an Dritte, auch auszugsweise, unzulässig. Unter Verschluß aufzubewahren

Kenn-Nummer		Strukturmerkmale siehe Schlüssel			Beschäftigte Personen		Warenabsatz				Warenbeschaffung		Handlungskosten							
Branchen-Nummer	Betriebs-Nummer	Land/Gebietslage	Ortsgröße	Geschäftslage	Sortiment	Zahl insgesamt	davon in Werkstatt	in DM	je beschäftigte Person in DM	je Kunde in DM	Großhandelsanteil in %	in % des Vorjahrsquartals	in % des Vorjahrsquartals	Pos. 15–21 Kosten in % vom Absatz 15 Personalkosten (Gehälter u. Löhne) 16 Unternehmerlohn 17 Miete bzw. Mietwert 18 Steuern				19 Reklamekosten 20 Alle übrigen Kosten 21 Gesamtkosten 22 Gesamtkosten in % des Vorjahrsquartals			
1	2	3	4	5	6	7	8	9	10	11	12	13	14	15	16	17	18	19	20	21	22

Größenklasse 1 beschäftigte Person

| 11 | 0550 | 1 | 2 | 9 | 12230 | 1,0 | | 10 278 | 10 278 | 2,80 | | 99 | 96 | — | 8,4 | 0,9 | 3,8 | 0,3 | 3,7 | 17,1 | 105 |
| 11 | 0593 | 2 | 3 | 8 | 11230 | 1,0 | | 11 763 | 11 763 | 1,90 | | 104 | 103 | — | 6,6 | 1,3 | 4,6 | 0,1 | 4,3 | 16,9 | 112 |

Größenklasse 2–3 beschäftigte Personen

11	0514	3	4	8	13560	3,0		34 850	11 617	2,80		112	107	5,4	5,1	1,1	3,2	0,2	6,3	21,3	104
11	0517	4	5	4	11200	2,0		26 743	13 372	3,00		116	109	1,2	3,6	0,7	3,6	0,3	4,1	13,5	112
11	0518	3	4	7	11000	3,0		35 370	11 790	3,10		120	112	4,7	3,3	1,2	4,0	0,4	1,6	15,2	108
11	0574	6	4	8	16000	2,5		23 355	9 342	1,90		97	102	3,6	4,1	0,9	3,8	0,5	5,8	18,7	114
11	0575	6	2	9	15900	2,5		25 170	10 068	2,80		125	108	1,8	5,7	0,5	3,5	0,2	2,5	14,2	103
11	0612	6	7	1	22470	3,0		40 878	13 626	3,80		132	123	2,1	4,1	1,1	3,6	0,3	2,4	13,6	110
11	0643	7	8	4	21640	2,0		24 306	12 153	2,90		131	129	—	6,0	1,4	3,7	0,1	3,0	14,2	118
11	0687	7	7	3	11190	2,5		24 450	9 780	2,40		118	105	3,6	3,1	0,9	4,1	0,5	2,7	14,9	97
11	1534	5	6	3	11100	2,5		22 236	8 894	2,10		90	85	2,4	6,2	1,4	4,0	0,4	4,4	18,8	94
11	1607	4	2	9	11000	3,0		19 080	6 360	1,60		84	77	7,2	7,3	2,0	4,3	0,3	5,2	26,3	90
11	1614	3	8	2	12647	2,0		16 788	8 394	2,50		134	143	6,4	3,1	1,5	3,7	0,4	2,0	17,1	120
11	1735	2	6	1	11190	2,0		25 290	12 645	1,80		92	104	1,0	6,2	0,8	4,4	0,5	2,5	15,4	106
usw.																					
Größenklassendurchschnitt (arithmetisches Mittel)						2,5		25 737	10 290	2,50		116	106	2,5	5,9	1,1	4,1	0,3	2,9	16,8	110

Größenklasse 4–5 beschäftigte Personen

11	0501	3	4	7	22140	5,0		38 536	7 707	3,40		117	110	2,3	4,7	1,3	4,6	0,4	2,9	16,2	110
11	0502	6	8	1	11160	4,5		50 085	11 130	2,30		121	116	1,7	3,9	0,9	4,1	0,2	3,9	14,7	109
11	0543	6	7	2	22740	4,0		55 404	13 851	3,70		130	105	2,5	4,1	1,1	3,9	0,2	2,3	14,2	106
11	0565	7	4	7	15900	5,0		53 175	10 635	2,40		125	128	5,6	2,7	0,8	3,3	0,1	2,7	15,1	115
11	0587	5	4	7	15860	4,0		24 624	6 156	1,90		98	90	5,3	4,7	1,4	3,6	0,1	4,6	19,7	98
11	0599	5	5	8	11600	4,5		32 454	7 212	2,60		123	118	2,0	6,4	1,2	3,9	0,3	1,7	15,5	108
11	0632	1	5	7	11190	5,0		32 700	6 540	1,80		88	94	4,6	7,1	1,0	4,3	0,4	3,9	21,3	121
11	0662	1	7	2	22700	4,5		31 492	6 998	2,40		106	89	7,4	3,5	0,7	3,7	0,1	1,9	17,3	103
11	0701	2	8	1	22470	5,0		76 890	15 378	3,90		122	154	1,9	4,3	1,3	3,9	0,2	2,4	14,0	112
11	1533	N	7	1	11100	4,0		44 098	11 025	2,60		126	116	1,8	4,7	0,9	4,0	0,1	4,8	16,3	112
11	1578	S	7	6	22830	5,0		33 405	6 681	1,80		92	86	3,6	3,9	1,0	4,5	0,3	6,1	19,4	109
11	1608	2	5	4	16900	4,5		41 300	9 178	2,40		103	99	2,4	5,3	1,4	4,1	0,2	4,4	17,8	102
usw.																					
Größenklassendurchschnitt (arithmetisches Mittel)						4,5		43 431	9 650	2,60		119	108	3,0	5,0	1,2	4,0	0,3	3,0	16,5	108

entsprechend:

Größenklasse 6–10 beschäftigte Personen

Größenklasse 11–20 beschäftigte Personen

Größenklasse 21–50 beschäftigte Personen

Größenklasse 51 und mehr beschäftigte Personen

| Branchendurchschnitt (arith. Mittel aller berichtenden Betriebe) | | | | | | 6,0 | | 60 546 | 10 090 | 2,60 | | 118 | 107 | 3,4 | 4,6 | 1,2 | 4,0 | 0,3 | 3,1 | 16,6 | 110 |

Zusätzliche Auswertung nach Ländern
(Nur für Länder mit einer Teilnehmerzahl von mindestens 10 Betrieben)

Baden-Württemberg						3,6		40 896	11 360	2,80		113	105	3,9	4,6	1,4	3,9	0,3	2,8	16,9	108
Bayern						7,6		70 413	9 260	2,40		109	102	3,8	4,9	1,3	4,0	0,3	3,4	17,7	108
Bremen/Hamburg						5,4		59 483	11 010	2,50		123	110	3,2	4,2	1,1	4,2	0,2	3,5	16,4	111
Hessen/Rheinland-Pfalz						5,4		61 297	11 350	3,10		116	106	3,9	4,9	1,0	3,8	0,3	3,0	16,9	112
Niedersachsen						7,9		76 818	9 720	2,20		119	107	3,2	4,0	1,2	3,9	0,3	2,9	15,5	110
Nordrhein-Westfalen						8,0		78 710	9 830	2,50		126	115	2,8	4,6	1,3	3,9	0,3	2,9	15,8	108
Schleswig-Holstein						4,1		36 207	8 830	2,70		120	104	2,9	4,7	1,1	4,2	0,2	3,0	16,1	110

Beispiel einer Synoptischen Quartalstabelle

bogen eine Erläuterung der Erhebungspositionen gegeben. Darüber hinaus hat das Institut eine Erläuterungsschrift im Rahmen der Sonderhefte der Institutsmitteilungen[1]) herausgebracht, die im einzelnen die bei der Erhebung zu berücksichtigenden Gesichtspunkte enthält. Diese Schrift erhält jeder Teilnehmer bei Aufnahme in den Betriebsvergleich. Neben der Erläuterung der Erhebungstechnik gibt die Schrift auch einen Überblick über die Methodik der Auswertung und die Anwendung des Betriebsvergleichs durch den einzelnen Betrieb.

Die Frage, ob die Berichtsbogen von seiten der beteiligten Firmen richtig ausgefüllt sowie die Frage, ob die synoptischen Tabellen von den Betrieben einer zweckmäßigen Auswertung unterzogen werden, hat das Institut veranlaßt, ab Januar 1958 eine größere Anzahl von Betriebsvergleichsteilnehmern aufzusuchen. Mittel hierzu wurden vom Bundeswirtschaftsministerium aus dem Produktivitätsförderungsprogramm zur Verfügung gestellt. Die Erfahrungen der Betriebsbesuche haben gezeigt, daß — von wenigen Ausnahmen abgesehen — ein richtiges Ausfüllen der Fragebogen erfolgt. Im Gegensatz hierzu wies die Auswertungstechnik bei den einzelnen Firmen noch beträchtliche Mängel auf. Der Grund hierfür lag nicht in einem mangelnden Interesse der Firmen, sondern in der Schwierigkeit, die synoptischen Tabellen richtig zu interpretieren. Diese Erfahrung hat das Institut veranlaßt, eine Auswertungsanleitung auszuarbeiten, die an Hand von Beispielen den Firmen das zweckmäßige Auswerten der synoptischen Jahrestabelle erläutert. Die Anleitung enthält u. a. einen Betriebsauswertungsbogen, in den die Firmen die Zahlen ihres eigenen Betriebes, dazu die Durchschnittszahlen ihrer Größenklasse und Branche sowie die Einzelzahlen strukturell ähnlich gelagerter Firmen eintragen können. Erstmalig wurde die Anleitung mit der Jahresauswertung für 1957 den Firmen zugesandt. Die zukünftigen Bemühungen des Instituts um die methodische Verbesserung des Betriebsvergleichs werden sich vornehmlich auf die Auswertungsanleitungen für den Einzelbetrieb erstrecken. Darüber hinaus arbeitet das Institut an der Entwicklung von Spezialbetriebsvergleichen, die über die Positionen des bisherigen Vergleichs hinaus noch eine Reihe zusätzlicher Vergleichszahlen bieten sollen. Dieser Spezialvergleich ist für Firmen gedacht, deren Rechnungswesen eine entsprechende differenziertere Berichterstattung ermöglicht.

III. Die Veröffentlichung der Betriebsvergleichsergebnisse und ihrer wissenschaftlichen Auswertung

Die synoptischen Auswertungstabellen des Betriebsvergleichs mit den einzelbetrieblichen Zahlen aller Teilnehmer erhalten nur die Berichtsfirmen zur vertraulichen Information. Hingegen werden die Durchschnittsergebnisse des Betriebsvergleichs seit seinem Beginn im Jahre 1949 in den Mitteilungsheften des Instituts und in den Schriften zur Handelsforschung veröffentlicht. Eine Dokumentation des gesamten Materials ist in drei Dreijahresberichten erfolgt, die in den Schriften zur Handelsforschung 1953, 1956 und 1959 (Band 1, 7 und 11) unter folgendem Titel erschienen:

Beschaffung, Lagerung, Absatz und Kosten des Einzelhandels in der Bundesrepublik Deutschland in den Jahren 1949, 1950 und 1951,

Beschaffung, Lagerung, Absatz und Kosten des Einzelhandels in der Bundesrepublik Deutschland in den Jahren 1952, 1953 und 1954,

Beschaffung, Lagerung, Absatz und Kosten des Einzelhandels in der Bundesrepublik Deutschland in den Jahren 1955, 1956 und 1957.

Der vorliegende Bericht bringt die Zahlen dieser neun Jahre zuzüglich der des Jahres 1958.

Darüber hinaus berichtet das Institut fortlaufend in seinen monatlichen Mitteilungen über die wichtigsten Durchschnittsergebnisse der Monats-, Quartals- und Jahresauswertungen des Einzelhandelsbetriebsvergleichs. Ein besonders wichtiger Bereich ist hierbei die Publikation der vom Institut berechneten Indizes:

Monatsindizes (Basis 1958 = 100):
  1. Monatlicher Beschaffungsindex des Einzelhandels,
  2. Monatlicher Lagerindex des Einzelhandels,
  3. Monatlicher Absatzindex des Einzelhandels.

---

[1]) Sonderheft 1 der Mitteilungen des Instituts für Handelsforschung „Der Betriebsvergleich des Einzelhandels und seine Durchführung", 7. Auflage 1959, Westdeutscher Verlag Köln und Opladen.

Jahresindizes (Basis 1950 = 100):

4. Jährlicher Beschaffungsindex des Einzelhandels,
5. Jährlicher Lagerindex des Einzelhandels,
6. Jährlicher Absatzindex des Einzelhandels,
7. Jährlicher Kostenindex des Einzelhandels,
8. Jährlicher Betriebshandelsspannenindex des Einzelhandels.

Neben diesen Veröffentlichungen, die die Gesamtergebnisse aller Einzelhandelsbranchen enthalten, sind in den Schriften zur Handelsforschung folgende Sonderuntersuchungen über Betriebsvergleichsergebnisse publiziert worden:

Struktur und Leistungen des westdeutschen Eisenwaren- und Hausrathandels und des Einzelhandels mit Glas-, Porzellan- und Keramikwaren in den Jahren 1949 bis 1953. Von Dr. Hans Philippi (Band 8), 1957,

Struktur und Leistungen des westdeutschen Schuheinzelhandels in den Jahren 1949 bis 1953. Von Dr. Franz Josef Stoffels (Band 9), 1957,

Struktur und Leistungen des westdeutschen Schuheinzelhandels in den Jahren 1949 bis 1953. Von Dr. Robert Menge (Band 10), 1957,

Struktur und Leistungen des westdeutschen Möbeleinzelhandels in den Jahren 1949 bis 1957. Von Dr. Johannes Bernskötter (Band 18), 1960,

Die Betriebsvergleichszahlen im Einzelhandel, insbesondere die der Personenabsatzleistung. Von Dr. Hans Ritter und Dr. Fritz Klein (Band 3), 1954,

Über die Vergleichbarkeit der Handelsbetriebe. Von Prof. Dr. Hans Buddeberg (Band 5'), 1955,

Länderberichte über Struktur und Leistungen des Europäischen Binnenhandels, Niederlande, Österreich, Schweden, Schweiz. Von Prof. Dr. Hans Buddeberg und Prof. Dr. Robert Nieschlag (Band 6), 1956.

IV. Die Berechnung der Durchschnittswerte des Betriebsvergleichs

Die in den Tabellen ausgewiesenen Zahlen sind die Branchendurchschnittswerte der am Betriebsvergleich beteiligten Einzelhandelsbetriebe. Bei der Berechnung der Durchschnittswerte ist grundsätzlich

Wägungsschema für 1958

Branche	Anteil am Einzelhandelsabsatz in %	Anteil am Einzelhandelslager in %
Lebensmittel	37	14
Tabakwaren	4	2
Lebens- und Genußmittel	41	16
Textilien	26	40
Schuhe	5	10
Bekleidung und Textilien	31	50
Möbel	4	4
Eisenwaren und Hausrat	3	4
Glas, Porzellan und Keramik	2	3
Beleuchtung und Elektro	1	1
Tapeten und Linoleum	1	1
Wohnungs- und Hausratsbedarf	11	13
Drogerien	4	5
Reformhäuser	1	1
Leder- und Galanteriewaren	1	1
Papier, Bürobedarf und Schreibwaren	3	3
Büromaschinen, -möbel und Organisationsmittel	1	1
Fahrräder	1	1
Radio und Fernsehen	1	1
Sortimentsbuchhandel	2	2
Uhren, Juwelen, Gold- und Silberwaren	1	3
Photo	1	1
Sportartikel	1	2
Sonstiges	17	21
Einzelhandel insgesamt	100	100

das arithmetische Mittel verwendet worden. Extremwerte werden nur in solchen Fällen ausgeschaltet, in denen sie durch außerhalb der normalen Entwicklungsbedingungen liegende Gründe verursacht worden sind, also beispielsweise durch ungewöhnliche Betriebsveränderung (etwa Beeinflussung der Absatz- und Kostenentwicklung durch Umzug in neue Geschäftsgebäude und dgl.). Bei den in Prozenten ausgedrückten Ergebniszahlen sind die Durchschnittswerte als arithmetische Mittel der einzelbetrieblich ermittelten Prozentzahlen errechnet worden und nicht aus der Summe der absoluten Beträge aller erfaßten Betriebe für die betreffenden Positionen. Infolge dieser Berechnungsweise erhält jeder einbezogene Betrieb bei allen Ergebniszahlen, mit Ausnahme der absoluten Absatzhöhe je Betrieb, das gleiche Gewicht. Das Institut verwendet diese Methode, weil die mittleren und größeren Betriebe in stärkerem Umfange am Betriebsvergleich beteiligt sind, als es der Größengruppierung des gesamten Einzelhandels in der Bundesrepublik entspricht. Würden die absoluten Beträge der einzelnen Betriebe für die Durchschnittsberechnung zugrunde gelegt, so fiele die relativ hohe Beteiligung der größeren Betriebe verstärkt ins Gewicht. Durch die Berechnung der Durchschnittswerte auf Grund des einfachen arithmetischen Mittels der einzelbetrieblich ermittelten Prozentzahlen wird das Gewicht der zahlenmäßig zu stark vertretenen größeren Betriebe weitgehend kompensiert.

Um die Entwicklungstendenzen des Einzelhandels insgesamt besser beurteilen zu können, sind in den Auswertungstabellen neben den Branchenergebnissen auch die Gesamtdurchschnittswerte des Einzelhandels ausgewiesen, die mit Hilfe des gewogenen arithmetischen Mittels aus den einzelnen Branchenwerten berechnet sind. Als Gewicht wurde der Absatzanteil der einzelnen Branchen am Gesamtabsatz des Einzelhandels verwendet. Grundlage waren hierbei die Ergebnisse der Umsatzsteuerstatistik des Statistischen Bundesamtes. Infolge des unterschiedlichen Gewichtes von Absatz- und Lageranteil mußte für die Berechnung der Lagerzahlen ein besonderes Lagerwägungsschema ermittelt werden. Die Berechnung der Lagergewichte erfolgte durch Division des Absatzgewichtes durch die Lagerumschlagsgeschwindigkeit. Das für 1958 verwendete Absatz- und Lagerwägungsschema ist auf Seite 8 abgedruckt. Es kann auch für die Beurteilung der Ergebnisse der Vorjahre herangezogen werden, da sich keine wesentlichen Veränderungen ergeben haben.

V. Erläuterung der bei der Auswertung verwandten Begriffe

Absatz

Warenausgang (Bar- und Kreditverkäufe) zu Verkaufspreisen, abzüglich gegebenenfalls gewährter Nachlässe. In Branchen, in denen die Kreditverkäufe keine besondere Rolle spielen, sind notfalls anstelle des Warenausgangs die Zahlungseingänge, die den Umsatzsteuermeldungen entsprechen, eingesetzt worden.

Absatzentwicklung

Die Absatzentwicklungszahlen werden für jeden Betriebsvergleichsteilnehmer einzeln berechnet, wobei der Absatz des Berichtszeitraumes in Prozenten des Absatzes des Basiszeitraumes ausgedrückt wird (Absatz des Basiszeitraumes = 100). Die veröffentlichten Durchschnittszahlen sind das arithmetische Mittel der einzelbetrieblich berechneten Prozentzahlen.

Absatz je beschäftigte Person

Gesamtabsatz des Berichtszeitraumes dividiert durch die Zahl der im Berichtszeitraum im Durchschnitt beschäftigten Personen (Personenbewertung siehe „Beschäftigte Personen"). Die Durchschnittswerte sind das arithmetische Mittel der einzelbetrieblichen Berechnungen.

Absatz je Kunde (Absatz je Einzelverkauf)

Gesamtabsatz des Berichtszeitraumes dividiert durch die Kundenzahl des Berichtszeitraumes (Zahl der Kassenzettel und Zahl der Kreditverkäufe). Bei einigen Branchen, in denen der Großhandels- und steuerbegünstigte Absatzanteil und somit die Kreditgewährung in Form der Lieferantenkredite von Bedeutung sind, wurden der Barabsatz je Barkunde und der Kreditabsatz je Kreditkunde getrennt berechnet. Beim Sortimentsbuchhandel wurde der Absatz je Kunde nur für den Barabsatz ermittelt. In dieser Branche sind also der Kreditabsatz und die Zahl der Kreditverkäufe nicht berücksichtigt. Die Durchschnittswerte sind das arithmetische Mittel der einzelbetrieblichen Berechnungen.

Absatz je Quadratmeter Geschäftsraum

Gesamtabsatz des Berichtszeitraumes dividiert durch die Quadratmeterzahl der im Berichtszeitraum benutzten Geschäftsräume. Zu den Geschäftsräumen werden Verkaufs-, Ausstellungs-, Lager- und

Büroräume sowohl in eigenen als auch in fremden Gebäuden gezählt, nicht jedoch ausgesprochene Nebenräume, wie Abstellräume. Die Durchschnittswerte sind das arithmetische Mittel der einzelbetrieblichen Berechnungen.

Abschreibungen

siehe Handlungskosten.

Außenstände aus Kreditverkäufen

Die Außenstände aus Kreditverkäufen werden jeweils am letzten Tage des Berichtszeitraumes erfaßt. Sie beziehen sich auf außenstehende Raten aus Teilzahlungsverkäufen, Buchkredite und das sogenannte Anschreiben. Sie sind in Prozenten des Absatzes des Berichtszeitraumes berechnet. Die Durchschnittswerte sind das arithmetische Mittel der einzelbetrieblichen Berechnungen.

Betriebsergebnis

Im Rahmen des Betriebsvergleichs wird das Betriebsergebnis nach steuerlichen und nach betriebswirtschaftlichen Gesichtspunkten ermittelt.

Betriebswirtschaftliches Betriebsergebnis

Das betriebswirtschaftliche Betriebsergebnis ist die Differenz zwischen der Betriebshandelsspanne und den Gesamtkosten einschließlich Unternehmerlohn und einschließlich Zinsen für Eigenkapital. Es wird nicht einzelbetrieblich errechnet, sondern aus der Betriebshandelsspanne und den Gesamtkosten im Durchschnitt der Branche.

Steuerliches Betriebsergebnis

Das steuerliche Betriebsergebnis ist die Differenz zwischen der Betriebshandelsspanne und den Gesamtkosten ohne Unternehmerlohn und ohne Zinsen für Eigenkapital. Es wird nicht einzelbetrieblich errechnet, sondern aus der Betriebshandelsspanne und den Gesamtkosten (ohne Unternehmerlohn und ohne Zinsen für Eigenkapital) im Durchschnitt der Branche.

Betriebshandelsspanne

Die Betriebshandelsspanne ist die Differenz zwischen dem Verkaufswert und dem Einstandswert des Warenabsatzes. Zur Berechnung der Betriebshandelsspanne wird folgende Formel angewandt: Absatz des Berichtsjahres minus (Lageranfangsbestand plus Wareneingang minus Lagerendbestand des Berichtsjahres).

Beschaffung

Summe der Einkaufsrechnungen laut Wareneingangsbuch bzw. Eingangsseite (Soll) des Wareneinkaufskontos einschließlich der Bezugskosten (wie Frachten, Rollgelder), jedoch abzüglich der Retouren, Preisnachlässe und Skonti. In eigenen Nebenbetrieben selbst hergestellte Waren sind zum Selbstkostenpreis in der Warenbeschaffung in Ansatz gebracht.

Beschäftigte Personen

Hierunter ist die im Berichtszeitraum durchschnittlich beschäftigte Personenzahl einschließlich des oder der Inhaber und der mithelfenden Familienangehörigen zu verstehen. Bei der Ermittlung dieser Zahl sind Lehrlinge im 1. und 2. Lehrjahr sowie Anlernlinge im 1. Jahr mit 0,5 bewertet. Die Bewertung der teilbeschäftigten Personen erfolgte mit einem ihrer Arbeitszeit entsprechenden Bruchteil.

Eigenherstellung

Unter Eigenherstellung sind die in gewerblichen Nebenbetrieben der Einzelhandlung selbst erzeugten Waren zu verstehen. Die im eigenen Handelsbetrieb verkauften selbst hergestellten Waren werden der Warenbeschaffung zum Selbstkostenpreis zugerechnet. Die mit der Eigenherstellung beschäftigten Personen sind in der Position „Beschäftigte Personen" nicht erfaßt. Ferner sind die Kosten der Eigenherstellung den Handlungskosten nicht zugerechnet.

Gesamtkosten

siehe Handlungskosten.

Großhandelsabsatz

Absatzanteil an Wiederverkäufer, gewerbliche Verwender und Großverbraucher.

Handlungskosten

Die Handlungskosten beziehen sich auf die im Berichtszeitraum bezahlten Beträge. Dazu treten im Sinne einer betriebswirtschaftlich zutreffenden Kostenerfassung als kalkulatorische Kostenarten das Entgelt für die nicht entlöhnte Tätigkeit des Inhabers und seiner Familie (Unternehmerlohn), der Mietwert und die Zinsen für Eigenkapital. Im einzelnen werden die folgenden Kostenarten getrennt erfaßt.

Personalkosten

Bruttogehälter und -löhne aller vom Betrieb angestellten Personen einschließlich des Arbeitgeberanteils an sozialen Lasten, sowie Tantiemen, Gratifikationen, Prämien, Provisionen und Sachleistungen.

Entgelt für die nicht entlöhnte Tätigkeit des Inhabers und seiner Familie (Unternehmerlohn)

Da bei Einzelunternehmungen, offenen Handelsgesellschaften und Kommanditgesellschaften unter Personalkosten kein Unternehmerlohn verbucht wird, wird dafür ein kalkulatorischer Betrag angesetzt. Das kalkulatorische Entgelt entspricht dem an gleichwertige leitende oder ausführende Kräfte nach den Sätzen der örtlichen Tarifordnung bzw. nach freier Vereinbarung zu zahlenden Gehalt. Als Anhalt für die Höhe des Unternehmerlohnes gelten die in der nachfolgenden Tabelle enthaltenen Beträge. die nach der Höhe des Jahresabsatzes gestaffelt sind.

Betriebe mit einem Jahresabsatz	Jährlich anzusetzender kalkulatorischer Unternehmerlohn	
	bis 1954	ab 1955
bis 20 000 DM	2 400 DM	3 000 DM
20 000 — 50 000 DM	4 800 DM	4 500 DM
50 000 — 100 000 DM	3 600 DM	6 000 DM
100 000 — 200 000 DM	7 200 DM	9 000 DM
200 000 — 500 000 DM	9 600 DM	12 000 DM
500 000 — 1 000 000 DM	12 000 DM	15 000 DM
über 1 000 000 DM	18 000 DM	22 500 DM

Sind in einer Firma mehrere Inhaber tätig, so wird der Jahresabsatz durch ihre Anzahl dividiert und der auf jeden Inhaber entfallende Unternehmerlohn für den entsprechenden Jahresabsatzanteil getrennt ermittelt.

Für den Tabakwareneinzelhandel gilt wegen der Erhöhung der Absatzwerte durch die Verbrauchssteuer die Regelung, daß die Unternehmerlohnsätze gegenüber den in der Tabelle enthaltenen Werten um $1/3$ herabgesetzt werden.

Für die mithelfenden Familienangehörigen, die kein Gehalt beziehen und somit nicht Angestellte sind, wird ein ihrer Tätigkeit entsprechendes kalkulatorisches Entgelt angesetzt.

Miete

Miete ist der für ausschließlich dem Betriebszweck dienende fremde Räume gezahlte Betrag und der Mietwert für Räume in eigenen Gebäuden. Als Mietwert bei eigenen Räumen ist die Summe eingesetzt, die gezahlt werden müßte, wenn Räume in gleichem Umfange und in der gleichen Lage gemietet worden wären. Kosten für Heizung, Reparaturen, Licht usw. sind nicht in der Miete, sondern in der Position Sonstige Kosten enthalten.

Steuern

Zu den Steuern zählen nur die betrieblichen Steuern, also Umsatzsteuer und Gewerbesteuer. Nicht als Steuern gelten Beiträge, auch wenn sie steuerlich abzugsfähig sind. Nicht zu dieser Position zählen ferner die Einkommensteuer, Vermögensteuer usw. des Unternehmers, sowie die Körperschaftsteuer, Grundsteuer und Lastenausgleichsabgabe. Die Kraftfahrzeugsteuer ist in der Position Sonstige Kosten enthalten.

Reklamekosten

Als Reklamekosten gelten alle Sachausgaben für Werbung, wie Dekorationskosten, Inserate, Prospekte, Plakate, ferner die Beiträge für Werbegemeinschaften, Honorare für gelegentliche Werbehelfer usw. Die Gehälter für festangestelltes Personal (z. B. Dekorateure) sind nicht den Reklamekosten, sondern den Personalkosten zugerechnet.

Zinsen für Eigenkapital

Bei Einzelunternehmungen und Personalgesellschaften sind 4 % des Eigenkapitals des Inhabers oder der Gesellschafter nach dem Stande des Kapitalkontos am Ende des Berichtsjahres gerechnet, jedoch ohne Berücksichtigung des Gewinnes bzw. Verlustes des jeweiligen Berichtsjahres.

Bei Kapitalgesellschaften sind 4 % des Grundkapitals einschließlich der gesetzlichen und freiwilligen Rücklagen angesetzt, jedoch ohne Berücksichtigung der Zu- und Abgänge auf Grund des jeweiligen Jahresabschlusses.

Zinsen für Fremdkapital

Hierzu rechnen alle Zinsen für Fremdkapital einschließlich Diskont und Bankprovisionen sowie die mit dem Geld- und Überweisungsverkehr zusammenhängenden Spesen und Gebühren.

Abschreibungen

Hierunter fallen Abschreibungen auf Inventar, Fahrzeuge und Forderungen gemäß dem Abschluß des entsprechenden Jahres. Abschreibungen auf das Warenlager sind nicht hier, sondern in der Lagerbewertung berücksichtigt. Abschreibungen auf Grundstücke und Gebäude sind durch den Mietwert abgegolten.

Sonstige Kosten

Hier sind alle in den übrigen Kostenpositionen nicht enthaltenen Handlungskosten erfaßt. Nicht enthalten sind die Grundstücks- und Gebäudekosten sowie Wiederaufbaukosten, da sie durch den Mietwert abgegolten sind, Ausgaben für Neuanschaffungen, die durch die Abschreibungen berücksichtigt sind, und die Warenbezugskosten, die der Beschaffung zugerechnet sind.

Gesamtkosten

Die Gesamtkosten ergeben sich aus der Addition aller Kostenarten.

Handlungskostenentwicklung

Die Kostenentwicklungszahlen werden aus der Kostenbelastung in Prozenten des Absatzes und der Absatzentwicklung berechnet. Die Durchschnittswerte werden hier nicht aus den einzelbetrieblichen, sondern auf Grund der vorliegenden Branchen- und Teilbranchendurchschnittswerte der relativen Kostenbelastung und der Absatzentwicklung ermittelt.

Kosten

siehe Handlungskosten.

Kreditverkäufe

Hierunter fällt der gesamte Kreditabsatz, der sich folgendermaßen zusammensetzt:
1. Teilzahlungsverkäufe, die in Verbindung mit Teilzahlungs-Finanzierungs-Instituten getätigt werden.
2. Sonstige Teilzahlungsverkäufe, die der Einzelhandel auf Grund von besonderen Teilzahlungsverträgen in eigener Regie abwickelt.
3. Alle sonstigen Kreditverkäufe (offene Buchkredite, Anschreiben usw.).

Lagerbestand je beschäftigte Person

Berechnungsformel: Durchschnittlicher Lagerbestand des Berichtsjahres zu Inventurwerten (Anfangsbestand plus Endbestand geteilt durch 2) dividiert durch die Zahl der im Berichtsjahr im Durchschnitt beschäftigten Personen (Personenbewertung siehe „Beschäftigte Personen"). Die Durchschnittswerte sind das arithmetische Mittel der einzelbetrieblichen Berechnungen.

Lagerentwicklung

Bei der Berechnung der Lagerentwicklung wird der durchschnittliche Lagerbestand des Berichtsjahres in Prozenten des durchschnittlichen Lagerbestandes des Basisjahres ausgedrückt (durchschnittlicher Lagerbestand des Basisjahres = 100). Die Durchschnittswerte werden hier nicht einzelbetrieblich berechnet, sondern auf Grund der Branchen- und Teilbranchendurchschnittswerte der Lagerentwicklung innerhalb der einzelnen Jahre.

Lagerumschlag

siehe Umschlagsgeschwindigkeit des Warenlagers.

Miete

siehe Handlungskosten.

Personalkosten

siehe Handlungskosten.

Reklamekosten

siehe Handlungskosten.

Steuern

siehe Handlungskosten.

Umsatz

Oberbegriff für Beschaffung, Lagerung und Absatz.

Umschlagsgeschwindigkeit des Warenlagers

Berechnungsformel: Gesamtabsatz des Berichtsjahres zu Einstandspreisen (Wareneinsatz) dividiert durch den durchschnittlichen Lagerbestand (Anfangsbestand plus Endbestand geteilt durch 2) des Berichtsjahres zu Einstandspreisen. Die Durchschnittswerte sind das arithmetische Mittel der einzelbetrieblichen Berechnungen.

Unternehmerlohn

siehe Handlungskosten.

Werkstattabsatz

Zum Werkstattabsatz rechnen Änderungen, Zurichtungsarbeiten und Montagen von verkauften Waren sowie nicht aus dem Handelsbetrieb erwachsene Reparaturen, Laborarbeiten usw. Nicht als Werkstattabsatz zählt die Neuanfertigung von Waren (siehe Eigenherstellung).

Werkstattpersonen

Hierzu rechnen alle mit handwerklichen Arbeiten beschäftigten Personen, jedoch ohne die für die Eigenherstellung tätigen Personen (siehe Werkstattabsatz).

Zinsen für Eigenkapital

siehe Handlungskosten.

Zinsen für Fremdkapital

siehe Handlungskosten.

B. Bericht über die Betriebsvergleichsergebnisse in den Jahren 1949 bis 1958

I. Die Zusammensetzung und Entwicklung des Teilnehmerkreises

Zur Beurteilung der Basis, auf der die Ergebnisse des vorliegenden Berichtes ruhen, ist zunächst auf den Teilnehmerkreis am Betriebsvergleich des Einzelhandels einzugehen. Tabelle 1 gibt einen Überblick über die in den Jahren 1949—1958 erfaßten Einzelhandelsfirmen insgesamt und aufgegliedert nach Branchen und Teilbranchen. Seit 1949 hat sich die Zahl der Berichtsfirmen beträchtlich erweitert. Sieht man von den Jahren 1950 und 1955 ab, so lag in allen übrigen Jahren die Gesamtteilnehmerzahl über der des Vorjahres. Insgesamt war die Zahl der Berichtsfirmen im Jahre 1958 mit 3 444 fast doppelt so hoch wie die des Jahres 1949 (1 771). Der Gesamtabsatz der erfaßten Betriebe ist von rund 700 Millionen DM im Jahre 1949 auf 2,7 Milliarden DM im Jahre 1958 angestiegen. Auf den Gesamtabsatz des Einzelhandels in der Bundesrepublik Deutschland bezogen betrug der Anteil der Betriebsvergleichsteilnehmer 1949 etwa 2,5 % und 1958 knapp 4 %.

Tabelle 1

1. Die Aufgliederung der erfaßten Betriebe nach Branchen

Die Zahl der ausgewerteten Branchen und Teilbranchen belief sich im Jahre 1958 auf 35. Nicht alle Fachzweige hatten den Betriebsvergleich im Jahre 1949 aufgenommen. Im ersten Jahr des Betriebsvergleichs waren zunächst 24 Branchen und Teilbranchen in die Erhebungen einbezogen. Später wurde der Betriebsvergleich des Uhren-, Juwelen-, Gold- und Silberwareneinzelhandels (1951), des Sportartikeleinzelhandels (1951), des Radio- und Fernseheinzelhandels (1952), der Blumenbindereien (1952) und der Reformhäuser (1955) aufgenommen. Im Rahmen der Fachzweige des Textileinzelhandels erfolgte ab 1951 eine getrennte Untersuchung für die Betriebe mit vorwiegend Herren- und Knabenoberbekleidung, mit vorwiegend Damen-, Mädchen- und Kinderoberbekleidung sowie für die Betriebe mit vorwiegend Haus- und Bettwäsche, Bettwaren und ab 1953 für die Herrenausstatter und die Betriebe mit vorwiegend Teppichen, Möbelstoffen und Gardinen. Allerdings wurde die Mehrzahl der in diesen Gruppen erfaßten Firmen nicht neu aufgenommen, sondern aus einer anderen Auswertungsgruppe ausgegliedert. Da bereits 1949 alle maßgeblichen Branchen beteiligt waren und die spätere Einbeziehung sich nur auf relativ kleine Branchen bezog, ist die Vergleichbarkeit der Durchschnittswerte des gesamten Einzelhandels über die Jahre hinweg nur unwesentlich beeinträchtigt worden.

Von wenigen Ausnahmen abgesehen hat sich auch die Teilnehmerzahl in den einzelnen Branchen im Laufe des Berichtszeitraumes wesentlich vergrößert. Die höchste Beteiligung erreichte in allen Jahren der Textileinzelhandel. 1958 wurden in dieser Branche rund 900 Betriebe erfaßt. Beachtlich war auch die Beteiligung im Lebensmitteleinzelhandel (1958: 347 Betriebe), im Schuheinzelhandel (297), im Eisenwaren- und Hausrathandel (270), bei den Drogerien (207) und im Möbeleinzelhandel (205). Über 100 Teilnehmer erreichten im Jahre 1958 weiterhin der Sortimentsbuchhandel (162), der Uhren-, Juwelen-, Gold- und Silberwareneinzelhandel (150), der Papier-, Bürobedarf- und Schreibwareneinzelhandel (116), der Radio- und Fernseheinzelhandel (107) und der Glas-, Porzellan- und Keramikeinzelhandel (105). Bei einer Reihe von Branchen wurde trotz großer Bemühungen nur eine relativ geringe Beteiligung erreicht. Dies gilt vor allem für den Fahrradeinzelhandel, den Beleuchtungs- und Elektroeinzelhandel, die Reformhäuser sowie die Fachzweige des Textileinzelhandels mit vorwiegend Meterwaren, mit vorwiegend Herrenausstattung und mit vorwiegend Teppichen, Möbelstoffen und Gardinen sowie den Betrieben des Eisenwaren- und Hausrathandels mit vorwiegend Öfen und Herden. Die Durchschnittswerte sind bei diesen Fachzweigen nur von beschränkter Aussagekraft. Bei der Beurteilung der Ergebnisse muß dieser Tatbestand berücksichtigt werden.

2. Die regionale Verteilung der erfaßten Betriebe

Die am Betriebsvergleich des Einzelhandels beteiligten Firmen verteilen sich über das gesamte Bundesgebiet. Die vorgenommene Aufgliederung der Berichtsfirmen nach Ländern läßt in allen Jahren für den Einzelhandel insgesamt und den überwiegenden Teil der Branchen eine dem Bevölkerungsanteil weitgehend entsprechende Verteilung erkennen. Geringfügige Abweichungen ergeben sich im süd- und norddeutschen Raum. In Süddeutschland bleibt die Teilnehmerzahl allgemein etwas hinter dem Bevölkerungsanteil zurück, während in Norddeutschland die Situation umgekehrt ist. Auf eine tabellarische Wiedergabe der Verteilung der Betriebsvergleichsteilnehmer in den Jahren 1949 bis 1958 nach Bundesländern ist in der vorliegenden Schrift verzichtet worden, da hierzu eine relativ große Anzahl von Tabellen erforderlich gewesen wäre. Eine ausführliche Darstellung der regionalen Verteilung der Betriebsvergleichsteilnehmer erfolgte in den drei Dreijahresberichten (Band 1, 7 und 11 der Schriften zur Handelsforschung).

3. Die Betriebsgröße der erfaßten Betriebe

Während in regionaler Hinsicht der Teilnehmerkreis weitgehend der allgemeinen Situation entspricht, weicht die größenmäßige Zusammensetzung von der im Durchschnitt der Bundesrepublik gegebenen Betriebsgrößenstruktur ab. Die durchschnittliche Zahl der beschäftigten Personen sowie der durchschnittliche Absatz je Betrieb sind bei den Betriebsvergleichsfirmen relativ hoch. Dies erklärt sich aus der Tatsache, daß bei den mittleren und größeren Einzelhandelsfirmen das Interesse für den Betriebsvergleich stärker ist als bei den kleineren. In den Tabellen 2 und 3 sind für die Jahre 1949 bis 1958 die durchschnittliche Zahl der beschäftigten Personen und der Durchschnittsabsatz je Betrieb wiedergegeben. Auf eine Errechnung der Durchschnittswerte für den Einzelhandel insgesamt wurde verzichtet, da diese in Anbetracht der starken branchenbedingten Unterschiede keine große Aussagekraft besitzen.

Tabellen 2 und 3

Tabelle 2 zeigt, daß die durchschnittliche Zahl der beschäftigten Personen im Jahre 1958 zwischen 3,1 im Tabakwareneinzelhandel und 43,6 im Textileinzelhandel mit vorwiegend Herren-, Damen- und Kinderoberbekleidung schwankt. Die Extremwerte im Absatz je Betrieb ergaben sich im Jahre 1958 mit rund 172 000 DM bei den Blumenbindereien und etwa 2 Millionen DM bei den Geschäften mit Herren-, Damen- und Kinderoberbekleidung. Zwar stehen keine neueren Vergleichszahlen für die durchschnittliche Zahl der beschäftigten Personen aller Betriebe der Bundesrepublik zur Verfügung, da die letzte Erhebung 1950 durchgeführt worden ist, jedoch ermöglichen die Ergebnisse der Umsatzsteuerstatistik einen Vergleich der durchschnittlichen Absatzhöhe je Betrieb. Die Werte der oben angeführten extremen Branchen können hierfür allerdings nicht verwendet werden, da das Statistische Bundesamt andere branchenmäßige Abgrenzungen vornimmt. Zum Vergleich sollen der nach einheitlichen Gesichtspunkten erfaßte Lebensmitteleinzelhandel und die Drogerien herangezogen werden. Nach der Umsatzsteuerstatistik für 1957 betrug der Durchschnittsabsatz im Lebensmitteleinzelhandel rund 112 000 DM und bei den Drogerien etwa 104 000 DM. Die entsprechenden Werte der am Betriebsvergleich beteiligten Betriebe lagen bei 325 000 bzw. 205 000 DM. Der Durchschnittsabsatz je Betrieb war somit bei den Betriebsvergleichsteilnehmern dieser beiden Branchen 3 bzw. 2 mal größer als im Durchschnitt des gesamten Bundesgebietes. Ähnliche, zum Teil jedoch auch noch stärkere Abweichungen sind auch für die übrigen Branchen festzustellen. Hierbei muß jedoch berücksichtigt werden, daß die Durchschnittszahlen des gesamten Bundesgebietes stark durch die große Anzahl von Minderbetrieben – d. h. solchen Firmen, die nicht in der Lage sind, eine Person voll zu beschäftigen und die in der Regel als Nebentätigkeit betrieben werden – beeinflußt werden. Die Betriebe, die nach der Umsatzsteuerstatistik des Statistischen Bundesamtes weniger als 20 000 DM umsetzten, machten im Jahre 1957 fast ⅓ der Gesamtbetriebe aus. Würden nur die Vollbetriebe (über 20 000 DM Jahresabsatz) zugrunde gelegt, so dürften die durchschnittlichen Betriebsgrößen, wie sie sich beim Betriebsvergleich und im Bundesdurchschnitt ergeben, wesentlich näher zusammenliegen.

Zusammenfassend kann auf Grund der größenmäßigen Zusammensetzung des Teilnehmerkreises am Betriebsvergleich gesagt werden, daß die Durchschnittsergebnisse in erster Linie ein Bild des mittelständischen Einzelhandelsfachgeschäftes vermitteln. Kleinbetriebe mit bis zu 50 000 DM Jahresabsatz sowie ausgesprochene Großbetriebe mit über 10 Millionen DM Jahresabsatz sind bei dem überwiegenden Teil der Branchen nicht und in den Ausnahmefällen nur in sehr geringem Umfange vertreten.

Auf Grund der geschilderten Tatbestände sind die in den Tabellen 2 und 3 ausgewiesenen Werte nur von beschränkter Aussagekraft über die allgemeinen Betriebsgrößen im Einzelhandel. Diese Beeinträchtigung bezieht sich jedoch nur auf die Aussagekraft der Werte in ihrer absoluten Höhe. Aus der Entwicklung der Zahlen von 1949 bis 1958 und den Verhältnissen der Branchen zueinander können zweifellos einige wichtige Schlüsse gezogen werden. So ist sowohl in Tabelle 2 als auch in Tabelle 3 zu bemerken, daß die Zahl der beschäftigten Personen sowie der Absatz je Betrieb in fast allen Branchen von 1949 bis 1958 eine deutliche Aufwärtsentwicklung aufweisen. Obwohl die Ergebnisse in den einzelnen Jahren zum Teil durch die Veränderung des Teilnehmerkreises beeinflußt worden sind, so dürfte sich andererseits in der Gesamttendenz deutlich die Expansion des Einzelhandels in personal- und umsatzmäßiger Hinsicht im Vergleichszeitraum widerspiegeln. Noch stärker als die Zahl der beschäftigten Personen haben sich die Absatzwerte je Betrieb vergrößert. Diese Entwicklung weist darauf hin, daß im Laufe der Jahre sich die Zahl der Beschäftigten auf die Umsatzeinheit bezogen verkleinert hat, oder anders ausgedrückt, die Absatzleistung je beschäftigte Person größer geworden ist. Auf die Ursachen und Wirkungen dieses Tatbestandes soll hier nicht näher eingegangen werden, da sie im weiteren Verlauf der Ausführungen noch zu erörtern sind.

Die in allen Jahren erkennbaren deutlichen Abweichungen in der Zahl der beschäftigten Personen und im Absatz je Betrieb zwischen den einzelnen Branchen weisen auf die unterschiedlichen Betriebsgrößenverhältnisse im Einzelhandel hin. Die Bestimmungsgründe sind hierbei verschiedenartig. Die Geschäfte mit Nahrungs- und Genußmitteln tendieren in Anbetracht ihrer starken Dezentralisation zum Kleinbetrieb. Relativ kleine Betriebsgrößen sind auch bei den Branchen mit handwerklicher Nebentätigkeit, etwa dem Uhren-, Juwelen-, Gold- und Silberwareneinzelhandel, dem Fahrradeinzelhandel sowie den Blumenbindereien festzustellen. Im Gegensatz hierzu ergaben sich bei den Branchen mit Bekleidung, mit Hausrat- und Wohnbedarf und mit Büromaschinen, Büromöbeln und Organisationsmitteln überdurchschnittliche Betriebsgrößen. Die notwendige Zentralisation, die Form der Warendarbietung und die Sperrigkeit der geführten Waren setzen hier eine bestimmte Betriebsgröße voraus.

II. Die Absatzentwicklung

1. Die wertmäßige Absatzentwicklung

Die Beobachtung der Absatzentwicklung in den Jahren 1949 bis 1958 ist insofern von besonderer Bedeutung, als sie den Zeitraum umschließt, in dem sich der wirtschaftliche Wiederaufbau in der Bundesrepublik Deutschland vollzogen hat. Die Betriebsvergleichsergebnisse weisen aus diesem Grunde wesentlich stärkere Veränderungstendenzen auf, als es in einem Zeitraum normaler wirtschaftlicher Entwicklung der Fall wäre. Aus Tabelle 4 ist die starke Absatzexpansion des Einzelhandels in den Jahren 1949 bis 1958 ersichtlich. Im Durchschnitt des gesamten Einzelhandels lag das wertmäßige Verkaufsergebnis der erfaßten Einzelhandelsbetriebe 1958 89 % höher als 1949. An dieser Absatzsteigerung haben alle Branchen teilgenommen, allerdings verschieden stark. Vergleichsweise gering waren die Absatzerhöhungen bei den Branchen mit Nahrungs- und Genußmitteln. So betrug die Erhöhung 1958 gegenüber 1949 im Lebensmitteleinzelhandel 69 % und im Tabakwareneinzelhandel 22 %, wobei die Entwicklung des Tabakwareneinzelhandels allerdings wesentlich durch die noch zu erläuternden Preisveränderungen beeinflußt worden ist. Vergleichsweise geringe Absatzzunahmen registrierten auch die Branchen mit Textilien und Bekleidung. Im Durchschnitt des gesamten Textileinzelhandels betrug die Absatzerhöhung 1958 gegenüber 1949 72 %. Das Verkaufsergebnis des Schuheinzelhandels war 1958 91 % höher als 1949. Deutlich über der durchschnittlichen Entwicklung des Einzelhandels lagen die Branchen mit Hausrat- und Wohnbedarf. So wurde vom Möbeleinzelhandel im Vergleichszeitraum eine Absatzsteigerung von 243 %, vom Tapeten- und Linoleumhandel von 234 %, vom Eisenwaren- und Hausrathandel von 136 %, vom Glas-, Porzellan- und Keramikeinzelhandel von 127 % und vom Beleuchtungs- und Elektroeinzelhandel von 113 % erzielt. Relativ starke Absatzerhöhungen sind auch bei dem überwiegenden Teil der Branchen mit Kultur- und Luxusbedarf eingetreten. Im Photoeinzelhandel war das wertmäßige Verkaufsergebnis im Jahre 1958 223 % höher als 1949. Der Uhren-, Juwelen-, Gold- und Silberwareneinzelhandel registrierte eine Steigerung von 201 %, der Sportartikeleinzelhandel von 183 % und der Sortimentsbuchhandel von 150 %.

Tabelle 4

Die abweichenden Ergebnisse in der Absatzentwicklung dürfen nicht zu einer unterschiedlichen Bewertung der Verkaufssituation im Jahre 1958 führen. Die Ursachen für die Differenzen in der Absatzzunahme liegen in starkem Maße in der unterschiedlichen Verkaufssituation im Basisjahr 1949.

Der Dringlichkeit des Bedarfs entsprechend konzentrierte sich im ersten Jahre nach der Währungsreform die Nachfrage vorwiegend auf den Nahrungsmittel- und Bekleidungsbereich. Erst zu einem späteren Zeitpunkt folgten der Hausrat- und Wohnbedarf und schließlich in den letzten Jahren der Bereich der Kultur- und Luxusgüter. Die Absatzentwicklungszahlen basieren daher bei den Branchen mit Nahrungs- und Genußmitteln auf einem relativ höheren Wert als bei den Branchen mit Hausrat- und Wohnbedarf sowie mit Kultur- und Luxusbedarf. Ein Teil der Abweichungen ist schließlich auf unterschiedliche Preisveränderungen zurückzuführen, so daß es sich empfiehlt, neben der wertmäßigen Absatzentwicklung auch die preisbereinigte einer Betrachtung zu unterziehen.

2. Die preisbereinigte Absatzentwicklung

Tabelle 5   In Tabelle 5 ist zunächst ein Überblick über die Preisentwicklung des Einzelhandels insgesamt und einiger wichtiger Branchen in den Jahren 1949—1958 gegeben. Die Zahlen wurden vom Statistischen Bundesamt in Wiesbaden ermittelt [1]). Da das Bundesamt bei seinen Preisuntersuchungen nicht alle Einzelhandelsbranchen erfaßt oder aber die Abgrenzung nicht mit der Branchenaufgliederung des Instituts übereinstimmt, wurden nur die Ergebnisse der vergleichbaren Fachzweige ausgewiesen. Im Durchschnitt des gesamten Einzelhandels ist von 1949 nach 1950 zunächst ein beträchtlicher Preisrückgang um 10 % eingetreten. Nach einer durch die Korea-Krise im Jahre 1951 bedingten Preiserhöhung war 1953 wieder ein Rückgang zu erkennen. Von diesem Zeitpunkt an ist bis zum Jahre 1958 ein erneuter Preisanstieg eingetreten. Vergleicht man das Preisniveau im Jahre 1958 mit dem des Jahres 1949, so sind für den Einzelhandelsdurchschnitt keine Veränderungen festzustellen. Gegenüber 1950 beträgt allerdings die Preiserhöhung 11 %. Bei den einzelnen Branchen zeigt die Preisentwicklung in den Jahren 1949 bis 1958 zum Teil bemerkenswerte Abweichungen. Den stärksten Rückgang wies der Tabakwareneinzelhandel auf. In dieser Branche ist das Preisniveau infolge der Herabsetzung der Tabaksteuern um etwa ein Viertel niedriger geworden. Beachtliche Preisrückgänge ergaben sich mit 15 % auch im Textileinzelhandel. Im Lebensmitteleinzelhandel sind die Preise 1958 gegenüber 1949 leicht um 2 % angestiegen. Stärkere Preiserhöhungen sind im Möbeleinzelhandel (+ 6 %), im Papier-, Bürobedarf- und Schreibwareneinzelhandel (+ 15 %) und vor allem im Eisenwaren- und Hausrathandel (+ 37 %) eingetreten.

Tabelle 6   Die in Tabelle 6 wiedergegebene preisbereinigte Absatzentwicklung zeigt gegenüber der wertmäßigen einige deutliche Abweichungen. Im Durchschnitt des gesamten Einzelhandels sind diese Abweichungen jedoch nur in einzelnen Jahren, nicht bei einem Gesamtvergleich des Jahres 1958 mit dem Jahre 1949 eingetreten. Da das Preisniveau im Durchschnitt des gesamten Einzelhandels 1958 gleich hoch war wie 1949, entspricht die preisbereinigte Absatzsteigerung mit 89 % genau der wertmäßigen. Anders ist das Bild in den einzelnen Branchen. Der Tabakwareneinzelhandel, dessen wertmäßiger Absatz 1958 lediglich 22 % höher war als 1949, weist nach Preisbereinigung eine Absatzzunahme von 61 % auf. Auch bei den Drogerien, im Textileinzelhandel, im Schuheinzelhandel, im Beleuchtungs- und Elektroeinzelhandel sowie im Glas-, Porzellan- und Keramikeinzelhandel ergibt sich nach Preisbereinigung eine stärkere Absatzzunahme. Im Gegensatz hierzu bleibt im Möbeleinzelhandel, im Eisenwaren- und Hausrathandel sowie im Papier-, Bürobedarf- und Schreibwareneinzelhandel die preisbereinigte Absatzentwicklung hinter der wertmäßigen zurück. Besonders deutlich zeigt sich dies bei Eisenwaren und Hausrat, wo einer wertmäßigen Zunahme von 136 % eine preisbereinigte von 72 % gegenübersteht.

III. Die Personal-, Raum- und Lagerleistung

Die bisherigen Ausführungen haben gezeigt, daß von der Absatzseite her betrachtet die Situation des Einzelhandels in den Jahren 1949 bis 1958 ein durchaus positives Bild aufweist. Die Absatzentwicklung allein reicht aber nicht aus, um die Leistungen des Einzelhandels umfassend beurteilen zu können. Hierzu ist es vielmehr erforderlich, auch die Bedingungen aufzuzeigen, unter denen die Absatzsteigerungen erzielt wurden. Die Leistungsbereitschaft des Einzelhandelsbetriebes setzt den Einsatz von drei wichtigen Faktoren voraus, und zwar des Personals, des Raumes und der Waren. Da mit dem Einsatz dieser Faktoren ein hoher Anfall von fixen Kosten verbunden ist, muß der Einzelhandelsbetrieb bestrebt sein, die vorhandene Leistungsbereitschaft soweit wie möglich auszunutzen. Als Maßstab für den Ausnutzungsgrad des Personals dient der Absatz je beschäftigte Person, für den des Raumes der Absatz je qm Geschäftsraum und für den des Lagers die Lagerumschlagsgeschwindigkeit. Hierbei dürfte ihrer Bedeutung nach

---

[1]) Wirtschaft und Statistik, Neue Folge, Stuttgart, 7. Jahrgang, Heft 12, Dezember 1955, Seiten 676, 677; 11. Jahrgang, Heft 12, Dezember 1959, Seiten 716, 717.

die Absatzleistung je beschäftigte Person im Vordergrund stehen. Dies wird deutlich, wenn man berücksichtigt, daß im Einzelhandel fast die Hälfte der Gesamtkosten Personalkosten sind. Da der Absatz je beschäftigte Person nicht nur von der Leistung der Einzelpersonen, sondern in starkem Maße auch von den betrieblichen Dispositionen abhängig ist, ist er ein zutreffender Maßstab für die Beurteilung der gesamten betrieblichen Organisation.

1. Der Absatz je beschäftigte Person

Tabelle 7 gibt einen Überblick über den Absatz je beschäftigte Person in den Jahren 1949—1958 für den Einzelhandel insgesamt und die einzelnen Branchen. Aus der Tabelle ist ersichtlich, daß trotz der beachtlichen Absatzsteigerungen bis zum Jahre 1954 die Absatzleistung je beschäftigte Person im Durchschnitt des gesamten Einzelhandels keine wesentliche Veränderung aufwies. Sie war mit etwa 41 500 DM 1954 nur 200 DM höher als 1949 (41 300 DM). Es ergibt sich hieraus der Schluß, daß in diesem Zeitraum die Zahl der beschäftigten Personen in etwa proportional mit dem Absatz gewachsen ist. Die Tatsache, daß trotz der beachtlichen Absatzerhöhungen von 1949—1954 keine Verbesserung in der Personalleistung eingetreten ist, dürfte auf die in diesem Zeitraum in starkem Maße zugenommenen Anforderungen der Kunden an die Bedienung zurückzuführen sein. Zweifellos sind auch nach 1954 diese Anforderungen weiter gewachsen, jedoch haben in den letzten Jahren einerseits die verschärften Wettbewerbsbedingungen und andererseits der immer offensichtlichere Personalmangel der Betriebe zu intensiveren Rationalisierungsbemühungen veranlaßt. Im Durchschnitt des gesamten Einzelhandels erhöhte sich die Absatzleistung je beschäftigte Person von 1954 bis 1958 von 41 500 DM auf 48 300 DM. Relativ betrug die Verbesserung der Personalleistung in diesem Zeitraum 16 %. Im gleichen Zeitraum wurde der Gesamtabsatz um 32 % vergrößert; d. h., daß von 1954—1958 im Durchschnitt des gesamten Einzelhandels die Hälfte der Absatzsteigerungen mit unveränderter Personalkapazität bewältigt werden konnte, für die andere Hälfte jedoch eine erneute Vergrößerung der Beschäftigtenzahl erforderlich war.

Zwischen den einzelnen Branchen zeigt die Entwicklung der Personalleistung von 1949 bis 1958 zum Teil beachtliche Abweichungen. Im Textil- und Schuheinzelhandel ist bis zum Jahre 1954 die Absatzleistung je beschäftigte Person deutlich zurückgegangen, obwohl im gleichen Zeitraum eine kontinuierliche Erhöhung des Absatzes eingetreten ist. Es kann angenommen werden, daß die zunehmenden Ansprüche der Kunden an das Sortiment und die Bedienung sich hier besonders stark ausgewirkt und einen verstärkten personellen Einsatz mit sich gebracht haben. Erst ab 1955 ist im Textil- und Schuheinzelhandel ein leichter Anstieg in der Absatzleistung je beschäftigte Person zu erkennen. 1958 waren die Werte erneut rückläufig. Beim Vergleich des Jahres 1958 mit dem Jahre 1949 weist der Textileinzelhandel nur eine sehr geringe Erhöhung des Absatzes je beschäftigte Person von 41 600 DM auf 42 500 DM aus. Im Schuheinzelhandel liegt der Wert des Jahres 1958 mit 43 600 DM beträchtlich niedriger als 1949 (54 300 DM). Sieht man vom Schuheinzelhandel und vom Tabakwareneinzelhandel (bei dem die Personalleistung infolge der starken Preisreduzierungen von 92 300 DM auf 76 700 DM rückläufig war) ab, so lag bei allen übrigen Branchen der Absatz je beschäftigte Person im Jahre 1958 beträchtlich über dem Wert des Jahres 1949. Hierbei ist der Entwicklung des Einzelhandelsdurchschnitts entsprechend im allgemeinen zu erkennen, daß die stärksten Steigerungen seit 1954 eingetreten sind.

Bei einem Vergleich der Entwicklung der Personalleistung mit der des Gesamtabsatzes ergibt sich, daß die Branchen mit den stärksten Absatzzunahmen auch die größten Zunahmen in der Absatzleistung je beschäftigte Person ausgewiesen haben. Es wird hiermit die bereits bei der Erläuterung der Absatzentwicklung getroffene Feststellung bestätigt, daß in diesen Branchen die Nachfrage im Jahre 1949 noch relativ gering war, so daß die vorhandene betriebliche Kapazität noch nicht in vollem Umfange ausgenutzt werden konnte. Die in den folgenden Jahren sich ergebende bessere Auslastung der beschäftigten Personen hat im Möbeleinzelhandel zu einem Anstieg des Absatzes je beschäftigte Person von 38 800 DM im Jahre 1949 auf 69 800 DM im Jahre 1958 geführt. Im Glas-, Porzellan- und Keramikeinzelhandel ist eine Erhöhung von 27 200 DM auf 37 000 DM und im Eisenwaren- und Hausrathandel von 34 100 DM auf 47 400 DM eingetreten, wobei das Ergebnis der letzteren Branche in starkem Maße durch die Preisentwicklung (siehe Tabelle 5) beeinflußt worden ist. Beachtlich waren auch die Steigerungen des Absatzes je beschäftigte Person bei den Branchen mit Kultur- und Luxusbedarf. Der Photoeinzelhandel wies von 1949 bis 1958 eine Vergrößerung der Personalleistung von 26 500 DM auf 32 800 DM, der Leder- und Galanteriewareneinzelhandel von 32 600 DM auf 43 500 DM, der Sortimentsbuchhandel von 25 600 DM auf 41 800 DM und der Uhren-, Juwelen-, Gold- und Silberwareneinzelhandel (1951 bis 1958) von 27 600 DM auf 38 900 DM aus. Bemerkenswert ist, daß auch im Lebensmitteleinzelhandel trotz der relativ geringen Absatzsteigerung im Jahre 1958 gegenüber 1949 (+ 69 %) die Absatzleistung je beschäftigte Person in beachtlichem Umfange erhöht werden konnte.

Tabelle 7

Insgesamt ist im Lebensmitteleinzelhandel der Absatz je beschäftigte Person von 39 700 DM im Jahre 1949 auf 53 000 DM im Jahre 1958 angestiegen. Zweifellos waren im Lebensmitteleinzelhandel in den ersten Jahren nach der Währungsreform noch beachtliche Rationalisierungreserven vorhanden. Diese sind besonders im Laufe der letzten Jahre durch die zahlreichen freiwilligen Zusammenschlüsse und die Umstellung auf Selbstbedienung in starkem Umfange ausgeschöpft worden.

Zwei zur Beurteilung der Personalleistung wichtige Vergleichszahlen sind auch der Absatz je Kunde und die Kundenzahl je beschäftigte Person. Der Absatz je Kunde wird im Rahmen des Betriebsvergleichs seit 1950 ermittelt und in den Auswertungstabellen ausgewiesen. Die Kundenzahl je beschäftigte Person kann errechnet werden, indem der Absatz je beschäftigte Person durch den Absatz je Kunde dividiert wird. Auf eine Gesamtdokumentation des Zahlenmaterials beider Vergleichszahlen für den Zeitraum von 1950 bis 1958 ist in der vorliegenden Schrift verzichtet worden, da die Berechnungsmethode für den Absatz je Kunde in den Branchen unterschiedlich ist. Während in der Mehrzahl der Branchen der Absatz je Kunde global erfaßt wird, erfolgt in einer Reihe anderer Branchen eine Trennung in Barabsatz je Barkunde und Kreditabsatz je Kreditkunde bzw. nur eine Ermittlung des Barabsatzes je Barkunde. Darüber hinaus erschien eine Gesamtdarstellung des Zahlenmaterials nicht zweckmäßig, da der Absatz je Kunde nur von relativ wenigen Firmen gemeldet wird und somit bei vielen Branchen keine ausreichende Repräsentanz vorhanden ist.

Zur Beurteilung der wichtigsten Entwicklungstendenzen sind in der nachfolgenden Aufstellung für die vergleichbaren Branchen der Absatz je Kunde und die Kundenzahl je beschäftigte Person in den Jahren 1950 bis 1958 gegenübergestellt.

Sieht man vom Lebensmitteleinzelhandel, den Drogerien und vom Möbeleinzelhandel ab, so ist in allen übrigen Branchen von 1950 bis 1958 ein Rückgang in der Zahl der bedienten Kunden eingetreten.

Absatz je Kunde in DM und Kundenzahl je beschäftigte Person in den Jahren 1950 und 1958

Branche	Absatz je Kunde		Kundenzahl je beschäftigte Person	
	1950	1958	1950	1958
Lebensmitteleinzelhandel	3,0	3,7	12 920	14 310
Drogerien	2,1	3,0	10 960	11 880
Tabakwareneinzelhandel	2,0	2,6	32 870	29 510
Textileinzelhandel	15,2	30,1	2 960	1 410
davon mit vorwiegend				
Herren-, Damen- und Kinderoberbekleidung	41,4	55,3	1 330	850
Wäsche, Wirk- und Strickwaren	10,3	13,3	4 060	3 240
gemischtem Sortiment	9,9	14,2	4 480	2 740
Schuheinzelhandel	17,5	20,8	3 050	2 100
Möbeleinzelhandel	370,1	421,3	160	170
Glas, Porzellan- und Keramikeinzelhandel	7,7	13,0	3 310	2 850
Photoeinzelhandel	8,3	17,1	3 340	1 920
Leder- und Galanteriewareneinzelhandel	15,7	19,0	2 530	2 290

Besonders klar ist die Tendenz im Textil- und Schuheinzelhandel. So hat sich im Durchschnitt des gesamten Textileinzelhandels die Zahl der bedienten Kunden von 2 960 im Jahre 1950 auf 1 410 im Jahre 1958 vermindert. Im Schuheinzelhandel hat sich ein Rückgang von 3 050 auf 2 100 ergeben. In diesen Zahlen spiegelt sich deutlich die Tatsache einer verstärkten Inanspruchnahme des Personals durch die Kundschaft wider. Höhere Ansprüche an die Auswahl und der Übergang zu hochwertigeren Erzeugnissen haben diese Entwicklung bewirkt. Die stärkere Nachfrage nach hochwertigeren Waren äußert sich im Absatz je Kunde, der bei Textilien von 15,20 DM im Jahre 1950 auf 30,10 DM im Jahre 1958 angestiegen ist. Die Erhöhung ist eingetreten, obwohl im gleichen Zeitraum das Preisniveau bei Textilien um etwa 2 % gesunken ist. Im Schuheinzelhandel hat sich der durchschnittliche Einkaufsbetrag von 17,50 DM auf 20,80 DM erhöht, wobei hier allerdings sich zum Teil auch der Preisanstieg von etwa 8 % im Jahre 1958 gegenüber 1950 ausgewirkt hat. Zweifellos ist im Schuheinzelhandel weniger der Übergang zu höheren Preisklassen als mehr die starke Verbreiterung des modischen Sortimentes und die damit verbundenen größeren Auswahlmöglichkeiten die Ursache für die Verminderung in der Kundenzahl pro beschäftigte Person gewesen.

2. Der Absatz je qm Geschäftsraum

Zur Beurteilung der Entwicklung der Raumleistung im Einzelhandel gibt Tabelle 8 einen Überblick über den Absatz je qm Geschäftsraum. Die Erfassung dieser Position erfolgte im Rahmen des Betriebsvergleichs erst ab 1951, so daß für die Jahre 1949 und 1950 keine Vergleichswerte vorliegen. Tendenziell hat sich der Absatz je qm Geschäftsraum ähnlich entwickelt wie die Personalleistung. Im Durchschnitt des gesamten Einzelhandels ist von 1951 bis 1954 keine wesentliche Veränderung eingetreten. Mit 2 140 DM entsprach die Absatzquote je qm Geschäftsraum 1954 fast genau dem Wert des Jahres 1951 (2 150 DM). Ab 1955 ist eine deutliche Verbesserung der Raumleistung zu erkennen. Insgesamt hat sich der Absatz je qm Geschäftsraum im Durchschnitt aller Einzelhandelsbranchen bis 1958 auf 2 350 DM erhöht. Vergleicht man das Jahr 1958 mit dem Jahre 1951, so ergibt sich eine Erhöhung des Absatzes je qm Geschäftsraum um 10 %. Relativ ist hiermit die Entwicklung des Absatzes je qm Geschäftsraum deutlich hinter der Erhöhung des Gesamtabsatzes zurückgeblieben, die 1958 gegenüber 1951 52 % betrug. Es ergibt sich hieraus der Rückschluß, daß auch in raummäßiger Hinsicht eine beachtliche Vergrößerung der Betriebe stattgefunden hat.

Tabelle 8

In den einzelnen Branchen hat sich der Absatz je qm Geschäftsraum von 1951 bis 1958 unterschiedlich entwickelt. Entgegen der allgemein ansteigenden Tendenz haben der Textil- und der Schuheinzelhandel eine deutliche Verminderung in der Absatzleistung je qm Geschäftsraum verzeichnet. Im Textileinzelhandel ist der Absatz je qm Geschäftsraum von 2 650 DM im Jahre 1951 auf 2 190 DM im Jahre 1958 zurückgegangen. Der Schuheinzelhandel wies eine Verminderung von 2 900 auf 2 270 DM auf. Es zeigt sich hier eine gewisse Parallele zu der Entwicklung der Personalleistung, die im Textil- und Schuheinzelhandel ebenfalls deutlich hinter der durchschnittlichen Entwicklung zurückgeblieben ist. Die besonders im Bekleidungsbereich erkennbare Zunahme der Ansprüche der Kundschaft haben eine großzügigere Gestaltung der Geschäftsräume erforderlich gemacht und damit zu einer Verminderung des Ausnutzungsgrades der Raumkapazität geführt.

Beachtliche Erhöhungen in der Absatzleistung je qm Geschäftsraum sind bei allen Branchen mit Nahrungs- und Genußmitteln eingetreten. Der Lebensmitteleinzelhandel hat von 1951 bis 1958 eine Steigerung von 2 050 DM auf 2 650 DM erzielt. In diesem Ergebnis spiegelt sich die Tatsache wider, daß im Lebensmitteleinzelhandel auch in raummäßiger Hinsicht noch beachtliche Leistungsreserven vorhanden waren, die in den letzten Jahren durch Modernisierung der Läden ausgenutzt worden sind.

Abgesehen vom Möbeleinzelhandel sind auch bei den Branchen mit Hausrat- und Wohnbedarf von 1951 bis 1958 Verbesserungen in der Raumleistung eingetreten. Im Eisenwaren- und Hausrathandel hat sich der Absatz je qm Geschäftsraum von 850 DM im Jahre 1951 auf 1 200 DM im Jahre 1958 erhöht. Zweifellos haben in diesem Bereich die beachtlichen wertmäßigen Absatzsteigerungen die bessere Raumausnutzung mit sich gebracht. Allerdings ist zu berücksichtigen, daß ein Teil der Absatzsteigerungen auf Preiserhöhungen zurückzuführen ist und somit auch die Vergrößerung des Absatzes je qm Geschäftsraum nur zum Teil eine echte mengenmäßige ist. Bemerkenswert ist, daß der Möbeleinzelhandel trotz seiner erheblichen Absatzerhöhung keine Zunahme in der Absatzleistung je qm Geschäftsraum ausgewiesen hat. In dieser Branche dürfte die starke Verbreiterung des Sortimentes sowie die großzügigere Darbietung der Waren, z. B. durch Aufbau in Wohnraumform, eine Erhöhung des Absatzes je qm Geschäftsraum verhindert haben. Die starken Absatzsteigerungen haben von 1951 bis 1958 auch bei den Branchen mit Kultur- und Luxusbedarf eine bessere Ausnutzung der Geschäftsraumfläche ermöglicht. So ist im Photoeinzelhandel der Absatz je qm Geschäftsraum von 2 120 DM im Jahre 1951 auf 2 680 DM im Jahre 1958 angestiegen. Im Uhren-, Juwelen-, Gold- und Silberwareneinzelhandel hat sich eine Vergrößerung von 2 500 DM auf 3 130 DM und im Sortimentsbuchhandel von 1 990 DM auf 2 750 DM ergeben.

Der Vergleich des Absatzes je qm Geschäftsraum läßt zwischen den einzelnen Branchen einen starken Unterschied im Raumbedarf erkennen. Die Extremwerte ergaben sich im Jahre 1958 mit 730 DM im Möbeleinzelhandel und mit 5 450 DM im Tabakwareneinzelhandel. In der Gesamttendenz zeigt sich deutlich, daß die Branchen mit einem auf das Einzelstück bezogenen hohen Warenwert sowie mit stapelfähiger Ware hohe Raumleistungszahlen und damit einen relativ geringen Raumbedarf aufweisen, während umgekehrt die Branchen mit großräumigen und sperrigen Waren niedrige Raumleistungszahlen und damit einen hohen Raumbedarf erkennen lassen.

Besonders klar kommt der unterschiedliche Raumbedarf zwischen den einzelnen Branchen zum Ausdruck, wenn der eingesetzte Geschäftsraum auf die beschäftigten Personen bezogen wird. In Tabelle 9 ist die Anzahl der qm Geschäftsraum wiedergegeben, die auf eine beschäftigte Person entfallen. Im Durchschnitt des gesamten Einzelhandels waren im Jahre 1958 je beschäftigte Person 21 qm Ge-

Tabelle 9

schäftsraum vorhanden. Die weitaus höchste Quadratmeterzahl je beschäftigte Person wies mit 95 der Möbeleinzelhandel auf. Es folgten mit jeweils 45 qm je beschäftigte Person die Geschäfte des Eisenwaren- und Hausrathandels mit vorwiegend Öfen und Herden sowie mit gemischtem Sortiment. Im Fahrradeinzelhandel wurden 1958 39 qm und im Glas-, Porzellan- und Keramikeinzelhandel 33 qm je beschäftigte Person eingesetzt. Der geringste Raumbedarf ergab sich im Photoeinzelhandel sowie im Uhren-, Juwelen-, Gold- und Silberwareneinzelhandel. In beiden Branchen betrug 1958 der Geschäftsraum je beschäftigte Person 12 qm. Geringfügig ist auch der Raumbedarf bei den Blumenbindereien (13 qm), dem Tabakwareneinzelhandel (14 qm) und dem Sortimentsbuchhandel (15 qm). Im Lebensmitteleinzelhandel entfielen 1958 auf eine beschäftigte Person 20 qm und im Textil- und Schuheinzelhandel jeweils 19 qm.

Der Vergleich der Ergebnisse von 1951 bis 1958 läßt erkennen, daß im Durchschnitt des gesamten Einzelhandels sich die Geschäftsraumfläche je beschäftigte Person von 19 qm auf 21 qm erhöht hat. Die Raumkapazität ist damit relativ in stärkerem Umfange angestiegen als die Beschäftigtenzahl. Allerdings ist diese Tendenz nicht für alle Einzelhandelsbranchen festzustellen gewesen. Im Lebensmitteleinzelhandel war der Geschäftsraum je beschäftigte Person mit 20 qm im Jahre 1958 genau so hoch wie im Jahre 1951. Die Vergrößerung der Raumkapazität ist in dieser Branche somit parallel zur Erweiterung der Beschäftigtenzahl verlaufen. Ein auf die beschäftigte Person bezogen verstärkter Raumeinsatz ist im Textil- und Schuheinzelhandel zu erkennen. In beiden Branchen hat sich die Quadratmeterzahl je beschäftigte Person von 16 im Jahre 1951 auf 19 im Jahre 1958 erhöht. Noch stärker war die Zunahme im Möbeleinzelhandel, von dem 1951 78 qm, 1958 dagegen 95 qm Geschäftsraum je beschäftigte Person eingesetzt wurden. Bemerkenswert ist auch die beachtliche Zunahme des Geschäftsraumes je beschäftigte Person im Fahrradeinzelhandel. Während in dieser Branche 1951 24 qm Geschäftsraum je beschäftigte Person vorhanden waren, die bis 1953 auf 21 qm zurückgegangen sind, ergab sich im Jahre 1958 eine Geschäftsraumfläche von 39 qm. Diese starke Vergrößerung dürfte in erster Linie eine Folge der Umwandlung der Sortimentsstruktur des Fahrradeinzelhandels gewesen sein. Der Absatzanteil an Motor-Fahrrädern hat wesentlich zugenommen und damit zu einer größeren Raumbeanspruchung geführt.

3. Die Lagerbestände und die Lagerumschlagsgeschwindigkeit

Die Jahre nach der Währungsreform standen im Zeichen eines starken Anbaus der Lagerbestände. 1949 war die Lagerhaltung des Einzelhandels relativ gering, da einerseits die Liefermöglichkeiten der Industrie noch beschränkt waren und andererseits die Kaufkraftverhältnisse keine normale Nachfrage ermöglichten. Die Jahre 1950 und 1951 brachten eine erhebliche Erweiterung der Lagerhaltung des gesamten Einzelhandels mit sich. Im Durchschnitt des gesamten Einzelhandels wurden im Jahre 1951 die Lagerbestände des Jahres 1949 fast verdoppelt. Ab 1952 hat sich der Lageranbau langsamer, jedoch kontinuierlich vollzogen. Vergleicht man das Jahr 1958 mit dem Jahre 1949, so ist im Einzelhandel insgesamt eine Zunahme der Lagerbestände um 246 % eingetreten. Aus Tabelle 10 ist ersichtlich, wie sich das Lager in den einzelnen Branchen entwickelt hat. Insgesamt zeigt sich, daß die Unterschiede zwischen den einzelnen Branchen tendenziell ähnlich sind wie die Abweichungen in der Absatzentwicklung. Besonders starke Vergrößerungen in der Lagerhaltung sind im Tapeten- und Linoleumhandel (+ 400 %), im Möbeleinzelhandel (+ 318 %) und im Photoeinzelhandel (+ 330 %) zu erkennen. Diese Branchen lagen auch in der Absatzentwicklung an der Spitze des Einzelhandels.

Tabelle 10

Relativ ist die Erhöhung der Lagerbestände von 1949 bis 1958 in allen Branchen größer gewesen als die Zunahme des Absatzes. Diese Tatsache weist darauf hin, daß sich die Umschlagsgeschwindigkeit des Warenlagers im Vergleichszeitraum verringert hat. Wie aus Tabelle 11 ersichtlich ist, wurde im Jahre 1949 vom Durchschnitt des gesamten Einzelhandels eine Lagerumschlagsgeschwindigkeit von 10,0 mal ausgewiesen. Bis zum Jahre 1958 ist ein Rückgang auf 5,1 mal eingetreten. Der Vergleich der Ergebnisse der einzelnen Jahre läßt erkennen, daß die Verminderung in der Lagerumschlagsgeschwindigkeit in erster Linie von 1949 bis 1951 erfolgt ist, in dem Zeitraum also, in dem auch der stärkste Lageranbau festzustellen war. Während von 1949 bis 1951 sich die Lagerumschlagsgeschwindigkeit von 10,0 auf 6,7 mal, d. h. um 3,3 mal verkleinert hat, ergab sich von 1951 bis 1958 nur noch ein Rückgang von 6,7 auf 5,1, d. h. um 1,6 mal.

Tabelle 11

Die Verlangsamung der Umschlagsgeschwindigkeit des Warenlagers ist auch bei allen Branchen in mehr oder weniger starkem Umfange eingetreten, wobei bis zum Jahre 1951 eine relativ einheitliche Entwicklungstendenz zu erkennen war. Ab 1952 hat sich die Lagerumschlagsgeschwindigkeit in den einzelnen Branchen unterschiedlich entwickelt. Der Lebensmitteleinzelhandel konnte wieder eine leichte Beschleunigung ausweisen. Nachdem von 1949 bis 1951 in dieser Branche die Umschlagsgeschwindigkeit von 20,4 auf 12,5 mal zurückgegangen ist, erreichte sie im Jahre 1958 wieder einen Wert von 13,3 mal. Offensichtlich haben die starken Konkurrenzverhältnisse im Lebensmitteleinzelhandel die Betriebe zu einer rationelleren Sortiments- und Lagerpolitik veranlaßt. Im Gegensatz zum Lebensmitteleinzelhandel sind im Textil- und Schuheinzelhandel auch von 1951 bis 1958 weitere Verminderungen in der Lagerumschlagsgeschwindigkeit festzustellen. Im gesamten Vergleichszeitraum ist die Umschlagsgeschwindigkeit im Textileinzelhandel von 7,3 auf 3,3 mal und im Schuheinzelhandel von 7,9 auf 2,5 mal zurückgegangen. Bemerkenswerterweise ergab sich auch bei den Branchen mit Kultur- und Luxusbedarf von 1951 bis 1958 eine weitere Verlangsamung des Lagerumschlages, obwohl hier besonders starke Absatzsteigerungen eingetreten sind. Der Grund für die besonders auffallende Verringerung des Lagerumschlages bei den Branchen mit Bekleidung sowie mit Kultur- und Luxusbedarf dürfte darin liegen, daß die Zunahme der Ansprüche der Kundschaft vor allem in diesen Bereichen eine beträchtliche Verbreiterung des Sortimentes erforderlich gemacht hat.

Um einen absoluten Maßstab für die Höhe der Lagerhaltung im Einzelhandel zu erhalten, wird im Rahmen des Betriebsvergleichs der Lagerbestand je beschäftigte Person ermittelt. Tabelle 12 gibt einen Überblick über die Ergebnisse der Jahre 1949 bis 1958. Auch im Lagerbestand je beschäftigte Person spiegelt sich deutlich der beachtliche Lageranbau des Einzelhandels im Vergleichszeitraum wider. In allen Branchen und Teilbranchen waren die Warenvorräte je beschäftigte Person 1958 wesentlich höher als 1949. Im Durchschnitt des gesamten Einzelhandels ergab sich eine Vergrößerung von 4 250 DM im Jahre 1949 auf 8 230 DM im Jahre 1958. Von den drei Betriebsfaktoren Personal, Raum und Ware hat somit der Faktor Ware in den Jahren 1949 bis 1958 am stärksten an Gewicht zugenommen. Während die Quadratmeterzahl Geschäftsraum je beschäftigte Person (siehe Tabelle 9) sich im Durchschnitt des Einzelhandels nur geringfügig vergrößert hat, ist beim Lagerbestand je beschäftigte Person fast eine Verdopplung des Wertes eingetreten.

Tabelle 12

Der Vergleich des Lagerbestandes je beschäftigte Person läßt zwischen den einzelnen Branchen starke Unterschiede im Umfang der Lagerhaltung erkennen. Sieht man von den Blumenbindereien ab, so wies im Jahre 1958 der Lebensmitteleinzelhandel mit 3 640 DM die niedrigste Lagerhaltung je beschäftigte Person auf. Den höchsten Wert verzeichnete mit 15 030 DM der Uhren-, Juwelen-, Gold- und Silberwareneinzelhandel. Beachtlich waren auch die Lagerbestände je beschäftigte Person im Schuheinzelhandel (11 460 DM), im Sportartikeleinzelhandel (11 420 DM), im Möbeleinzelhandel (10 280 DM) und im Textileinzelhandel (9 300 DM). Tendenziell sind die Zahlen zur Lagerhaltung je beschäftigte Person ein Spiegelbild der Lagerumschlagsgeschwindigkeit. Der Uhren-, Juwelen-, Gold- und Silberwareneinzelhandel, bei dem der höchste Lagerbestand je beschäftigte Person vorhanden ist, wies im Jahre 1958 mit 1,7 mal die niedrigste Lagerumschlagsgeschwindigkeit und der Lebensmitteleinzelhandel — abgesehen von den Blumenbindereien — mit dem niedrigsten Lagerbestand je beschäftigte Person die höchste Lagerumschlagsgeschwindigkeit (13,3 mal) auf.

IV. Die Kreditsituation

Zu den Funktionen des Einzelhandels gehört auch die der Kreditgebung. Allerdings kommt nicht in allen Einzelhandelsbranchen dieser Funktion die gleiche Bedeutung zu. Die Höhe des Kreditabsatzes wird einmal durch die Wertigkeit und den Bedarfscharakter der Waren und zum anderen durch die Art des Abnehmerkreises bestimmt. Da die Kreditverkäufe die Liquidität der Einzelhandelsbetriebe stark beeinflussen, ist eine ständige Beobachtung ihrer Entwicklung von Wichtigkeit. Im Rahmen des Betriebsvergleichs wird seit dem Jahre 1951 der Anteil der Kreditverkäufe am Gesamtabsatz sowie die Höhe der Außenstände am Jahresende in Prozenten des Jahresabsatzes erfaßt. Seit dem Jahre 1952 erfolgt zudem eine Aufgliederung der Kreditverkäufe nach der Form der Kreditgebung. Hierbei wird unterschieden in Teilzahlungsverkäufe, die in Verbindung mit Bankinstituten (Teilzahlungsfinanzierungsinstitute, Sparkassen, Geschäftsbanken) getätigt werden, in Teilzahlungsverkäufe, die in eigener Regie abgewickelt werden und in alle sonstigen Kreditverkäufe (offene Buchkredite, Anschreiben usw.).

1. Der Anteil der Kreditverkäufe am Gesamtabsatz

Die höheren Anforderungen der Kunden an die Einzelhandelsbetriebe in den Jahren nach der Währungsreform zeigen sich auch in der Entwicklung des Anteils der Kreditverkäufe. Wie aus Tabelle 13 ersichtlich ist, hat der Umfang der Kreditgewährung deutlich zugenommen. Hierzu ist jedoch zu be-

Tabelle 13

merken, daß der Anstieg des Anteils der Kreditverkäufe am Gesamtabsatz in erster Linie in der Zeit bis 1954 erfolgt ist und von da an wieder eine leichte Verminderung eingetreten ist. 1951 wurden im Durchschnitt des gesamten Einzelhandels 13 % des Absatzes als Kreditverkäufe getätigt. Bis zum Jahre 1954 hat sich der Wert auf 15,5 % erhöht. In den folgenden Jahren ist wieder eine Verminderung auf 14,2 % eingetreten. Vergleicht man das Jahr 1958 mit dem Jahre 1951, so ist für den Durchschnitt des gesamten Einzelhandels eine Vergrößerung des Kreditanteils um 1,2 % vom Absatz festzustellen. Da von 1951 bis 1958 (siehe Tabelle 4) der Gesamtabsatz um etwa 52 % größer geworden ist, ergibt sich für die absolute Höhe der Kreditverkäufe im Vergleichszeitraum eine Erhöhung um 66 %.

Die Entwicklung des Anteils der Kreditverkäufe ist in den einzelnen Branchen nicht einheitlich gewesen. Im Lebensmitteleinzelhandel hat sich von 1951 bis 1958 eine Verminderung des Kreditanteils von 5,7 % auf 4,0 % ergeben. Zweifellos ist diese Entwicklung durch die Strukturwandlungen im Lebensmitteleinzelhandel mit bewirkt worden, bei dem in immer stärkerem Maße der Übergang vom kleinen anschreibenden Bedienungsladen zum mittleren und größeren modern gestalteten Bedienungs- oder Selbstbedienungsladen zu erkennen ist. Im Gegensatz zum Lebensmitteleinzelhandel weisen der Textil- und Schuheinzelhandel eine Vergrößerung des Kreditanteils auf. Im Textileinzelhandel hat der Anteil der Kreditverkäufe von 9,2 % auf 11,1 % und im Schuheinzelhandel von 4,2 % auf 5,6 % zugenommen, wobei auch hier die für den Durchschnitt des gesamten Einzelhandels festgestellte Tendenz einer leichten Verminderung in den letzten Jahren zu erkennen ist. Bemerkenswerterweise ist bei den typischen Teilzahlungsbranchen, dem Möbeleinzelhandel, dem Fahrradeinzelhandel, dem Radio- und Fernseheinzelhandel sowie dem Eisenwaren- und Hausrathandel mit vorwiegend Öfen und Herden der Anteil der Kreditverkäufe von 1951 bis 1958 kleiner geworden. Im Möbeleinzelhandel ist eine Verminderung des Kreditanteils von 53,1 % auf 49,1 %, im Fahrradeinzelhandel von 45,8 % auf 36,0 %, im Radio- und Fernseheinzelhandel von 62,5 % (1952) auf 54,3 % und im Eisenwaren- und Hausrathandel mit vorwiegend Öfen und Herden von 64,6 % auf 55,2 % eingetreten. Demgegenüber zeigen die Ergebnisse der Branchen mit stark gewerblichem Abnehmerkreis eine bemerkenswerte Erhöhung des Anteils der Kreditverkäufe am Gesamtabsatz. Im Eisenwaren- und Hausrathandel entfielen im Jahre 1958 50 % des Absatzes auf Kreditverkäufe gegenüber 43,6 % im Jahre 1951. Im Büromaschinen-, Büromöbel- und Organisationsmittelhandel ist eine Erhöhung von 73,4 % auf 88,1 %, im Papier-, Bürobedarf- und Schreibwareneinzelhandel von 43,5 % auf 46,8 % und im Tapeten- und Linoleumhandel von 57,0 % auf 61,2 % erfolgt. Insgesamt lassen die Ergebnisse den Schluß zu, daß im Verhältnis zum Gesamtabsatz der Konsumentenkredit etwas an Bedeutung abgenommen hat, während im Bereich der gewerblichen Wirtschaft die Inanspruchnahme von Lieferantenkrediten weiter gewachsen ist.

Der Vergleich der Ergebnisse zwischen den einzelnen Branchen läßt die starken Unterschiede in der Kreditfunktion erkennen. Die niedrigsten Kreditverkäufe tätigen Branchen mit Nahrungs- und Genußmitteln. 1958 betrug der Kreditanteil im Lebensmitteleinzelhandel 4,0 %, bei den Drogerien 5,1 %, beim Tabakwareneinzelhandel 1,7 % und bei den Reformhäusern 0,5 %. Relativ gering ist auch der Anteil der Kreditverkäufe im Textileinzelhandel (1958 11,1 %) und im Schuheinzelhandel (5,6 %) sowie bei den Fachzweigen mit ausgesprochenem Luxusbedarf, etwa dem Uhren-, Juwelen-, Gold- und Silberwareneinzelhandel (7,1 %) und dem Leder- und Galanteriewareneinzelhandel (4,3 %), deren Abnehmerkreis sich vorwiegend aus den kaufkräftigeren Schichten zusammensetzt. Umfangreiche Kreditverkäufe werden von den Branchen mit hochwertigen Gütern des allgemeinen Bedarfs getätigt. So betrug der Kreditanteil des Möbeleinzelhandels am Gesamtabsatz 1958 49,1 %, des Radio- und Fernseheinzelhandels 54,3 % und des Eisenwaren- und Hausrathandels mit vorwiegend Öfen und Herden 55,2 %. Die höchsten Kreditverkäufe weisen die Branchen mit gewerblichem Abnehmerkreis auf. Im Büromaschinen-, Büromöbel- und Organisationsmittelhandel wurden im Jahre 1958 88,1 % und im Eisenwaren- und Hausrathandel mit vorwiegend Kleineisenwaren und Werkzeugen 68,1 % des Absatzes als Kreditverkäufe getätigt. Bei diesen Branchen ist es allerdings weniger der langfristige Teilzahlungskredit als vielmehr der relativ kurzfristige Buchkredit, der den hohen Anteil bewirkt. Auf diese Tatsache ist noch bei der folgenden Betrachtung der Außenstände einzugehen.

2. Die Höhe der Außenstände

Tabelle 14

Im Zusammenhang mit der Zunahme der Kreditverkäufe ist auch eine Vergrößerung der Außenstände im Einzelhandel festzustellen gewesen. Tabelle 14 zeigt, daß im Jahre 1951 im Durchschnitt des gesamten Einzelhandels die Außenstände am Jahresende 2,0 % des Jahresabsatzes ausmachten, Ende 1958 dagegen eine Höhe von 2,7 % erreichten. Wie die Kreditverkäufe weisen auch die Außenstände von 1951 bis 1954 einen beachtlichen Anstieg auf, um in den folgenden Jahren wieder leicht zurückzugehen. Relativ ist die Zunahme der Außenstände im Vergleichszeitraum wesentlich stärker gewesen als die des Kreditanteils. Es ergibt sich hieraus der Schluß, daß die durchschnittlich von den Kreditkunden in Anspruch genommene Zieldauer länger geworden ist. Diese Tatsache ist für fast alle Branchen festzustellen. Bemerkenswerterweise ist auch bei fast allen Fachzweigen, deren Kreditanteil von 1951 bis 1958 kleiner geworden ist, die Höhe der Außenstände in Prozenten vom Jahresabsatz gleichgeblieben oder sogar angestiegen.

Die niedrigsten Außenstände weisen im Zusammenhang mit den geringen Kreditverkäufen die Branchen mit Nahrungs- und Genußmitteln auf. Im Lebensmitteleinzelhandel betrugen am 31. Dezember 1958 die Außenstände 0,7 % des Jahresabsatzes. Bei den Drogerien ergab sich ein Wert von 0,9 % und im Tabakwareneinzelhandel von 0,2 %. Auch der Textileinzelhandel (1958 2,2 %) und der Schuheinzelhandel (1,4 %) bleiben hinter dem Wert des Einzelhandelsdurchschnitts zurück. Die höchsten Kreditverkäufe registrierten am 31. Dezember 1958 die Geschäfte mit Öfen und Herden (16,1 %) und der Radio- und Fernseheinzelhandel (15,5 %). Nicht ganz so hoch waren die Kreditverkäufe im Eisenwaren- und Hausrathandel mit vorwiegend Kleineisenwaren und Werkzeugen (13,4 %), im Tapeten- und Linoleumhandel (11,8 %) und im Büromaschinen-, Büromöbel- und Organisationsmittelhandel (9,6 %). Dies ist insofern bemerkenswert, als in diesen Branchen der Anteil der Kreditverkäufe am Gesamtabsatz am höchsten ist. Der Grund für die Divergenz liegt in der unterschiedlichen Form des Kreditgeschäftes. Während im Eisenwaren- und Hausrathandel mit vorwiegend Öfen und Herden sowie im Radio- und Fernseheinzelhandel fast ausschließlich Teilzahlungsverkäufe getätigt werden, die in Anbetracht ihrer Langfristigkeit hohe Außenstände mit sich bringen, erfolgt die Kreditgewährung im Büromaschinen-, Büromöbel- und Organisationsmittelhandel, im Tapeten- und Linoleumhandel sowie im Eisenwaren- und Hausrathandel mit vorwiegend Kleineisenwaren und Werkzeugen infolge des gewerblichen Abnehmerkreises vorwiegend in Form des kurzfristigeren Buchkredits. Auf die Unterschiede in der Form der Kreditgewährung soll im folgenden Abschnitt eingegangen werden.

3. Die Aufgliederung der Kreditverkäufe nach der Form der Kreditgewährung

In Tabelle 15 sind für die am Betriebsvergleich beteiligten Einzelhandelsbranchen sowie den Einzelhandel insgesamt die Kreditverkäufe nach der Form der Kreditgewährung aufgegliedert worden. Um die Entwicklung beurteilen zu können, sind die Ergebnisse des Jahres 1958 denen des Jahres 1952 (erstes Jahr der Erfassung) gegenübergestellt. Der Vergleich der beiden Jahre läßt einige bemerkenswerte Veränderungen in der Struktur der Kreditverkäufe erkennen. Die in Verbindung mit Teilzahlungs-Finanzierungs-Instituten getätigten Kreditverkäufe machten beim Durchschnitt des gesamten Einzelhandels im Jahre 1952 11,7 % aller Kreditverkäufe aus. Sie sind bis zum Jahre 1958 auf 10,0 % zurückgegangen. Ebenfalls rückläufig war der Anteil der unorganisierten Kreditverkäufe (sonstige Kreditverkäufe). Hier hat sich der Anteil von 78,1 % im Jahre 1952 auf 72,9 % im Jahre 1958 vermindert. Eine beträchtliche Zunahme weisen die Teilzahlungsverkäufe auf, die von den Betrieben in eigener Regie abgewickelt werden. Während der Anteil dieser Teilzahlungsverkäufe am gesamten Kreditabsatz 1952 10,2 % erreichte, ist er bis zum Jahre 1958 auf 17,1 % angestiegen. Tendenziell ist eine ähnliche Entwicklung auch für den überwiegenden Teil der Branchen festzustellen.

Tabelle 15

Trotz der eingetretenen Veränderungen sind nach wie vor die unorganisierten Kreditverkäufe (offene Buchkredite, Anschreiben usw.) im Einzelhandel von dominierender Bedeutung. Bei den Branchen mit Nahrungs- und Genußmitteln sowie den Blumenbindereien werden sämtliche Kreditverkäufe in dieser Form abgewickelt. Hier erfolgt die Kreditgewährung in Form des Anschreibens. Bei allen Branchen mit stark gewerblichem Abnehmerkreis machen die sonstigen Kreditverkäufe in Form der offenen Buchkredite mehr als 90 % der Kreditverkäufe aus. Eine mittlere Position nimmt der Textileinzelhandel ein. In dieser Branche entfielen 1958 9,3 % des Kreditgeschäftes auf Teilzahlungsverkäufe in Verbindung mit Teilzahlungs-Finanzierungs-Instituten und 22,2 % auf Teilzahlungsverkäufe in eigener Regie. Die unorganisierten Kredite betrugen im Textileinzelhandel 68,5 %. Lediglich im Möbeleinzelhandel, im Eisenwaren- und Hausrathandel mit vorwiegend Öfen und Herden, im Fahrradeinzelhandel sowie im Radio- und Fernseheinzelhandel sind die unorganisierten Kreditverkäufe von untergeordneter Bedeutung. In diesen Fachzweigen steht der Teilzahlungsverkauf eindeutig im Vordergrund. Im Möbeleinzelhandel wurden 1958 38,7 % der Kreditverkäufe in Verbindung mit Teilzahlungs-Finanzierungs-Instituten und 32,7 % als Teilzahlungsverkäufe in eigener Regie abgewickelt. Die entsprechenden Werte waren bei den Eisenwaren- und Hausrathandlungen mit vorwiegend Öfen und Herden 24,1 % bzw. 31,5 %, im Fahrradeinzelhandel 16,8 % bzw. 82,2 % und im Radio- und Fernseheinzelhandel 27,6 % bzw. 55,7 %.

V. Kostensituation

1. Die Entwicklung der Gesamtkosten

Die Erweiterung der betrieblichen Kapazität, die höheren Anforderungen an die Leistungsbereitschaft der Betriebe und der Preisanstieg bei einer Reihe von Kostengütern haben seit 1949 im Einzelhandel eine ständige Vergrößerung der Kostenbelastung mit sich gebracht. Im Durchschnitt des gesamten Einzelhandels sind die Kosten in ihrer absoluten Höhe von 1949 bis 1958 um 127 % angestiegen. Tabelle 16 zeigt, daß auch in allen Branchen beträchtliche Kostensteigerungen eingetreten sind. Die stärksten Zunahmen ergaben sich mit 341 % im Tapeten- und Linoleumhandel, mit 244 % im Möbeleinzelhandel und mit 241 % im Photoeinzelhandel. Im Textileinzelhandel haben sich die Kosten um 133 % und im Schuheinzelhandel um 137 % vergrößert. Vergleichsweise gering war die Kostenzunahme mit 50 % im Tabakwareneinzelhandel und mit 95 % im Lebensmitteleinzelhandel. Die Unterschiede zwischen den Branchen sind vor allem durch die abweichende Absatzentwicklung bedingt gewesen. Infolgedessen zeigt der Kostenverlauf tendenziell ein ähnliches Bild wie die Absatzentwicklung. Relativ ist jedoch die Erhöhung der Kosten, von wenigen Ausnahmen abgesehen, in allen Branchen stärker gewesen als der Absatzanstieg.

Tabelle 16

Tabelle 17 Diese Tatsache weist darauf hin, daß die Kosten nicht nur in ihrer absoluten Höhe, sondern auch in Prozenten vom Absatz größer geworden sind. Tabelle 17 gibt einen Überblick über die Gesamtkosten in Prozenten vom Absatz für die Jahre 1949 bis 1958. Im Durchschnitt des gesamten Einzelhandels lagen im Jahre 1949 die Gesamtkosten bei 19,9 % des Absatzes. Abgesehen von 1956, in dem gegenüber 1955 eine leichte Verminderung in der prozentualen Kostenbelastung eingetreten ist, ergab sich in allen übrigen Jahren eine ständige Zunahme. Im Jahre 1958 erreichten die Gesamtkosten mit 23,9 % vom Absatz den höchsten Stand seit der Währungsreform.

Von den einzelnen Branchen verzeichneten vor allem der Textil- und Schuheinzelhandel einen deutlichen Kostenanstieg. Im Durchschnitt des gesamten Textileinzelhandels haben sich die Kosten von 20,4 % im Jahre 1949 auf 27,6 % im Jahre 1958 erhöht. Im Schuheinzelhandel ist eine Steigerung von 19,2 % auf 23,8 % eingetreten. Beträchtlich war auch die Verstärkung des Kostendrucks im Tapeten- und Linoleumhandel, der 1949 Gesamtkosten von 22,2 % und 1958 von 29,2 % aufwies. Bei den Branchen mit Nahrungs- und Genußmitteln waren die Kostenerhöhungen nicht so stark. Der Lebensmitteleinzelhandel verzeichnete eine Erhöhung von 16,1 % auf 18,6 %, die Drogerien von 26,2 % auf 28,7 % und der Tabakwareneinzelhandel von 12,4 % auf 15,2 %. Im Gegensatz zu der allgemeinen Entwicklungstendenz ist im Eisenwaren- und Hausrathandel sowie im Sortimentsbuchhandel bei einem Vergleich des Jahres 1958 mit dem Jahre 1949 die Kostenbelastung geringfügig zurückgegangen. Der Eisenwaren- und Hausrathandel registrierte 1949 Kosten von 26,0 % und 1958 von 24,8 % des Absatzes. Im Sortimentsbuchhandel ist eine Verminderung von 27,2 % auf 27,0 % eingetreten. Der Möbeleinzelhandel sowie der Glas-, Porzellan- und Keramikeinzelhandel haben 1958 gegenüber 1949 keine Veränderung des Gesamtkostenprozentsatzes ausgewiesen. 1949 und 1958 lagen im Möbeleinzelhandel die Kosten bei 28,4 % und im Glas, Porzellan- und Keramikeinzelhandel bei 30,2 % vom Absatz. Bei der Beurteilung der Ergebnisse dieser Branchen muß berücksichtigt werden, daß sie im Jahre 1949 vergleichsweise hohe Kostenprozentsätze ausgewiesen haben. Da sich 1949 die Nachfrage in erster Linie auf den Nahrungsmittel- sowie den Textil- und Bekleidungsbereich konzentrierte, war bei den Branchen mit Hausrat- und Wohnbedarf sowie im Sortimentsbuchhandel 1949 die betriebliche Kapazität in geringerem Umfange ausgelastet. Mit Erhöhung der Nachfrage im Jahre 1950 und 1951 sind im Möbeleinzelhandel, im Eisenwaren- und Hausrathandel und im Sortimentsbuchhandel beachtliche Kostenminderungen eingetreten. In den Jahren 1951 bzw. 1952 erreichten die Kosten in diesen Branchen ihren Tiefstand. Sie sind in den folgenden Jahren wieder kontinuierlich angestiegen und lagen 1958 in beachtlichem Umfange über den Werten des Jahres 1951 bzw. 1952.

Aus Tabelle 17 sind deutlich die starken Unterschiede in der Kostenbelastung zwischen den einzelnen Branchen erkennbar. Im Jahre 1958 wies der Tabakwareneinzelhandel mit 15,2 % vom Absatz die niedrigste Kostenbelastung und — abgesehen von den Blumenbindereien — der Uhren-, Juwelen-, Gold- und Silberwareneinzelhandel mit 34,7 % die höchste Kostenbelastung auf. Hohe Kostenprozentsätze verzeichnen auch der Photoeinzelhandel (1958 34,4 %), der Beleuchtungs- und Elektroeinzelhandel (33,7 %) und der Fahrradeinzelhandel (32,3 %). Eine relativ niedrige Kostenbelastung weist neben dem Tabakwareneinzelhandel auch der Lebensmitteleinzelhandel auf (18,6 %). Eine mittlere Position nehmen die Branchen mit Textilien und Bekleidung ein. Im Durchschnitt des gesamten Textileinzelhandels lagen 1958 die Kosten bei 27,6 % und im Schuheinzelhandel bei 23,8 % des Absatzes. In der Gesamttendenz sind die Kostenprozentsätze ein Spiegelbild der Leistungszahlen der einzelnen Branchen, in denen wiederum der unterschiedliche Grad der Funktionserfüllung zum Ausdruck kommt. Die Fachzweige mit hochwertigem Sortiment und handwerklicher Nebentätigkeit, die die niedrigsten Personal-, Raum- und Lagerleistungszahlen aufweisen, arbeiten mit den höchsten Kosten und die Branchen mit einem schnellen Umschlag geringwertiger Bedarfsgüter ohne handwerkliche Nebenleistung mit den niedrigsten Kosten.

2. Die Entwicklung der Kostenarten

a) Die Personalkosten

Den stärksten Anteil an den Gesamtkosten machen die Personalkosten aus. Einschließlich des Entgelts für die nicht entlöhnte Mitarbeit des Inhabers und seiner Familienangehörigen ergab sich — wie Tabelle 18 zeigt — im Jahre 1958 für den Durchschnitt des gesamten Einzelhandels eine Personalkostenbelastung von 10,8 % des Absatzes. Damit entfielen rund 45 % der gesamten Handlungskosten auf diese Kostenart. Der Vergleich der Ergebnisse in den einzelnen Jahren läßt erkennen, daß der Prozentsatz der Personalkosten seit 1949 in beachtlichem Umfange angestiegen ist. Lediglich in den Jahren 1950 und 1956 sind leichte Minderungen eingetreten. In allen übrigen Jahren hat die Personalkostenbelastung zugenommen. Insgesamt haben sich die Personalkosten von 1949 (9,2 %) bis 1958 (10,8 %) um 1,6 % vom Absatz vergrößert.

Tabelle 18

Diese Entwicklung ist insofern bemerkenswert, als im gleichen Zeitraum der Ausnutzungsgrad der eingesetzten Personalkapazität verbessert wurde. Aus Tabelle 7 ist ersichtlich, daß im Durchschnitt des gesamten Einzelhandels die Absatzleistung je beschäftigte Person von 41 300 DM im Jahre 1949 auf 48 300 DM im Jahre 1958, d. h. um insgesamt 17 %, angestiegen ist. Die abweichende Entwicklung der Personalleistung einerseits und der Personalkostenbelastung andererseits weist darauf hin, daß im Vergleichszeitraum beachtliche Gehalts- und Lohnerhöhungen eingetreten sind, die relativ stärker waren als die erreichten Verbesserungen in der Absatzquote je beschäftigte Person. Berechnet man auf Grund der Betriebsvergleichsergebnisse eine durchschnittliche Vergütung je beschäftigte Person, indem der Prozentsatz der Personalkosten (einschließlich Unternehmerlohn) auf den Absatz je beschäftigte Person bezogen wird, so ergibt sich für 1949 im Durchschnitt des gesamten Einzelhandels ein durchschnittliches Einkommen je beschäftigte Person von 3 800 DM, für das Jahr 1958 dagegen von 5 210 DM (Tabelle 19).

Der Vergleich der Personalkosten zwischen den einzelnen Branchen läßt der Tendenz nach die gleichen Unterschiede wie bei den Gesamtkosten erkennen. Die höchsten Personalkosten in Prozenten vom Absatz weisen diejenigen Branchen auf, die handwerkliche Nebenleistungen erbringen; die geringsten Personalkosten dagegen die Fachzweige ohne Nebentätigkeit und relativ einfacher Verkaufsabwicklung. Die Extremwerte ergaben sich im Jahre 1958 mit 6,5 % vom Absatz im Tabakwareneinzelhandel und — abgesehen von den Blumenbindereien — mit 18,1 % im Beleuchtungs- und Elektroeinzelhandel. Vergleichsweise geringe Personalkosten weisen auch der Lebensmitteleinzelhandel (1958 8,6 %), die Gemischtwarengeschäfte (8,8 %), die Reformhäuser (10,4 %), der Schuheinzelhandel (10,4 %) und der Möbeleinzelhandel (10,8 %) auf. Hoch sind die Personalkosten dagegen im Photoeinzelhandel (16,1 %), im Uhren-, Juwelen-, Gold- und Silberwareneinzelhandel (15,5 %) und im Fahrradeinzelhandel (15,4 %). Die für den Durchschnitt des gesamten Einzelhandels festgestellte Vergrößerung in der prozentualen Personalkostenbelastung ist auch beim überwiegenden Teil der Branchen eingetreten. Lediglich im Möbeleinzelhandel, im Eisenwaren- und Hausrathandel und im Sortimentsbuchhandel waren die Personalkosten in Prozenten vom Absatz in Anlehnung an die Entwicklung der Gesamtkosten 1958 geringfügig niedriger als 1949.

Die Divergenz zwischen der Entwicklung der Personalkostenprozentsätze und der Personalleistung ist auch für die einzelnen Branchen festzustellen; denn die Vergrößerung der Personalkostenbelastung ist eingetreten, obwohl bei fast allen Branchen der Absatz je beschäftigte Person von 1949 bis 1958 verbessert worden ist. Aus Tabelle 19 ist ersichtlich, daß die durchschnittliche Vergütung je beschäftigte Person auch in allen Fachzweigen des Einzelhandels 1958 deutlich über der des Jahres 1949 lag. Bemerkenswert sind die erheblichen Unterschiede in der durchschnittlichen Vergütung je beschäftigte Person zwischen den einzelnen Branchen. Im Jahre 1958 ergaben sich die höchsten Durchschnittseinkommen mit 7 540 DM im Möbeleinzelhandel und mit 7 180 DM im Büromaschinen-, Büromöbel- und Organisationsmittelhandel. Es handelt sich hierbei um Branchen, bei denen vorwiegend männliche Angestellte mit hoher Qualifikation Verwendung finden. Die niedrigsten Durchschnittsvergütungen je

Tabelle 19

beschäftigte Person ergaben sich — abgesehen von den Blumenbindereien — im Jahre 1958 bei den Gemischtwarengeschäften (4 310 DM), dem Schuheinzelhandel (4 530 DM) und dem Lebensmitteleinzelhandel (4 550 DM). Während sich bei den Gemischtwarengeschäften u. a. auch die Tatsache ihres vorwiegend ländlichen Standortes auswirkt, dürfte der wesentliche Grund für das relativ geringe Durchschnittseinkommen der Beschäftigten dieser Branchen auf den Einsatz vorwiegend weiblicher Kräfte zurückzuführen sein. Die sich aus dem Geschlecht ergebende Differenzierung in der Durchschnittsvergütung je beschäftigte Person zeigt sich auch deutlich bei den Oberbekleidungsgeschäften. Obwohl dem Bedarfscharakter nach gleiche Waren abgesetzt werden, liegt das durchschnittliche Einkommen bei den fast ausschließlich männliche Verkaufskräfte verwendenden Geschäften mit Herren- und Knabenoberbekleidung beträchtlich über den vorwiegend weibliche Kräfte einsetzenden Geschäften mit Damenoberbekleidung. 1958 betrug die durchschnittliche Vergütung je beschäftigte Person im Einzelhandel mit Herren- und Knabenoberbekleidung 6 420 DM, im Einzelhandel mit Damen-, Mädchen- und Kinderoberbekleidung dagegen nur 4 930 DM.

Wie bereits erwähnt, ist in den Personalkosten auch ein Entgelt für die nicht entlöhnte Mitarbeit des Inhabers und seiner mithelfenden Familienangehörigen enthalten (Unternehmerlohn). Der Ansatz des Unternehmerlohnes hat in Höhe des Gehaltes zu erfolgen, das an gleichwertige fremde Kräfte in entsprechender Verwendung zu zahlen wäre. Um einerseits den Ansatz des Unternehmerlohnes kontrollieren zu können und andererseits Anhaltspunkte über die Höhe der Fremdpersonalkosten zu erhalten, erfolgt im Rahmen des Betriebsvergleichs eine entsprechende Aufgliederung der Gesamtpersonalkosten. Tabelle 20 gibt einen Überblick über die Fremdpersonalkosten in den Jahren 1949 bis 1958. Für den Durchschnitt des gesamten Einzelhandels betrug die Belastung mit Fremdpersonalkosten im Jahre 1958 6,3 %. Sie machten damit 60 % der gesamten Personalkosten und etwa 25 % der gesamten Handlungskosten aus. Gegenüber dem Jahre 1949 (4,6 %) ist eine beachtliche Vergrößerung um 1,7 % vom Absatz eingetreten. Die Erhöhung war damit noch um 0,1 % stärker als die der gesamten Personalkosten. Diese Tatsache weist darauf hin, daß der prozentuale Anteil des Unternehmerlohnes am Absatz von 1949 bis 1958 um 0,1 % vom Absatz kleiner geworden ist. Hierauf wird an späterer Stelle noch eingegangen.

Tabelle 20

Der Vergleich der Fremdpersonalkosten in den einzelnen Branchen läßt erkennen, daß in allen Fachzweigen der Prozentsatz von 1949 bis 1958 größer geworden ist. Auch im Möbeleinzelhandel, im Eisenwaren- und Hausrathandel und im Sortimentsbuchhandel, bei denen die Gesamtpersonalkosten eine leicht rückläufige Entwicklung aufweisen, sind die Fremdpersonalkosten angestiegen. Die höchsten Fremdpersonalkosten ergaben sich im Jahre 1958 mit 14 % im Beleuchtungs- und Elektroeinzelhandel. Hohe Prozentsätze registrierten auch der Textileinzelhandel mit Teppichen, Möbelstoffen und Gardinen (13,5 %), der Büromaschinen-, Büromöbel- und Organisationsmittelhandel (11,9 %), der Photoeinzelhandel (11,5 %) und der Tapeten- und Linoleumhandel (11,3 %). Im Textileinzelhandel insgesamt machten die Fremdpersonalkosten 8,7 % und im Schuheinzelhandel 5,6 % des Absatzes aus. Die geringsten Fremdpersonalkosten sind bei den Branchen mit Nahrungs- und Genußmitteln festzustellen. Im Jahre 1958 betrug die Belastung des Absatzes mit Fremdpersonalkosten im Tabakwareneinzelhandel 1,8 %, bei den Gemischtwarengeschäften 3,4 %, im Lebensmitteleinzelhandel 3,6 % und bei den Reformhäusern 4,6 %. Die Unterschiede zwischen den einzelnen Branchen sind bei den Fremdpersonalkosten noch stärker als bei den Personalkosten insgesamt. Der Grund hierfür liegt in den unterschiedlichen Betriebsgrößenverhältnissen der einzelnen Branchen. Bei den zum Kleinbetrieb tendierenden Fachzweigen ist der Anteil der Fremdpersonalkosten an den Gesamtpersonalkosten in Anbetracht des starken Gewichtes der mithelfenden Familienangehörigen wesentlich geringer als bei den Branchen mit vorwiegend mittleren und größeren Betrieben. Diese Tatsache führt dazu, daß die in Tabelle 21 wiedergegebenen Werte für den Unternehmerlohn ein umgekehrtes Bild aufweisen als die Fremdpersonalkosten.

Tabelle 21

Der Unternehmerlohn lag im Durchschnitt des gesamten Einzelhandels im Jahre 1958 bei 4,5 % des Absatzes. Gegenüber dem Jahre 1949 (4,6 %) ist eine Verminderung um 0,1 % vom Absatz eingetreten. Diese Entwicklung hat sich ergeben, obwohl im Jahre 1955 die vom Institut in Zusammenarbeit mit der Praxis festgelegten Sätze für den kalkulatorischen Unternehmerlohn auf Grund der allgemeinen Entwicklung der Gehälter und Löhne um 25 % erhöht worden sind (siehe Schema Seite 11). Die trotzdem leicht rückläufige Entwicklung des Unternehmerlohnes in Prozenten vom Absatz dürfte auf die Veränderung der Betriebsgrößen zurückzuführen sein. Von 1949 bis 1958 hat sich der Durchschnittsabsatz und die durchschnittliche Zahl der beschäftigten Personen in allen Branchen beträchtlich vergrößert (siehe Tabelle 2 und 3). Da die Zahl der tätigen Inhaber und der mithelfenden Familienangehörigen unabhängig von der Betriebsgröße relativ starr ist, hat sich ihr Anteil an der Gesamtbeschäftigtenzahl und damit der Anteil des Unternehmerlohnes an den Gesamtpersonalkosten vermindert.

Diese Abhängigkeit des Unternehmerlohnes von der Betriebsgröße, auf die bereits bei der Erläuterung der Fremdpersonalkosten hingewiesen wurde, ist auch die Ursache für die unterschiedlichen Werte der einzelnen Branchen. Der Büromaschinen-, Büromöbel- und Organisationsmittelhandel (1958: 2,3 %), der Möbeleinzelhandel (2,4 %), der Eisenwaren- und Hausrathandel mit vorwiegend Öfen und Herden (2,2 %), die Textilgeschäfte mit vorwiegend Herren-, Damen- und Kinderoberbekleidung (2,4 %) und die Textilgeschäfte mit vorwiegend Teppichen, Möbelstoffen und Gardinen (2,5 %), die über die größte betriebliche Kapazität verfügen, weisen die niedrigsten Unternehmerlohnprozentsätze auf. Umgekehrt ergeben sich bei den vergleichsweise kleineren Blumenbindereien (9,2 %), dem Fahrradeinzelhandel (8,3 %), dem Uhren-, Juwelen-, Gold- und Silberwareneinzelhandel (6,9 %), den Drogerien (6,8 %), den Reformhäusern (5,8 %) und dem Lebensmitteleinzelhandel 5,0 %) die höchsten prozentualen Anteile des Unternehmerlohnes am Absatz.

b) Die Miete

Tabelle 22 gibt einen Überblick über die Mietkosten des Einzelhandels in den Jahren 1949 bis 1958. Erfaßt werden im Rahmen des Betriebsvergleichs die gezahlten Fremdmieten bzw. bei der Benutzung eigener Gebäude ein kalkulatorischer Mietwert. Als Mietwert ist von den Firmen der Betrag in Ansatz zu bringen, der zu zahlen wäre, wenn die Räume in gleicher Lage und bei gleicher Wertigkeit gemietet werden müßten. Durch die Erfassung des kalkulatorischen Mietwertes sind alle mit der Grundstücks- und Gebäudehaltung verbundenen Kosten abgegolten und somit bei den übrigen Kostenarten nicht mehr mit zu berücksichtigen. Die Selbsteinschätzung des Mietwertes durch die Firmen kann zu gewissen Zweifeln an der Richtigkeit des ermittelten Zahlenmaterials Anlaß geben. Das Institut hat aus diesem Grunde für das Jahr 1952 bei den Branchen mit ausreichender Teilnehmerzahl eine Untersuchung durchgeführt und hierbei die beteiligten Firmen aufgegliedert in solche, die in eigenen Gebäuden und solche, die in gemieteten Geschäftsräumen arbeiten. Die Berechnung der Durchschnitte für die Fremdmiete in der einen Gruppe und des Mietwertes in der anderen ergab eine weitgehende Übereinstimmung der Werte. Wie die nachfolgende Aufstellung zeigt, waren bei keiner Branche die Abweichungen größer als 0,2 % vom Absatz.

Hieraus ist der Schluß zu ziehen, daß der Ansatz des kalkulatorischen Mietwertes vom Durchschnitt der Betriebsvergleichsteilnehmer in richtiger Weise erfolgt. Somit dürften auch die in Tabelle 22 aus-

Tabelle 22

Miete bzw. Mietwert in Prozenten des Absatzes im Durchschnitt der Einzelhandelsbranchen, gegliedert nach eigenen und fremden Räumen im Jahre 1952

Branche	Miete bzw. Mietwert in % des Absatzes in Betrieben mit	
	eigenen Räumen	fremden Räumen
Lebensmitteleinzelhandel	1,2	1,2
Tabakwareneinzelhandel	1,5	1,5
Textileinzelhandel davon mit vorwiegend		
Herren- und Knabenoberbekleidung	1,7	1,7
Wäsche, Wirk- und Strickwaren	1,9	1,9
gemischtem Sortiment	1,4	1,4
Schuheinzelhandel	1,4	1,6
Möbeleinzelhandel	2,1	2,0
Glas-, Porzellan- und Keramikeinzelhandel	2,8	2,9
Eisenwaren- und Hausrathandel davon mit vorwiegend		
Haus- und Küchengeräten	2,5	2,7
Kleineisenwaren, Werkzeugen	1,5	1,6
gemischtem Sortiment	1,9	2,0
Sortimentsbuchhandel	2,2	2,1

gewiesenen Werte eine allgemeine Aussagekraft besitzen. Zu berücksichtigen ist allerdings, daß es sich um Durchschnittsergebnisse handelt, von denen die einzelbetrieblichen Zahlen in mehr oder weniger starkem Umfange abweichen können. Gerade bei den Mietkosten sind diese Abweichungen sehr beachtlich, da die verschiedenen Geschäftslagen und die unterschiedliche Wertigkeit der Räume (Altbau oder Neubau) starke Differenzen in der Miete bedingen.

Die Mietkostenbelastung betrug im Durchschnitt des gesamten Einzelhandels 1958 1,9 % vom Absatz. Gegenüber 1949 (1,5 %) ist eine Vergrößerung des Mietkostenprozentsatzes um 0,4 % vom Absatz eingetreten. Der Anstieg dieser Kostenart ist auch für den überwiegenden Teil der untersuchten Einzelhandelsbranchen festzustellen. Sieht man vom Eisenwaren- und Hausrathandel, vom Glas-, Porzellan- und Keramikeinzelhandel, vom Beleuchtungs- und Elektroeinzelhandel sowie vom Photoeinzelhandel ab, so lag bei allen übrigen Fachzweigen der Prozentsatz der Miete 1958 höher als 1949. Es kann angenommen werden, daß bei den Branchen mit Hausrat- und Wohnbedarf, bei denen — wie an früherer Stelle bereits erwähnt — sich 1949 noch eine vergleichsweise ruhige Verkaufslage ergab, die Verbesserung der Kapazitätsausnutzung in den folgenden Jahren auch eine Verminderung der prozentualen Mietkostenbelastung mit sich gebracht hat.

Der Vergleich der Mietkosten läßt zwischen den einzelnen Branchen beachtliche Unterschiede erkennen. Die höchsten Mietkosten in Prozenten vom Absatz verzeichnete 1958 — abgesehen von den Blumenbindereien — der Leder- und Galanteriewareneinzelhandel (3,1 %). Hohe Werte ergaben sich außerdem bei den Herrenausstattern (2,9 %), den Meterwarengeschäften (2,8 %), im Uhren-, Juwelen-, Gold- und Silberwareneinzelhandel (2,7 %), im Möbeleinzelhandel (2,6 %) sowie bei den Geschäften mit Damen-, Mädchen- und Kinderoberbekleidung (2,6 %). Vergleichsweise geringe Mietkosten ergaben sich im Lebensmitteleinzelhandel (1,3 %), im Tabakwareneinzelhandel (1,4 %), im Büromaschinen-, Büromöbel- und Organisationsmittelhandel (1,4 %), im Eisenwaren- und Hausrathandel (1,7 %). Zweifellos kommen in diesen Abweichungen die unterschiedlichen Anforderungen der einzelnen Branchen an die Wertigkeit der Geschäftslage sowie der verschieden große Raumbedarf zum Ausdruck. Es ist daher zweckmäßig, zur Beurteilung der in Tabelle 22 ausgewiesenen Werte auch die Ergebnisse der Tabelle 8 „Absatz je qm Geschäftsraum", der Tabelle 9 „Zahl der qm Geschäftsraum je beschäftigte Person" sowie die Ergebnisse der Tabelle 23 „Jährliche Miete je qm Geschäftsraum in DM" heranzuziehen.

Tabelle 23

Die Zunahme der prozentualen Belastung des Absatzes mit Mietkosten hat sich ergeben, obwohl eine Verbesserung der eingesetzten Raumkapazität eingetreten ist. Im Durchschnitt des gesamten Einzelhandels hat sich der Absatz je qm Geschäftsraum, der ab 1951 im Rahmen des Betriebsvergleichs erfaßt wird, von 2 150 DM auf 2 350 DM, d. h. um etwa 10 % erhöht (siehe Tabelle 8). Der Anstieg der Mietkosten in Prozenten vom Absatz bei einer gleichzeitigen Erhöhung der Absatzleistung je qm Geschäftsraum weist darauf hin, daß die Miete pro qm größer geworden ist. Tabelle 23 zeigt, daß im Durchschnitt des gesamten Einzelhandels die jährliche Miete je qm Geschäftsraum im Jahre 1951 bei 32 DM, im Jahre 1958 dagegen bei 45 DM lag. Die für den Durchschnitt des gesamten Einzelhandels festgestellte Tendenz ist auch bei den einzelnen Branchen zu erkennen. Selbst bei den Fachzweigen, bei denen die Miete in Prozenten vom Absatz im Vergleichszeitraum kleiner geworden ist, ergab sich eine Zunahme der Miete pro qm Geschäftsraum. In dieser Entwicklung spiegelt sich deutlich die beträchtliche Verteuerung der Mietpreise in den Jahren nach der Währungsreform wider.

Die absolute Höhe der Mietkosten ist zwischen den Einzelhandelsbranchen sehr unterschiedlich. Die Extremwerte ergaben sich im Jahre 1958 mit einer Jahresmiete pro qm von 16 DM im Eisenwaren- und Hausrathandel mit gemischtem Sortiment und mit 85 DM im Uhren-, Juwelen-, Gold- und Silberwareneinzelhandel. Relativ niedrige Mieten pro qm wiesen außerdem der Fahrradeinzelhandel (18 DM), der Möbeleinzelhandel (19 DM) und der Eisenwaren- und Hausrathandel mit Kleineisenwaren und Werkzeugen (23 DM) auf. Hohe Mieten je qm verzeichneten neben dem Uhren-, Juwelen-, Gold- und Silberwareneinzelhandel die Herrenausstatter (81 DM), die Meterwarengeschäfte (78 DM) und der Photoeinzelhandel (64 DM). Insgesamt zeigt sich deutlich, daß die Spezialgeschäfte mit hochwertigem Bedarf infolge der notwendigen Bevorzugung von Hauptverkehrslagen in der City relativ hohe, die Branchen mit gemischtem Sortiment und sperrigen Gütern, die zur Dezentralisierung bzw. zu Nebenlagen in der City tendieren, vergleichsweise geringe Mietkosten je qm aufweisen. Bemerkenswerterweise ist kein unmittelbarer Zusammenhang zwischen der Miete pro qm und der Miete in Prozenten vom Absatz zu erkennen. So weisen beispielsweise im Jahre 1958 der Möbeleinzelhandel und der Uhren-, Juwelen-, Gold- und Silberwareneinzelhandel mit 2,6 % bzw. 2,7 % fast die gleichen Mietkosten in Prozenten vom Absatz auf. Die Jahresmiete je qm Geschäftsraum lag dagegen im gleichen Jahre im Möbeleinzelhandel bei nur 19 DM, im Uhren-, Juwelen-, Gold- und Silberwareneinzelhandel dagegen bei 85 DM. Der Grund für diese Diskrepanz ist in dem unterschiedlichen Raumbedarf zu finden. Aus Tabelle 8 ist ersichtlich, daß im Möbeleinzelhandel pro qm Geschäftsraum nur 730 DM im Jahr umgesetzt werden, im Uhren-, Juwelen-, Gold- und Silberwareneinzelhandel dagegen 3 130 DM. Auf eine beschäftigte Person bezogen war im Möbeleinzelhandel im Jahre 1958 der Einsatz von 96 qm Geschäftsraum erforderlich, im Uhren-, Juwelen-, Gold- und Silberwareneinzelhandel dagegen nur von 12 qm.

c) Die Reklamekosten

Die verstärkten Wettbewerbsbemühungen haben von 1949 bis 1958 auch zu einer deutlichen Vergrößerung der Reklamekosten geführt. Aus Tabelle 24 ist ersichtlich, daß im Durchschnitt der am Betriebsvergleich beteiligten Einzelhandelsbranchen die Reklamekosten von 0,6 % des Absatzes im Jahre 1949 auf 0,9 % im Jahre 1958 angestiegen sind. Bei der Beurteilung dieser Werte ist zu berücksichtigen, daß in der Position Reklamekosten nur die Sachkosten für Werbung erfaßt sind. Hierzu gehören: Dekorationskosten, Inserate, Prospekte, Plakate, ferner die Beiträge für Werbegemeinschaften, Honorare für gelegentliche Werbehelfer usw. Nicht berücksichtigt sind dagegen die Gehälter für festangestelltes Personal (z. B. Dekorateure). Diese werden den Personalkosten zugerechnet. Die Zunahme der Reklamekosten ist auch für den überwiegenden Teil der Branchen festzustellen. Hierbei zeigte sich vor allem von 1949 bis 1954 bzw. 1955 eine starke Aufwärtsentwicklung. In diesen beiden Jahren wurden – von wenigen Ausnahmen abgesehen – in allen Branchen die höchsten Reklamekosten ausgewiesen. In den Jahren 1957 und 1958 ist allgemein eine stagnierende bzw. leicht rückläufige Entwicklung zu erkennen. Lediglich im Möbeleinzelhandel ist im Jahre 1958 noch eine deutliche Verstärkung der Reklamekosten eingetreten. Offensichtlich hat die relativ schlechte Absatzentwicklung dieser Branche im Jahre 1958 erhöhte Werbemaßnahmen erforderlich gemacht.

Tabelle 24

Zwischen den einzelnen Branchen ist der prozentuale Anteil der Reklamekosten am Gesamtabsatz stark unterschiedlich. Die weitaus niedrigsten Reklamekosten ergeben sich im Tabakwareneinzelhandel und im Lebensmitteleinzelhandel sowie bei den Gemischtwarengeschäften. 1958 entfielen im Tabakwareneinzelhandel 0,2 %, im Lebensmitteleinzelhandel 0,3 % und bei den Gemischtwarengeschäften 0,5 % auf diese Kostenart. Zweifellos wirkt sich bei diesen Branchen die Tatsache aus, daß ein wesentlicher Teil der Werbung im Nahrungs- und Genußmittelbereich durch die Markenartikelfirmen übernommen wird. Relativ niedrige Reklamekosten sind auch im Eisenwaren- und Hausrathandel mit vorwiegend Kleineisenwaren und Werkzeugen bzw. mit gemischtem Sortiment festzustellen. Bei den Geschäften mit vorwiegend Kleineisenwaren und Werkzeugen lagen im Jahre 1958 die Reklamekosten bei 0,6 % und bei den Eisenwaren- und Hausrathandlungen mit gemischtem Sortiment bei 0,7 % vom Absatz. Hier dürfte der Grund für die geringe Bedeutung der Werbung in der Tatsache liegen, daß sich der Abnehmerkreis in starkem Maße aus gewerblichen Stammkunden zusammensetzt.

Die höchsten Reklamekosten wiesen im Jahre 1958 mit 2,3 % die Textilgeschäfte mit vorwiegend Teppichen, Möbelstoffen und Gardinen, mit jeweils 2,2 % der Photoeinzelhandel sowie die Textilgeschäfte mit Herren-, Damen- und Kinderoberbekleidung und mit 2,1 % die Geschäfte mit vorwiegend Herren- und Knabenoberbekleidung auf. Auch der Möbeleinzelhandel (1958: 1,9 %) sowie der Uhren-, Juwelen-, Gold- und Silberwareneinzelhandel (1,7 %) und der Sportartikeleinzelhandel (1,7 %) verzeichneten vergleichsweise hohe Reklamekosten. Es handelt sich hierbei ausschließlich um Branchen mit einem hochwertigen Sortiment langlebiger Wirtschaftsgüter, bei denen neben der Schaufensterwerbung auch noch andere Formen der Werbung (Inseratwerbung, Kinowerbung, Prospektwerbung etc.) von Bedeutung sind.

Die intensivere Werbetätigkeit der Einzelhandelsbetriebe in den Jahren 1949 bis 1958 kommt noch deutlicher zum Ausdruck, wenn man die Reklamekosten nicht auf den Absatz, sondern auf die beschäftigte Person bezieht. Tabelle 25 läßt erkennen, daß im Durchschnitt des gesamten Einzelhandels 1949 je beschäftigte Person 250 DM an Reklamekosten entstanden sind. Bis zum Jahre 1956 hat sich der Betrag auf 460 DM erhöht. 1958 lag er nach einem leichten Rückgang bei 430 DM. Abgesehen vom Schuh- und Tabakwareneinzelhandel ist in allen übrigen Branchen von 1949 bis 1958 eine beträchtliche Vergrößerung der Reklamekosten je beschäftigte Person eingetreten. Die höchsten Reklamekosten je beschäftigte Person wies im Jahre 1958 mit 1 330 DM der Möbeleinzelhandel auf. Es folgten die Geschäfte mit vorwiegend Herren- und Knabenoberbekleidung (1 260 DM) und die Geschäfte mit vorwiegend Herren-, Damen- und Kinderoberbekleidung (1 040 DM). Die niedrigsten Reklamekosten je beschäftigte Person ergaben sich 1958 – abgesehen von den Blumenbindereien – mit 150 DM im Tabakwareneinzelhandel und mit 160 DM im Lebensmitteleinzelhandel.

Tabelle 25

d) Die Steuern

Tabelle 26

Nach den Personalkosten nehmen die betrieblichen Steuern den größten Anteil an den Gesamtkosten der Einzelhandelsbetriebe ein. Wie Tabelle 26 zeigt, erreichten Umsatz- und Gewerbesteuer im Durchschnitt des gesamten Einzelhandels im Jahre 1958 4,3 % des Absatzes. Sie machten damit etwa 18 % der Gesamtkostenbelastung aus. Im Vergleich mit dem Jahre 1949 (3,5 %) ist eine Vergrößerung in der Steuerbelastung um 0,8 % vom Absatz eingetreten. Diese Zunahme war ausschließlich auf die Jahre 1951 und 1952 zurückzuführen. Der Grund liegt in der im Jahre 1951 vorgenommenen Heraufsetzung der Umsatzsteuer für Einzelhandelsumsätze von 3 % auf 4 % und für steuerbegünstigte bzw. Großhandelsumsätze von 0,75 % auf 1 %. Da die Erhöhung Mitte 1951 erfolgt ist, hat sich die Vergrößerung der Steuern in Prozenten vom Absatz auf die Jahre 1951 und 1952 verteilt.

Der verstärkte Druck der betrieblichen Steuern zeigte sich auch in sämtlichen Fachzweigen des Einzelhandels. Die höchsten Steuern wiesen 1958 mit 5,2 % der Uhren-, Juwelen-, Gold- und Silberwareneinzelhandel und mit jeweils 5,0 % der Glas-, Porzellan- und Keramikeinzelhandel, der Möbeleinzelhandel und die Textilgeschäfte mit vorwiegend Herren- und Knabenoberbekleidung sowie mit Herrenausstattung aus. Bemerkenswert ist, daß im Gegensatz zu den Geschäften mit Herren- und Knabenoberbekleidung die Geschäfte mit Damen-, Mädchen- und Kinderoberbekleidung mit 4,2 % eine vergleichsweise niedrige Steuerkostenbelastung verzeichnen. Der Grund liegt hier in dem umsatzsteuerfreien Bezug von Damenoberbekleidung aus West-Berlin. Die niedrigsten Steuern ergaben sich im Jahre 1958 im Büromaschinen-, Büromöbel- und Organisationsmittelhandel (2,1 %) und im Eisenwaren- und Hausrathandel mit vorwiegend Kleineisenwaren und Werkzeugen (2,6 %). In diesen Branchen ist der vergleichsweise hohe Anteil von gewerblichen Abnehmern, deren Belieferung nur mit 1 % Umsatzsteuer belastet wird, Ursache für die relativ geringen Prozentsätze.

e) Die Abschreibungen

Tabelle 27

Die Vergrößerung des Sachmitteleinsatzes der Einzelhandelsbetriebe in den Jahren nach der Währungsreform spiegelt sich deutlich in der Entwicklung der Abschreibungsquote wider. Aus Tabelle 27 ist ersichtlich, daß im Jahre 1949 die Abschreibungen im Durchschnitt des gesamten Einzelhandels 0,6 % des Absatzes ausmachten. Sie sind bis zum Jahre 1958 auf 1,0 % des Absatzes angestiegen. Zu berücksichtigen ist bei der Beurteilung der Werte, daß es sich nur um die Abschreibungen auf das Inventar, die Forderungen sowie den Fuhrpark handelt, nicht jedoch auf die Abschreibungen auf Grundstücke und Gebäude, die durch den kalkulatorischen Mietwert abgegolten sind. Die für den Durchschnitt des gesamten Einzelhandels festgestellte Vergrößerung in der Abschreibungsquote ist auch für den überwiegenden Teil der Fachzweige festzustellen. Im Schuheinzelhandel waren die Abschreibungen in Prozenten vom Absatz mit 0,9 %, im Beleuchtungs- und Elektroeinzelhandel mit 1,0 % und im Eisenwaren- und Hausrathandel mit 1,1 % im Jahre 1958 prozentual genau so hoch wie im Jahre 1949. Alle übrigen Branchen lassen eine mehr oder weniger starke Vergrößerung der Abschreibungsquote erkennen. Besonders bemerkenswert ist die Erhöhung der Abschreibungsquote im Lebensmitteleinzelhandel von 0,4 % im Jahre 1949 auf 1,0 % im Jahre 1958. Der Grund für die beträchtliche Vergrößerung dürfte in der Tatsache liegen, daß im Lebensmitteleinzelhandel im Zusammenhang mit dem Übergang zur Selbstbedienung mehr als in anderen Branchen in den letzten Jahren eine Modernisierung der Geschäftsräume erfolgt ist, die einen erhöhten Sachmitteleinsatz (Kühltheken, Kühltruhen, Regale, Gondeln, Registrierkassen etc.) mit sich gebracht hat.

Zwischen den einzelnen Branchen weisen die Abschreibungen zum Teil beträchtliche Abweichungen auf. Die Extremwerte ergaben sich im Jahre 1958 mit 0,4 % im Tabakwareneinzelhandel und mit 2,1 % im Photoeinzelhandel. Geringe Abschreibungen sind auch im Sportartikeleinzelhandel (1958: 0,7 %) und im Sortimentsbuchhandel (0,8 %) festzustellen. Im Schuheinzelhandel machten die Abschreibungen 1958 0,9 % und im Textileinzelhandel 1,0 % des Absatzes aus. Relativ hohe Abschreibungen fallen außer im Photoeinzelhandel auch im Radio- und Fernseheinzelhandel (1958: 2,0 %) und im Eisenwaren- und Hausrathandel mit vorwiegend Öfen und Herden (1,7 %) an. Insgesamt lassen die Zahlen erkennen, daß bei den kapitalintensiven Branchen mit hoher technischer Ausstattung die höchste prozentuale Belastung des Absatzes mit Abschreibungen vorhanden ist.

f) Die Zinsen für Eigenkapital

Die Erfassung der Kosten im Rahmen des Betriebsvergleichs unter betriebswirtschaftlichen Gesichtspunkten macht es erforderlich, daß neben dem Entgelt für die nicht entlöhnte Tätigkeit des Inhabers und seiner Familienangehörigen auch eine kalkulatorische Verzinsung für das im Betrieb eingesetzte

Eigenkapital in Prozenten vom Absatz im Jahre 1958

Branche	Eigenkapital in % vom Absatz 1958
Lebensmitteleinzelhandel	7,5
Drogerien	15,0
Reformhäuser	7,5
Tabakwareneinzelhandel	10,0
Textileinzelhandel	15,0
Schuheinzelhandel	17,5
Möbeleinzelhandel	17,5
Beleuchtungs- und Elektroeinzelhandel	20,0
Glas-, Porzellan- und Keramikeinzelhandel	20,0
Eisenwaren- und Hausrathandel	17,5
Tapeten- und Linoleumhandel	12,5
Papier-, Bürobedarf- und Schreibwareneinzelhandel	15,0
Büromaschinen-, Büromöbel- und Organisationsmittelhandel	7,5
Fahrradeinzelhandel	22,5
Radio- und Fernseheinzelhandel	10,0
Photoeinzelhandel	17,5
Uhren-, Juwelen-, Gold- und Silberwareneinzelhandel	25,0
Leder- und Galanteriewareneinzelhandel	17,5
Sportartikeleinzelhandel	12,5
Sortimentsbuchhandel	10,0
Blumenbindereien	10,0
Gemischtwarengeschäfte	15,0
Einzelhandel insgesamt	12,5

Eigenkapital berücksichtigt wird. Um einen einheitlichen Ansatz dieser kalkulatorischen Kostenart zu gewährleisten, sind grundsätzlich 4 % des Eigenkapitals von den Firmen als Zinsen anzugeben. Nach dieser Methode ist von 1949 bis 1958 in gleicher Weise verfahren worden. Die ermittelten Werte sind in Tabelle 28 ausgewiesen. Im Durchschnitt des gesamten Einzelhandels lagen die Zinsen für Eigenkapital im Jahre 1958 bei 0,5 % vom Absatz. Die Gegenüberstellung der Ergebnisse der einzelnen Jahre läßt erkennen, daß der Wert während des gesamten Vergleichszeitraumes im wesentlichen unverändert geblieben ist. Er lag in allen Jahren bei 0,4 % bzw. 0,5 % des Absatzes. Da die wiedergegebenen Werte 4 % der Eigenkapitalausstattung darstellen, ergibt sich der Schluß, daß in den Jahren 1949 bis 1958 das vorhandene Eigenkapital des Einzelhandels etwa 10 % bis 12,5 % des Absatzes ausmachte.

Tabelle 28

Die für den Durchschnitt des gesamten Einzelhandels festgestellte Tendenz eines im wesentlichen unveränderten Wertes der Zinsen für Eigenkapital in Prozenten des Absatzes ist auch für den überwiegenden Teil der Branchen festzustellen. Allerdings läßt die absolute Höhe der Eigenkapitalzinsen zwischen den Fachzweigen beachtliche Unterschiede erkennen. Die geringsten Werte ergaben sich im Jahre 1958 mit 0,3 % vom Absatz im Lebensmitteleinzelhandel, bei den Reformhäusern, und im Büromaschinen-, Büromöbel- und Organisationsmittelhandel, der höchste Wert mit 1,0 % im Uhren-, Juwelen-, Gold- und Silberwareneinzelhandel. Berechnet man auf Grund dieser Zahlen die Eigenkapitalausstattung im Prozenten vom Absatz, so ergibt sich im Jahre 1958 für den Lebensmitteleinzelhandel, die Reformhäuser und den Büromaschinen-, Büromöbel- und Organisationsmittelhandel ein Wert von jeweils 7,5 %, für den Uhren-, Juwelen-, Gold- und Silberwareneinzelhandel dagegen von 25 %. In den übrigen Branchen liegt das Eigenkapital in Prozenten vom Absatz zwischen diesen Extremwerten. Sie sind im einzelnen in der obenstehenden Aufstellung wiedergegeben.

Die Betriebsvergleichsergebnisse weisen bezüglich der Eigenkapitalausstattung gegenüber der Vorkriegszeit eine beträchtliche Veränderung auf. Nach Untersuchungen des Statistischen Reichsamtes [1] läßt sich für das Jahr 1937 für den Durchschnitt des gesamten Einzelhandels ein Eigenkapital von etwa 32 % des Jahresabsatzes berechnen. Die Extremwerte ergaben sich im Jahre 1937 mit einem Eigenkapital von etwa 20 % des Jahresabsatzes im Büromaschinen-, Büromöbel- und Organisationsmittelhandel und mit etwa 75 % im Uhren-, Juwelen-, Gold- und Silberwareneinzelhandel. Sowohl im Einzelhandelsdurchschnitt als auch bei den beiden Branchen mit den Extremwerten lag somit das Eigenkapital in Prozenten vom Absatz im Jahre 1958 nur etwa bei einem Drittel des Wertes von 1937.

g) Die sonstigen Kosten

Die neben den bisher geschilderten Kostenarten anfallenden Kosten werden im Rahmen des Betriebsvergleichs in einer Sammelposition Sonstige Kosten erfaßt. Den wesentlichsten Teil dieser Sammelposition machen die allgemeinen Verwaltungskosten, die Zinsen für Fremdkapital und in einigen Branchen die Kosten des Fuhr- und Wagenparks aus. Tabelle 29 zeigt, daß im Durchschnitt des gesamten Einzelhandels im Jahre 1949 4,1 % des Absatzes auf die Sonstigen Kosten entfielen. Bis zum Jahre 1954 ist eine Vergrößerung dieser Kostenposition auf 4,8 % des Absatzes eingetreten. In den folgenden Jahren ergab sich wieder eine leichte Verminderung der prozentualen Belastung des Absatzes mit Sonstigen Kosten. 1958 machten die Sonstigen Kosten 4,5 % des Absatzes aus. Sie waren damit um 0,3 % niedriger als 1954, jedoch um 0,4 % höher als 1949. In den einzelnen Branchen ist die Entwicklung der Sonstigen Kosten unterschiedlich gewesen. Bei den Branchen mit Nahrungs- und Genußmitteln sowie mit Textilien und Bekleidung ist allgemein von 1949 bis 1958 eine Vergrößerung der Sonstigen Kosten in Prozenten vom Absatz festzustellen gewesen. Im Gegensatz hierzu ergab sich bei den Fachzweigen mit Hausrat und Wohnbedarf sowie den Branchen mit Papier, Bürobedarf und Schreibwaren, Büromaschinen und Organisationsmitteln eine Verminderung dieser Kostenposition. Bei den Branchen mit Kultur- und Luxusbedarf sind zum Teil Erhöhungen, zum Teil Verminderungen eingetreten. Insgesamt sind jedoch hier die Veränderungen der Prozentsätze im Jahre 1958 gegenüber 1949 relativ gering. Bemerkenswert ist, daß für fast alle Branchen seit 1955 eine rückläufige Entwicklung der Sonstigen Kosten festzustellen ist. Da gerade in den letzten Jahren der Druck der Kosten durch außerbetriebliche Einflüsse (Gehaltsheraufsetzungen, Mieterhöhungen) in beachtlichem Umfange zugenommen hat, läßt die Verminderung der Sonstigen Kosten den Schluß zu, daß die Betriebe bemüht waren, durch Einsparung von Verwaltungskosten einen Teil der Kostenerhöhungen aufzufangen.

Tabelle 29

Der Vergleich der einzelnen Branchen zeigt beachtliche Abweichungen im Anteil der Sonstigen Kosten am Absatz. Den geringsten Wert wies im Jahre 1958 mit 2,2 % vom Absatz der Tabakwareneinzelhandel auf. Es folgte mit 3,2 % der Lebensmitteleinzelhandel. Bei beiden Branchen ist die geringe Höhe dieser Kostenart auf den relativ einfachen Verwaltungsbereich, die nur unbedeutenden Fuhrparkkosten und die infolge des schnellen Lagerumschlags vergleichsweise geringen Zinsaufwendungen zurückzuführen. Die höchsten sonstigen Kosten ergaben sich im Jahre 1958 — sieht man von den Blumenbindereien ab — im Uhren-, Juwelen-, Gold- und Silberwareneinzelhandel (7,4 %), im Fahrradeinzelhandel (7,0 %), im Büromaschinen-, Büromöbel- und Organisationsmittelhandel (6,8 %), im Tapeten- und Linoleumhandel (6,5 %), im Radio- und Fernseheinzelhandel (6,5 %) und im Photoeinzelhandel (6,4 %). Es handelt sich hierbei ausschließlich um Branchen, bei denen vor allem der angegliederte Werkstattbetrieb vergleichsweise hohe Sonstige Kosten bedingt.

Tabelle 30

Seit dem Jahre 1954 werden bei den Betriebsvergleichserhebungen die Zinsen für Fremdkapital in einer besonderen Position erfaßt. Tabelle 30 gibt einen Überblick über die Entwicklung dieser Kostenart von 1954 bis 1958. Für den Durchschnitt aller am Betriebsvergleich beteiligten Branchen betrug die Höhe der Zinsen für Fremdkapital 1954 0,6 % des Absatzes. Bis 1958 ist der Wert bei Schwankungen zwischen 0,6 und 0,5 % im wesentlichen unverändert geblieben. Von wenigen Ausnahmen abgesehen, zeigen auch die Ergebnisse der einzelnen Branchen in den fünf Vergleichsjahren keine eindeutige Erhöhung oder Verminderung in der Zinsbelastung. Die geringsten Zinsen für Fremdkapital wies im Jahre 1958 mit 0,1 % vom Absatz der Tabakwareneinzelhandel auf. Die höchste Belastung ergab sich mit jeweils 0,9 % bei den Textilgeschäften mit Herren-, Damen- und Kinderoberbekleidung, den Herrenausstattern, den Textilsortimentern, im Fahrradeinzelhandel sowie im Sportartikeleinzelhandel. In der Gesamttendenz lassen die Werte zwischen den einzelnen Branchen ähnliche Relationen wie bei den

---

[1] Statistisches Reichsamt: Einzelschriften zur Statistik des Deutschen Reiches, Nummer 41 „Betriebsstruktur und Kostengestaltung in wichtigen Gewerbezweigen", Teil II, Berlin 1940.

Zinsen für Eigenkapital erkennen. Die Branchen mit hohem Lagerumschlag und relativ geringem sachlichem Betriebsmitteleinsatz weisen eine niedrigere, die Branchen mit geringer Lagerumschlagsgeschwindigkeit und großem Sachmitteleinsatz eine große Zinsbelastung auf.

Bei einer Zusammenfassung der in den Tabellen ausgewiesenen Kostenarten zu den in Tabelle 17 wiedergegebenen Gesamtkosten ist darauf zu achten, daß die Zinsen für Fremdkapital (Tabelle 30) nicht mit berücksichtigt werden dürfen, da sie bereits in der Sammelposition Sonstige Kosten (Tabelle 29) in Ansatz gebracht sind.

VI. Die Ertragssituation

1. Die Betriebshandelsspanne

In engem Zusammenhang mit der Entwicklung der Kostensituation des Einzelhandels muß die der Betriebshandelsspanne und des Betriebsergebnisses gesehen werden. Die Betriebshandelsspanne als die Differenz zwischen dem Einstandspreis und dem Verkaufspreis der Waren ist die Gegenleistung, die der Einzelhandel für die Übernahme seiner gesamtwirtschaftlichen Funktion und der damit verbundenen Kostenbelastung erhält. Ist die Betriebshandelsspanne höher als die Handlungskosten, so ist mit einem positiven, im anderen Falle mit einem negativen Betriebsergebnis gearbeitet worden.

In Tabelle 31 sind für die Jahre 1949 bis 1958 die Betriebshandelsspanne für den Durchschnitt der am Betriebsvergleich beteiligten Einzelhandelsbranchen sowie den Einzelhandel insgesamt wiedergegeben. Die ausgewiesenen Werte lassen erkennen, daß im Vergleichszeitraum eine Vergrößerung des Anteils der Betriebshandelsspanne am Absatz eingetreten ist. Diese Entwicklung hat sich kontinuierlich vollzogen; denn in jedem Jahr des Vergleichszeitraumes liegt die Betriebshandelsspanne über der des jeweiligen Vorjahres. Insgesamt ist von 1949 bis 1958 eine Erhöhung von 19,4 % des Absatzes auf 25,2 % eingetreten. Bei allen Branchen war die Betriebshandelsspanne im Jahre 1958 höher als im Jahre 1949. Vergleichsweise gering waren die Steigerungen bei den Fachzweigen mit Nahrungs- und Genußmitteln. Im Lebensmitteleinzelhandel ist die Betriebshandelsspanne von 14,5 % im Jahre 1949 auf 17,7 % im Jahre 1958 angestiegen. Im Tabakwareneinzelhandel ergab sich eine Erhöhung von 12,7 % auf 15,2 % und bei den Drogerien von 26,5 % auf 31,8 %. Auch bei den Branchen mit Hausrat und Wohnbedarf waren die Veränderungen in der Betriebshandelsspanne gering. Der Eisenwaren- und Hausrathandel verzeichnete eine Erhöhung von 23,3 % auf 27,2 % und der Möbeleinzelhandel von 26,3 % auf 31,7 %. Beachtlich war die Vergrößerung der Betriebshandelsspanne bei den Branchen mit Textilien und Bekleidung. Im Textileinzelhandel ergab sich ein Anstieg von 21,9 % im Jahre 1949 auf 29,8 % im Jahre 1958. Der Schuheinzelhandel wies im gleichen Zeitraum eine Erhöhung von 18,9 % auf 27,0 % auf. Die Unterschiede in der Entwicklung der Betriebshandelsspanne zwischen den einzelnen Branchen zeigen ein ähnliches Bild wie die Abweichungen in der Entwicklung der Gesamtkosten (siehe Tabelle 17). Sie sind somit in erster Linie die Folge verschieden starker Kostensteigerungen gewesen.

Tabelle 31

Die absolute Höhe der Betriebshandelsspanne in Prozenten vom Absatz zeigt zwischen den einzelnen Branchen beträchtliche Abweichungen. Die Extremwerte ergaben sich im Jahre 1958 — abgesehen von den Blumenbindereien — mit 41,6 % im Photoeinzelhandel und mit 15,2 % im Tabakwareneinzelhandel. Hohe Betriebshandelsspannen verzeichnen neben dem Photoeinzelhandel auch der Uhren-, Juwelen-, Gold- und Silberwareneinzelhandel (1958: 40,9 %), der Beleuchtungs- und Elektroeinzelhandel (37,5 %), der Fahrradeinzelhandel (34,6 %) und der Glas-, Porzellan- und Keramikeinzelhandel (34,2 %). Nach dem Tabakwareneinzelhandel weisen der Lebensmitteleinzelhandel (17,7 %) und die Gemischtwarengeschäfte (20,5 %) die geringsten Betriebshandelsspannen auf. Der Textileinzelhandel (29,8 %), der Schuheinzelhandel (27,0 %) und der Eisenwaren- und Hausrathandel (27,2 %) nehmen eine mittlere Position ein. Die beachtlichen Abweichungen in der Höhe der Betriebshandelsspannen ermöglichen jedoch noch keine Rückschlüsse auf die Ertragsverhältnisse in den einzelnen Branchen. Im Umfang der Betriebshandelsspanne spiegelt sich vielmehr im Durchschnitt der Betriebe der unterschiedliche Grad der Funktionserfüllung wider. Bei den Branchen mit einer hohen Betriebshandelsspanne handelt es sich ausschließlich um Fachzweige, die neben dem Handel auch handwerkliche Leistungen erstellen. Die Handelsspanne umschließt hier also nicht nur die Vergütung für die händlerische, sondern auch für die handwerkliche Tätigkeit. Ihren Ausdruck findet die Intensität der Funktionserfüllung in der Höhe der durch sie bedingten Kosten. Die Betriebshandelsspanne kann daher nur im Zusammenhang mit der Kostenbelastung beurteilt werden. Dies gilt auch für die Betrachtung der Entwicklung der Betriebshandelsspanne in den Jahren 1949 bis 1958.

2. Das betriebswirtschaftliche Betriebsergebnis

Das Betriebsergebnis ist bei betriebswirtschaftlicher Betrachtungsweise die Differenz zwischen der Betriebshandelsspanne und den Gesamtkosten einschließlich des kalkulatorischen Unternehmerlohnes und der Zinsen für Eigenkapital. Wie aus Tabelle 17 ersichtlich ist, haben sich die Gesamtkosten im Durchschnitt des gesamten Einzelhandels von 19,9 % des Absatzes im Jahre 1949 auf 23,9 % im Jahre 1958 erhöht. Die Vergrößerung der Betriebshandelsspanne im Vergleichszeitraum ist somit in erster Linie eine Folge der Kostenentwicklung gewesen. Die Tatsache jedoch, daß der Anstieg der Betriebshandelsspanne relativ etwas stärker war als der der Gesamtkosten, weist auch auf eine echte Verbesserung der Ertragssituation des Einzelhandels in den Jahren 1949 bis 1958 hin. Tabelle 32 zeigt, daß sich das betriebswirtschaftliche Betriebsergebnis des Einzelhandels insgesamt von minus 0,5 % im Jahre 1949 auf plus 1,3 % des Absatzes im Jahre 1958 erhöht hat. Die Entwicklung in den einzelnen Jahren läßt zunächst 1950 (+ 0,6 %) und 1951 (+ 0,6 %) eine Verbesserung, im Jahre 1952 (+ 0,1 %) im Anschluß an die Korea-Krise wieder eine Verschlechterung in der Ertragssituation erkennen. Von 1952 bis 1957 hat sich das betriebswirtschaftliche Betriebsergebnis des Einzelhandelsdurchschnitts von 0,1 % auf 1,4 % des Absatzes erhöht. 1958 ist wieder eine leichte Verminderung auf 1,3 % eingetreten. Obwohl die Zahlen insgesamt eine Verbesserung der Ertragsverhältnisse des Einzelhandels in den Vergleichsjahren erkennen lassen, so darf andererseits nicht unberücksichtigt bleiben, daß die Situation in den ersten Jahren nach der Währungsreform anomale Bedingungen aufwies. Dies bestätigt das negative Betriebsergebnis von 0,5 % im Jahre 1949. Mit 1,3 % des Absatzes machte das Entgelt, das der Einzelhandel im Jahre 1958 für seine eigentliche unternehmerische Leistung als Gewinn erhielt, nur etwa 5 % der gesamten Betriebshandelsspanne aus.

Tabelle 32

Die Vergrößerung des betriebswirtschaftlichen Betriebsergebnisses ist auch für den überwiegenden Teil der Branchen festzustellen. Lediglich im Tabakwareneinzelhandel, bei den Textilgeschäften mit vorwiegend Meterwaren sowie mit vorwiegend Wäsche, Wirk- und Strickwaren war das betriebswirtschaftliche Ergebnis 1958 etwas geringer als 1949. Im Jahre 1958 erreichten alle Branchen — abgesehen vom Lebensmitteleinzelhandel (− 0,9 %) und von den Gemischtwarengeschäften (− 0,5 %) — ein positives Ergebnis. Die höchsten Werte ergaben sich mit 7,2 % im Photoeinzelhandel und mit 6,2 % im Uhren-, Juwelen-, Gold- und Silberwareneinzelhandel, in Branchen also mit ausgesprochenem Luxussortiment. Ein mittleres Betriebsergebnis registrierten die Branchen mit Textilien und Bekleidung sowie mit Hausrat und Wohnbedarf. Im Textileinzelhandel lag 1958 das betriebswirtschaftliche Ergebnis bei 2,2 %, im Eisenwaren- und Hausrathandel bei 2,4 %, im Schuheinzelhandel bei 3,2 % und im Möbeleinzelhandel bei 3,3 % vom Absatz. Eindeutig die letzte Stelle nahmen die Branchen mit Nahrungs- und Genußmitteln ein. Im Lebensmitteleinzelhandel waren die Gesamtkosten einschließlich des Unternehmerlohnes und der Zinsen für Eigenkapital 1958 um 0,9 % und bei den Gemischtwarengeschäften um 0,5 % höher als die Betriebshandelsspanne. Im Tabakwareneinzelhandel entsprach die Betriebshandelsspanne genau der Kostenbelastung. Auf einen wesentlichen Grund für die Unterschiede im Betriebsergebnis zwischen den einzelnen Branchen soll bei der sich anschließenden Betrachtung des steuerlichen Betriebsergebnisses eingegangen werden.

3. Das steuerliche Betriebsergebnis

Für die Beurteilung der Ertragsverhältnisse des Einzelhandels ist es wichtig, neben dem betriebswirtschaftlichen auch das steuerliche Betriebsergebnis einer Betrachtung zu unterziehen. Hierbei werden der Betriebshandelspanne nur die steuerlich abzugsfähigen Kosten gegenübergestellt. Tabelle 33 enthält als Ergänzung zur Tabelle 17 die Gesamtkosten des Einzelhandels nach Abzug des Unternehmerlohnes und der Zinsen für Eigenkapital. Für den Durchschnitt des gesamten Einzelhandels ergab sich 1949 eine Gesamtkostenbelastung (ohne Unternehmerlohn und Zinsen für Eigenkapital) von 14,9 %. Der Wert hat sich bis zum Jahre 1958 auf 18,9 % des Absatzes erhöht. Der Kostenbelastung von 1949 stand eine Betriebshandelspanne von 19,4 % und der des Jahres 1958 von 25,2 % gegenüber.

Tabelle 33

Das steuerliche Betriebsergebnis als die Differenz zwischen der Betriebshandelsspanne und den steuerlich abzugsfähigen Kosten lag — wie Tabelle 34 zeigt — im Durchschnitt des gesamten Einzelhandels 1949 bei 4,5 % und 1958 bei 6,3 %. Es hat sich hiermit von 1949 bis 1958 um 1,8 % vom Absatz vergrößert. Von wenigen Ausnahmen abgesehen, ist auch bei dem überwiegenden Teil der Branchen in den Vergleichsjahren eine Vergrößerung des prozentualen Anteils des steuerlichen Betriebsergebnisses am Absatz eingetreten. Hierbei ist bemerkenswert, daß trotz des Anstiegs auch im Jahre 1958 die Werte fast aller Branchen niedriger waren als im Jahre 1937. Hierzu bietet eine vom Statistischen Reichsamt

Tabelle 34

durchgeführte Untersuchung [1]) aufschlußreiche Vergleichszahlen. Das steuerliche Betriebsergebnis erreichte beispielsweise 1937 im Lebensmitteleinzelhandel 6 % bis 7 % des Absatzes (1958: 4,4 %), bei den Drogerien ergab sich 1937 ein Wert von 12 % bis 13 % (1958: 10,5 %), der Textileinzelhandel wies 1937 ein steuerliches Ergebnis von 9 % bis 10 % (1958: 6,4 %), der Eisenwaren- und Hausrathandel von 8 % bis 9 % (1958: 6,3 %), der Leder- und Galanteriewareneinzelhandel von 12 % bis 13 % (1958: 9,3 %) und der Photoeinzelhandel von 13 % bis 14 % (1958: 12,5 %) auf.

Bemerkenswerterweise waren die Unterschiede im steuerlichen Betriebsergebnis zwischen den einzelnen Branchen 1958 ähnlich wie 1937. Diese Tatsache weist darauf hin, daß die zum Teil beachtlichen Abweichungen nicht ohne weiteres auf eine etwa vorhandene Gunst oder Ungunst der heutigen Marktverhältnisse in den verschiedenen Bedarfsbereichen zurückzuführen sind. Die Unterschiede erklären sich vielmehr in erster Linie aus den verschiedenartigen Anforderungen, die an die Betriebe bei der Erfüllung ihrer Umsatzfunktionen gestellt werden. Der Uhren-, Juwelen-, Gold- und Silberwareneinzelhandel und der Photoeinzelhandel, die das höchste steuerliche Betriebsergebnis aufweisen, erzielten beispielsweise im Jahre 1958 einen Absatz je beschäftigte Person von 38 900 DM bzw. 32 800 DM und eine Lagerumschlagsgeschwindigkeit von 1,7 bzw. 4,4 mal. Der Lebensmittel- und der Tabakwareneinzelhandel dagegen, deren steuerliches Betriebsergebnis niedrig ist, wiesen 1958 eine Absatzleistung je beschäftigte Person von 53 000 DM bzw. 76 700 DM und eine Lagerumschlagsgeschwindigkeit von 13,3 mal bzw. 8,7 mal auf. Betrachtet man diese Unterschiede von der Leistungsbereitschaft der Betriebe her, so ist festzustellen, daß im Uhren-, Juwelen-, Gold- und Silberwareneinzelhandel sowie im Photoeinzelhandel mit einem gleichen Einsatz an beschäftigten Personen und einem gleichen Einsatz an Lagerkapital ein wesentlich geringerer Absatz erzielt wird als etwa im Lebensmittel- und im Tabakwareneinzelhandel. Aus dieser Sicht heraus ist der unterschiedliche Anteil des Betriebsergebnisses am Absatz zumindest tendenziell erklärbar.

---

[1]) Statistisches Reichsamt: Einzelschriften zur Statistik des Deutschen Reiches, Nummer 41 „Betriebsstruktur und Kostengestaltung in wichtigen Gewerbezweigen", Teil II, Berlin 1940.

TABELLENTEIL

Zeichenerklärung

Ein — bedeutet: Es liegen keine Werte vor.

Tabelle 1

Gliederung der in den Jahren 1949 bis 1958 am Betriebsvergleich des Einzelhandels beteiligten Betriebe nach Branchen und Teilbranchen

Lfd. Nr.	Branche	1949	1950	1951	1952	1953	1954	1955	1956	1957	1958
1	Lebensmitteleinzelhandel	298	232	257	246	253	249	245	281	295	347
2	Drogerien	186	151	138	144	146	149	152	158	176	207
3	Reformhäuser	-	-	-	-	-	-	33	32	27	29
4	Tabakwareneinzelhandel	59	43	75	69	81	73	71	73	67	69
5	Textileinzelhandel	366	420	604	596	639	676	622	670	743	903
	davon mit vorwiegend										
6	Herren- und Knabenoberbekleidung	-	-	48	55	68	69	68	82	84	92
7	Damen-, Mädchen- u. Kinderoberbekleidung	-	-	31	38	48	51	49	63	69	93
8	Herren-, Damen- u. Kinderoberbekleidung	47	58	29	26	32	31	37	46	62	81
9	Meterwaren	27	38	41	31	28	33	20	18	18	26
10	Wäsche, Wirk- und Strickwaren	48	66	103	103	104	111	85	92	114	142
11	Haus- und Bettwäsche, Bettwaren	-	-	25	18	24	28	24	25	31	42
12	Herrenausstattung	-	-	-	-	11	17	22	20	22	34
13	Teppichen, Möbelstoffen und Gardinen	-	-	-	-	9	11	9	16	18	20
14	gemischtem Sortiment	208	229	311	307	306	308	300	300	313	355
15	Schuheinzelhandel	98	138	142	262	255	234	247	255	284	297
16	Möbeleinzelhandel	66	62	113	129	128	140	145	170	173	205
17	Beleuchtungs- und Elektroeinzelhandel	28	13	23	22	18	19	23	25	22	25
18	Glas-, Porzellan- u. Keramikeinzelhandel	74	60	96	83	83	83	80	96	102	105
19	Eisenwaren- und Hausrathandel	220	162	309	263	251	238	234	246	253	270
	davon mit vorwiegend										
20	Haus- und Küchengeräten	21	15	56	50	50	48	43	38	41	48
21	Kleineisenwaren, Werkzeugen	35	32	73	70	64	60	62	68	56	51
22	Öfen und Herden	8	7	16	12	10	9	9	11	12	18
23	gemischtem Sortiment	115	97	164	131	127	121	120	129	144	153
24	Tapeten- und Linoleumhandel	39	41	50	38	33	38	31	64	96	94
25	Papier-, Bürobedarf- u. Schreibwaren-Eh.	108	99	106	113	103	106	91	102	98	116
26	Büromasch.-, Büromöbel- u. Org.mittelhandel	32	32	34	46	47	57	56	59	63	69
27	Fahrradeinzelhandel	36	21	15	13	14	15	16	15	12	16
28	Radio- und Fernseheinzelhandel	-	-	-	28	33	48	49	64	87	107
29	Photoeinzelhandel	36	25	17	32	29	31	39	49	64	63
30	Uhren-, Juwelen-, Gold- u. Silberw.-Eh.	-	-	48	46	75	88	84	86	112	150
31	Leder- und Galanteriewareneinzelhandel	31	36	44	44	47	54	53	58	68	78
32	Sportartikeleinzelhandel	-	-	52	38	44	49	43	45	48	48
33	Sortimentsbuchhandel	94	88	143	130	146	135	131	149	150	162
34	Blumenbindereien	-	-	-	32	53	46	40	49	48	42
35	Gemischtwarengeschäfte	-	-	-	-	-	-	-	-	-	42
	Einzelhandel insgesamt	1 771	1 623	2 266	2 374	2 478	2 528	2 485	2 746	2 988	3 444

Tabelle 2

Die Zahl der beschäftigten Personen je Einzelhandelsbetrieb im Durchschnitt der Branchen in den Jahren 1949 bis 1958

Lfd. Nr.	Branche	1949	1950	1951	1952	1953	1954	1955	1956	1957	1958
1	Lebensmitteleinzelhandel	5,4	6,2	5,5	5,8	6,5	7,3	7,2	6,6	6,4	7,1
2	Drogerien	4,4	4,6	4,8	5,0	5,5	5,8	5,9	6,2	6,2	6,1
3	Reformhäuser	-	-	-	-	-	-	4,9	5,6	4,7	4,9
4	Tabakwareneinzelhandel	2,5	1,8	2,3	2,1	2,1	2,3	2,5	2,6	2,6	3,1
5	Textileinzelhandel davon mit vorwiegend	19,1	21,3	24,8	26,6	27,1	26,9	29,5	31,0	30,1	29,4
6	Herren- und Knabenoberbekleidung	-	-	22,8	20,9	23,6	23,3	24,3	26,1	26,3	25,4
7	Damen-, Mädchen- u. Kinderoberbekleidung	-	-	28,4	28,2	35,3	28,9	29,5	32,6	32,6	29,3
8	Herren-, Damen- u. Kinderoberbekleidung	18,2	18,4	50,5	36,8	37,4	49,7	33,7	43,3	40,2	43,6
9	Meterwaren	8,6	11,1	17,2	20,6	25,1	24,2	29,9	33,2	33,9	32,2
10	Wäsche, Wirk- und Strickwaren	9,5	9,6	11,6	9,8	11,3	10,9	12,1	11,1	9,7	10,4
11	Haus- und Bettwäsche, Bettwaren	-	-	12,8	15,4	13,7	15,8	16,2	18,7	16,8	16,1
12	Herrenausstattung	-	-	-	-	5,1	5,0	5,4	7,6	6,3	7,2
13	Teppichen, Möbelstoffen und Gardinen	-	-	-	-	21,0	23,5	25,7	27,8	28,2	30,0
14	gemischtem Sortiment	23,9	27,9	29,2	34,3	33,6	34,5	38,5	39,4	39,8	39,2
15	Schuheinzelhandel	10,5	10,5	12,4	12,4	15,1	14,7	14,7	14,7	13,1	14,7
16	Möbeleinzelhandel	12,7	15,0	13,0	11,7	14,5	17,3	17,4	18,5	19,8	20,6
17	Beleuchtungs- und Elektroeinzelhandel	12,9	11,5	14,3	18,4	16,4	15,6	14,7	16,3	18,3	19,5
18	Glas-, Porzellan- u. Keramikeinzelhandel	8,8	10,7	8,8	10,3	10,4	11,2	13,0	14,2	14,6	14,6
19	Eisenwaren- und Hausrathandel davon mit vorwiegend	11,1	14,0	12,7	14,1	16,4	17,3	17,8	19,0	20,5	20,9
20	Haus- und Küchengeräten	4,8	5,9	9,5	9,7	12,4	14,9	16,7	19,5	19,5	17,8
21	Kleineisenwaren, Werkzeugen	15,4	18,4	14,3	15,1	16,7	18,0	17,0	16,3	15,7	17,5
22	Öfen und Herden	10,7	12,3	13,7	15,8	13,6	15,8	16,2	19,1	22,4	21,8
23	gemischtem Sortiment	11,4	13,4	13,1	15,0	18,0	18,0	18,7	20,3	22,5	22,9
24	Tapeten- und Linoleumhandel	10,9	14,6	15,3	18,4	17,9	19,9	25,0	23,3	21,1	21,3
25	Papier-, Bürobedarf- u. Schreibwaren-Eh.	9,2	9,9	10,3	10,7	10,9	11,9	13,2	13,9	13,6	13,8
26	Büromasch.-, Büromöbel- u. Org.mittelhandel	19,7	16,7	20,7	25,4	28,5	28,5	26,6	31,5	29,9	28,5
27	Fahrradeinzelhandel	5,9	5,6	6,7	8,4	9,8	6,5	8,3	6,9	5,7	6,9
28	Radio- und Fernseheinzelhandel	-	-	-	10,7	11,3	11,5	12,6	13,6	13,5	14,3
29	Photoeinzelhandel	11,0	11,2	17,1	17,1	21,5	22,3	24,8	26,5	22,2	26,3
30	Uhren-, Juwelen-, Gold- u. Silberw.-Eh.	-	-	10,6	9,4	8,7	8,8	8,6	9,2	8,1	7,3
31	Leder- und Galanteriewareneinzelhandel	7,0	7,5	7,2	8,5	7,9	8,9	9,7	8,9	10,0	9,2
32	Sportartikeleinzelhandel	-	-	7,5	8,6	11,7	8,8	9,6	12,6	13,6	14,1
33	Sortimentsbuchhandel	7,4	7,9	7,2	7,1	8,1	9,0	10,4	10,5	10,4	9,9
34	Blumenbindereien	-	-	-	7,9	7,3	7,2	8,8	8,7	8,4	8,3
35	Gemischtwarengeschäfte	-	-	-	-	-	-	-	-	-	6,0

Tabelle 3

Der Absatz je Betrieb in Tausend DM im Durchschnitt der Branchen in den Jahren 1949 bis 1958

Lfd. Nr.	Branche	1949	1950	1951	1952	1953	1954	1955	1956	1957	1958
1	Lebensmitteleinzelhandel	214	237	221	243	285	329	336	321	325	379
2	Drogerien	106	110	118	135	156	163	176	200	205	213
3	Reformhäuser	-	-	-	-	-	-	197	233	207	222
4	Tabakwareneinzelhandel	235	118	131	135	135	147	172	197	211	240
5	Textileinzelhandel davon mit vorwiegend	792	959	1 051	1 054	1 056	1 026	1 196	1 311	1 307	1 239
6	Herren- und Knabenoberbekleidung	-	-	1 376	1 151	1 339	1 312	1 454	1 661	1 696	1 652
7	Damen-, Mädchen- u. Kinderoberbekleidung	-	-	1 153	1 031	1 240	992	1 074	1 221	1 274	1 074
8	Herren-, Damen- u. Kinderoberbekleidung	742	1 049	2 771	1 738	1 689	2 187	1 599	2 137	2 065	1 994
9	Meterwaren	457	498	740	765	876	853	1 087	1 282	1 345	1 268
10	Wäsche, Wirk- und Strickwaren	408	426	426	357	405	408	489	455	409	437
11	Haus- und Bettwäsche, Bettwaren	-	-	547	614	547	574	607	769	717	685
12	Herrenausstattung	-	-	-	-	208	209	260	357	316	358
13	Teppichen, Möbelstoffen und Gardinen	-	-	-	-	686	739	821	883	1 054	1 093
14	gemischtem Sortiment	997	1 203	1 143	1 303	1 242	1 234	1 468	1 535	1 571	1 529
15	Schuheinzelhandel	570	595	599	586	664	635	625	657	609	651
16	Möbeleinzelhandel	494	855	740	689	914	1 074	1 201	1 312	1 403	1 443
17	Beleuchtungs- und Elektroeinzelhandel	254	201	322	415	380	388	380	484	554	610
18	Glas-, Porzellan- u. Keramikeinzelhandel	240	294	251	305	314	345	412	466	507	542
19	Eisenwaren- und Hausrathandel davon mit vorwiegend	378	504	486	561	667	701	780	868	989	1 048
20	Haus- und Küchengeräten	111	135	280	281	381	448	553	660	687	622
21	Kleineisenwaren, Werkzeugen	536	657	602	645	734	851	855	824	769	897
22	Öfen und Herden	435	568	643	740	589	532	740	942	1 137	1 179
23	gemischtem Sortiment	386	476	489	607	753	740	826	946	1 147	1 216
24	Tapeten- und Linoleumhandel	446	606	701	781	713	760	999	1 037	922	972
25	Papier-, Bürobedarf- u. Schreibwaren-Eh.	248	264	313	329	316	364	429	462	493	502
26	Büromasch.-, Büromöbel- u. Org.mittelhandel	649	638	782	1 066	1 320	1 332	1 320	1 578	1 595	1 530
27	Fahrradeinzelhandel	190	171	209	297	339	204	316	223	225	237
28	Radio- und Fernseheinzelhandel	-	-	-	374	386	392	501	550	564	631
29	Photoeinzelhandel	292	311	528	590	655	700	731	814	690	906
30	Uhren-, Juwelen-, Gold- u. Silberw.-Eh.	-	-	294	276	241	251	277	325	310	296
31	Leder- und Galanteriewareneinzelhandel	229	291	272	328	319	340	364	369	421	393
32	Sportartikeleinzelhandel	-	-	278	389	475	345	411	577	633	704
33	Sortimentsbuchhandel	190	206	202	219	262	310	374	388	408	420
34	Blumenbindereien	-	-	-	108	121	128	168	174	192	172
35	Gemischtwarengeschäfte	-	-	-	-	-	-	-	-	-	290

Tabelle 4

Die wertmäßige Absatzentwicklung im Durchschnitt der Branchen in den Jahren 1949 bis 1958 (1949 = 100)

Lfd. Nr.	Branche	1949	1950	1951	1952	1953	1954	1955	1956	1957	1958
1	Lebensmitteleinzelhandel	100,0	100,5	109,1	113,9	120,2	127,7	138,6	151,2	159,5	168,8
2	Drogerien	100,0	96,0	103,9	114,4	124,6	128,8	139,4	152,4	170,4	184,9
3	Reformhäuser	-	-	-	-	-	-	-	-	-	-
4	Tabakwareneinzelhandel	100,0	86,3	86,8	90,3	93,2	96,2	105,7	113,2	117,5	122,1
5	Textileinzelhandel	100,0	124,2	137,1	134,6	137,8	139,7	150,2	165,1	175,0	171,9
	davon mit vorwiegend										
6	Herren- und Knabenoberbekleidung	100,0	132,4	152,1	144,3	148,6	154,4	169,5	188,1	199,0	192,4
7	Damen-, Mädchen- u. Kinderoberbekleidung	100,0	143,1	186,9	205,2	222,0	222,4	237,5	256,3	274,8	261,3
8	Herren-, Damen- u. Kinderoberbekleidung	100,0	148,1	182,5	181,6	187,6	199,0	218,5	241,2	246,5	234,7
9	Meterwaren	100,0	110,8	115,4	102,8	99,3	95,8	98,1	105,6	112,3	107,8
10	Wäsche, Wirk- und Strickwaren	100,0	120,5	124,9	122,3	124,6	128,2	139,0	152,8	161,5	162,0
11	Haus- und Bettwäsche, Bettwaren	100,0	140,1	152,6	133,1	145,6	146,5	157,7	175,9	183,6	182,3
12	Herrenausstattung	-	-	-	-	-	-	-	-	-	-
13	Teppichen, Möbelstoffen und Gardinen	-	-	-	-	-	-	-	-	-	-
14	gemischtem Sortiment	100,0	121,6	132,6	131,1	133,1	133,5	143,4	158,0	168,6	166,1
15	Schuheinzelhandel	100,0	124,0	127,9	136,5	142,0	145,6	153,3	170,2	183,6	191,1
16	Möbeleinzelhandel	100,0	147,5	197,7	196,9	231,9	251,4	290,4	331,3	346,9	343,1
17	Beleuchtungs- und Elektroeinzelhandel	100,0	107,8	133,3	132,0	139,1	146,6	165,1	180,9	196,3	213,2
18	Glas-, Porzellan- u. Keramikeinzelhandel	100,0	107,8	129,4	139,5	149,8	155,3	170,7	193,6	213,5	227,0
19	Eisenwaren- und Hausrathandel	100,0	108,4	128,8	137,4	147,0	161,3	183,6	206,2	221,5	235,9
	davon mit vorwiegend										
20	Haus- und Küchengeräten	100,0	102,5	122,0	130,1	138,3	145,8	160,7	177,1	196,9	209,9
21	Kleineisenwaren, Werkzeugen	100,0	108,6	128,4	139,4	150,0	170,9	201,3	225,1	243,8	263,3
22	Öfen und Herden	100,0	118,6	135,4	135,7	151,3	167,5	189,3	212,6	216,0	225,9
23	gemischtem Sortiment	100,0	109,1	130,6	138,8	148,0	161,6	182,8	206,4	220,1	233,7
24	Tapeten- und Linoleumhandel	100,0	136,4	172,5	180,8	203,0	222,7	254,5	284,3	314,2	334,0
25	Papier-, Bürobedarf- u. Schreibwaren-Eh.	100,0	107,2	132,2	139,5	142,8	152,2	164,8	177,0	189,6	202,3
26	Büromasch.-, Büromöbel- u. Org.mittelhandel	100,0	130,3	169,3	183,9	205,2	222,0	250,0	265,5	282,0	295,5
27	Fahrradeinzelhandel	100,0	116,7	136,7	143,4	148,3	145,3	164,5	153,1	171,2	174,3
28	Radio- und Fernseheinzelhandel	-	-	-	-	-	-	-	-	-	-
29	Photoeinzelhandel	100,0	115,1	136,3	163,6	190,8	219,2	256,2	271,8	297,1	322,9
30	Uhren-, Juwelen-, Gold- u. Silberw.-Eh.	100,0	125,0	154,3	170,0	194,3	205,0	227,3	249,6	279,6	300,8
31	Leder- und Galanteriewareneinzelhandel	100,0	127,0	128,1	133,6	135,9	133,7	142,7	155,5	167,6	175,0
32	Sportartikeleinzelhandel	100,0	135,7	155,7	183,9	195,3	197,6	209,1	247,8	261,2	283,1
33	Sortimentsbuchhandel	100,0	105,5	122,3	138,8	154,2	169,2	189,5	205,8	226,0	250,4
34	Blumenbindereien	100,0	121,5	136,2	152,1	182,2	213,7	246,8	271,7	304,3	325,3
35	Gemischtwarengeschäfte	-	-	-	-	-	-	-	-	-	-
	Einzelhandel insgesamt	100,0	111,2	124,4	129,0	136,2	142,6	155,4	170,6	181,9	188,6

Tabelle 5

Die Preisentwicklung im Durchschnitt von 14 Branchen in den Jahren 1949 bis 1958 (1949 = 100)

Lfd. Nr.	Branche	1949	1950	1951	1952	1953	1954	1955	1956	1957	1958
1	Lebensmitteleinzelhandel	100	91	99	101	97	97	98	100	101	102
2	Drogerien	100	93	98	99	97	96	96	95	96	97
3	Reformhäuser	-	-	-	-	-	-	-	-	-	-
4	Tabakwareneinzelhandel	100	92	91	91	83	78	78	78	77	76
5	Textileinzelhandel	100	87	96	88	81	79	79	79	83	85
	davon mit vorwiegend										
6	Herren- und Knabenoberbekleidung	-	-	-	-	-	-	-	-	-	-
7	Damen-, Mädchen- u. Kinderoberbekleidung	-	-	-	-	-	-	-	-	-	-
8	Herren-, Damen- u. Kinderoberbekleidung	100	87	94	86	80	79	79	79	83	86
9	Meterwaren	-	-	-	-	-	-	-	-	-	-
10	Wäsche, Wirk- und Strickwaren	100	83	88	79	71	69	69	69	71	73
11	Haus- und Bettwäsche, Bettwaren	100	87	95	84	75	72	72	73	76	77
12	Herrenausstattung	-	-	-	-	-	-	-	-	-	-
13	Teppichen, Möbelstoffen und Gardinen	-	-	-	-	-	-	-	-	-	-
14	gemischtem Sortiment	100	87	97	87	80	78	78	78	82	84
15	Schuheinzelhandel	100	89	101	96	93	92	91	92	94	96
16	Möbeleinzelhandel	100	86	97	102	97	96	97	100	105	106
17	Beleuchtungs- und Elektroeinzelhandel	100	88	96	95	91	89	88	90	91	94
18	Glas-, Porzellan- u. Keramikeinzelhandel	100	82	89	93	89	86	85	86	89	91
19	Eisenwaren- und Hausrathandel	100	95	112	125	121	118	122	128	133	137
	davon mit vorwiegend										
20	Haus- und Küchengeräten	-	-	-	-	-	-	-	-	-	-
21	Kleineisenwaren, Werkzeugen	-	-	-	-	-	-	-	-	-	-
22	Öfen und Herden	-	-	-	-	-	-	-	-	-	-
23	gemischtem Sortiment	-	-	-	-	-	-	-	-	-	-
24	Tapeten- und Linoleumhandel	-	-	-	-	-	-	-	-	-	-
25	Papier-, Bürobedarf- u. Schreibwaren-Eh.	100	93	121	121	108	105	109	111	113	115
26	Büromasch.-, Büromöbel- u. Org.mittelhandel	-	-	-	-	-	-	-	-	-	-
27	Fahrradeinzelhandel	-	-	-	-	-	-	-	-	-	-
28	Radio- und Fernseheinzelhandel	-	-	-	-	-	-	-	-	-	-
29	Photoeinzelhandel	-	-	-	-	-	-	-	-	-	-
30	Uhren-, Juwelen-, Gold- u. Silberw.-Eh.	-	-	-	-	-	-	-	-	-	-
31	Leder- und Galanteriewareneinzelhandel	-	-	-	-	-	-	-	-	-	-
32	Sportartikeleinzelhandel	-	-	-	-	-	-	-	-	-	-
33	Sortimentsbuchhandel	-	-	-	-	-	-	-	-	-	-
34	Blumenbindereien	-	-	-	-	-	-	-	-	-	-
35	Gemischtwarengeschäfte	-	-	-	-	-	-	-	-	-	-
	Einzelhandel insgesamt	100	90	98	98	94	94	95	95	98	100

Tabelle 6

Die preisbereinigte Absatzentwicklung im Durchschnitt von 14 Branchen in den Jahren 1949 bis 1958 (1949 = 100)

Lfd. Nr.	Branche	1949	1950	1951	1952	1953	1954	1955	1956	1957	1958
1	Lebensmitteleinzelhandel	100,0	110,4	110,2	112,8	123,9	131,6	141,4	151,2	157,9	165,5
2	Drogerien	100,0	103,2	106,0	115,6	128,5	134,2	145,2	160,3	177,5	190,6
3	Reformhäuser	-	-	-	-	-	-	-	-	-	-
4	Tabakwareneinzelhandel	100,0	93,8	95,4	99,2	112,3	123,3	135,5	145,1	152,6	160,7
5	Textileinzelhandel davon mit vorwiegend	100,0	142,8	142,8	153,0	170,1	176,8	190,1	208,9	210,8	202,2
6	Herren- und Knabenoberbekleidung	-	-	-	-	-	-	-	-	-	-
7	Damen-, Mädchen- u. Kinderoberbekleidung	-	-	-	-	-	-	-	-	-	-
8	Herren-, Damen- u. Kinderoberbekleidung	100,0	170,2	194,1	211,2	234,5	251,9	276,6	305,3	297,0	272,9
9	Meterwaren	-	-	-	-	-	-	-	-	-	-
10	Wäsche, Wirk- und Strickwaren	100,0	145,2	141,9	154,8	175,5	185,8	201,4	221,4	227,5	221,9
11	Haus- und Bettwäsche, Bettwaren	100,0	161,0	160,6	158,5	194,1	203,5	218,8	241,0	241,6	236,8
12	Herrenausstattung	-	-	-	-	-	-	-	-	-	-
13	Teppichen, Möbelstoffen und Gardinen	-	-	-	-	-	-	-	-	-	-
14	gemischtem Sortiment	100,0	139,8	136,7	150,7	166,4	171,2	183,8	202,6	205,6	197,7
15	Schuheinzelhandel	100,0	139,3	126,6	142,2	152,7	158,3	168,5	185,0	195,3	199,1
16	Möbeleinzelhandel	100,0	171,5	203,8	193,0	239,1	261,9	296,5	328,5	327,5	323,7
17	Beleuchtungs- und Elektroeinzelhandel	100,0	122,5	138,9	138,9	152,9	164,7	187,6	201,0	215,7	226,8
18	Glas-, Porzellan- u. Keramikeinzelhandel	100,0	131,5	145,4	150,0	168,3	180,6	200,8	225,1	239,9	249,5
19	Eisenwaren- und Hausrathandel davon mit vorwiegend	100,0	114,1	115,0	109,9	121,5	136,7	150,5	161,1	166,5	172,2
20	Haus- und Küchengeräten	-	-	-	-	-	-	-	-	-	-
21	Kleineisenwaren, Werkzeugen	-	-	-	-	-	-	-	-	-	-
22	Öfen und Herden	-	-	-	-	-	-	-	-	-	-
23	gemischtem Sortiment	-	-	-	-	-	-	-	-	-	-
24	Tapeten- und Linoleumhandel	-	-	-	-	-	-	-	-	-	-
25	Papier-, Bürobedarf- u. Schreibwaren-Eh.	100,0	115,3	109,3	115,3	132,2	145,0	151,2	159,5	167,8	175,9
26	Büromasch.-, Büromöbel- u. Org.mittelhandel	-	-	-	-	-	-	-	-	-	-
27	Fahrradeinzelhandel	-	-	-	-	-	-	-	-	-	-
28	Radio- und Fernseheinzelhandel	-	-	-	-	-	-	-	-	-	-
29	Photoeinzelhandel	-	-	-	-	-	-	-	-	-	-
30	Uhren-, Juwelen-, Gold- u. Silberw.-Eh.	-	-	-	-	-	-	-	-	-	-
31	Leder- und Galanteriewareneinzelhandel	-	-	-	-	-	-	-	-	-	-
32	Sportartikeleinzelhandel	-	-	-	-	-	-	-	-	-	-
33	Sortimentsbuchhandel	-	-	-	-	-	-	-	-	-	-
34	Blumenbindereien	-	-	-	-	-	-	-	-	-	-
35	Gemischtwarengeschäfte	-	-	-	-	-	-	-	-	-	-
	Einzelhandel insgesamt	100,0	123,6	126,9	131,6	144,9	151,7	163,6	179,6	185,6	188,6

Tabelle 7

Der Absatz je beschäftigte Person in DM im Durchschnitt der Branchen in den Jahren 1949 bis 1958

Lfd. Nr.	Branche	1949	1950	1951	1952	1953	1954	1955	1956	1957	1958
1	Lebensmitteleinzelhandel	39 700	38 800	40 200	42 100	43 000	44 300	47 200	49 300	50 200	53 000
2	Drogerien	24 300	23 000	23 800	26 500	28 700	28 600	30 300	32 500	33 800	35 600
3	Reformhäuser	-	-	-	-	-	-	40 700	43 000	46 600	46 200
4	Tabakwareneinzelhandel	92 300	65 700	55 900	63 600	71 300	66 400	73 300	78 700	78 900	76 700
5	Textileinzelhandel davon mit vorwiegend	41 600	45 000	42 100	39 400	39 000	38 100	40 600	42 400	43 300	42 500
6	Herren- und Knabenoberbekleidung	-	-	61 500	53 400	53 800	53 600	58 700	61 700	60 800	60 000
7	Damen-, Mädchen- u. Kinderoberbekleidung	-	-	40 100	34 900	34 200	33 300	35 000	35 800	37 100	37 000
8	Herren-, Damen- u. Kinderoberbekleidung	40 600	54 900	55 200	52 000	49 900	46 200	50 800	48 700	49 800	47 200
9	Meterwaren	53 100	44 300	42 600	38 300	35 700	33 800	36 700	38 300	40 200	38 400
10	Wäsche, Wirk- und Strickwaren	42 800	41 800	37 600	36 400	36 200	38 400	40 200	41 500	43 100	43 100
11	Haus- und Bettwäsche, Bettwaren	-	-	42 900	39 300	38 900	37 300	38 500	43 100	42 500	42 700
12	Herrenausstattung	-	-	-	-	41 100	40 400	45 100	47 000	48 900	48 200
13	Teppichen, Möbelstoffen und Gardinen	-	-	-	-	32 000	30 900	31 400	31 900	38 400	36 100
14	gemischtem Sortiment	41 600	44 300	39 800	38 000	37 100	35 900	36 900	38 600	39 500	38 900
15	Schuheinzelhandel	54 300	53 400	47 100	45 800	43 600	42 300	42 500	44 500	44 900	43 600
16	Möbeleinzelhandel	38 800	57 400	58 600	61 100	64 600	64 500	70 000	72 500	71 400	69 800
17	Beleuchtungs- und Elektroeinzelhandel	19 800	24 500	23 900	23 500	24 000	25 600	25 600	31 100	32 900	33 000
18	Glas-, Porzellan- u. Keramikeinzelhandel	27 200	25 500	27 500	28 300	28 500	29 800	31 500	33 800	35 300	37 000
19	Eisenwaren- und Hausrathandel davon mit vorwiegend	34 100	32 900	34 700	36 700	37 000	37 800	40 900	43 000	45 200	47 400
20	Haus- und Küchengeräten	22 900	22 000	25 400	27 300	26 300	28 000	31 000	31 000	32 100	34 300
21	Kleineisenwaren, Werkzeugen	34 900	33 500	40 000	41 000	41 500	44 200	47 200	47 400	46 800	49 800
22	Öfen und Herden	40 800	42 000	43 900	40 200	40 500	37 800	41 200	48 900	50 400	55 000
23	gemischtem Sortiment	33 900	33 000	34 600	37 600	38 700	38 500	41 100	43 700	47 900	49 700
24	Tapeten- und Linoleumhandel	41 200	41 000	43 000	41 400	40 800	38 500	41 500	43 300	41 800	44 000
25	Papier-, Bürobedarf- u. Schreibwaren-Eh.	27 100	24 300	27 300	26 900	25 700	27 600	29 700	31 300	38 100	33 900
26	Büromasch.-, Büromöbel- u. Org.mittelhandel	32 900	40 400	41 100	42 900	44 900	44 800	49 800	48 400	51 900	50 600
27	Fahrradeinzelhandel	32 000	30 400	29 500	31 100	30 000	29 300	37 300	34 600	39 500	33 700
28	Radio- und Fernseheinzelhandel	-	-	-	33 700	34 300	34 600	38 400	41 900	42 900	44 700
29	Photoeinzelhandel	26 500	27 700	31 800	29 600	29 500	29 700	27 400	29 100	31 200	32 800
30	Uhren-, Juwelen-, Gold- u. Silberw.-Eh.	-	-	27 600	28 400	26 500	27 600	31 500	34 900	37 200	38 900
31	Leder- und Galanteriewareneinzelhandel	32 600	39 700	36 800	38 700	39 300	37 100	37 000	41 100	42 000	43 500
32	Sportartikeleinzelhandel	-	-	34 700	41 200	39 200	37 100	38 500	43 000	43 600	46 800
33	Sortimentsbuchhandel	25 600	27 100	28 300	30 500	32 000	34 200	36 500	36 600	38 400	41 800
34	Blumenbindereien	-	-	-	13 700	16 400	16 400	17 300	18 300	21 000	20 700
35	Gemischtwarengeschäfte	-	-	-	-	-	-	-	-	-	49 000
	Einzelhandel insgesamt	41 300	41 500	40 600	41 300	41 400	41 500	44 200	46 400	47 400	48 300

Tabelle 8

Der Absatz je Quadratmeter Geschäftsraum in DM im Durchschnitt der Branchen in den Jahren 1951 bis 1958

Lfd. Nr.	Branche	1949	1950	1951	1952	1953	1954	1955	1956	1957	1958
1	Lebensmitteleinzelhandel	-	-	2 050	2 120	2 160	2 330	2 420	2 460	2 400	2 650
2	Drogerien	-	-	880	960	1 070	1 100	1 120	1 170	1 270	1 380
3	Reformhäuser	-	-	-	-	-	-	2 140	2 290	2 550	2 570
4	Tabakwareneinzelhandel	-	-	4 010	3 850	4 320	4 210	4 740	5 200	4 460	5 450
5	Textileinzelhandel davon mit vorwiegend	-	-	2 650	2 390	2 340	2 170	2 180	2 240	2 280	2 190
6	Herren- und Knabenoberbekleidung	-	-	3 460	2 830	2 890	2 500	2 690	2 620	2 580	2 440
7	Damen-, Mädchen- u. Kinderoberbekleidung	-	-	3 530	2 820	2 710	2 420	2 180	2 210	2 350	2 250
8	Herren-, Damen- u. Kinderoberbekleidung	-	-	2 920	3 230	3 010	2 430	2 480	2 480	2 280	1 980
9	Meterwaren	-	-	2 610	2 430	2 370	2 170	2 240	2 550	2 900	2 770
10	Wäsche, Wirk- und Strickwaren	-	-	2 890	2 750	2 590	2 600	2 670	2 730	2 740	2 620
11	Haus- und Bettwäsche, Bettwaren	-	-	1 880	1 560	1 640	1 690	1 680	1 680	1 640	1 480
12	Herrenausstattung	-	-	-	-	3 020	2 320	2 390	2 500	2 620	2 800
13	Teppichen, Möbelstoffen und Gardinen	-	-	-	-	1 610	1 450	1 440	1 560	1 930	2 190
14	gemischtem Sortiment	-	-	2 420	2 110	2 060	1 940	1 910	1 990	2 040	1 990
15	Schuheinzelhandel	-	-	2 900	2 760	2 640	2 550	2 300	2 390	2 420	2 270
16	Möbeleinzelhandel	-	-	750	720	810	710	730	770	760	730
17	Beleuchtungs- und Elektroeinzelhandel	-	-	1 420	1 500	1 480	1 440	1 090	1 260	1 320	1 710
18	Glas-, Porzellan- u. Keramikeinzelhandel	-	-	860	940	880	980	1 040	1 060	1 070	1 140
19	Eisenwaren- und Hausrathandel davon mit vorwiegend	-	-	850	930	940	1 040	1 040	1 130	1 210	1 200
20	Haus- und Küchengeräten	-	-	750	860	930	1 080	1 010	1 090	1 110	1 130
21	Kleineisenwaren, Werkzeugen	-	-	1 090	1 280	1 260	1 340	1 410	1 470	1 560	1 620
22	Öfen und Herden	-	-	1 090	920	920	1 330	1 390	1 420	1 300	1 230
23	gemischtem Sortiment	-	-	750	770	800	850	830	1 100	1 090	1 100
24	Tapeten- und Linoleumhandel	-	-	1 740	1 720	1 840	1 870	1 810	1 770	1 740	1 800
25	Papier-, Bürobedarf- u. Schreibwaren-Eh.	-	-	1 510	1 540	1 490	1 530	1 540	1 600	1 630	1 760
26	Büromasch.-, Büromöbel- u. Org.mittelhandel	-	-	2 450	2 320	2 830	2 750	3 110	3 110	2 800	2 660
27	Fahrradeinzelhandel	-	-	1 220	1 430	1 440	1 180	1 550	1 240	1 200	850
28	Radio- und Fernseheinzelhandel	-	-	-	2 170	2 350	2 280	2 360	2 480	2 340	2 390
29	Photoeinzelhandel	-	-	2 120	2 560	2 530	2 320	2 440	2 330	2 410	2 680
30	Uhren-, Juwelen-, Gold- u. Silberw.-Eh.	-	-	2 500	2 800	2 700	2 710	2 890	2 780	3 080	3 130
31	Leder- und Galanteriewareneinzelhandel	-	-	1 830	2 190	2 010	1 840	1 700	1 760	1 920	1 860
32	Sportartikeleinzelhandel	-	-	1 930	2 120	1 960	1 710	1 900	2 160	2 000	2 060
33	Sortimentsbuchhandel	-	-	1 990	2 110	2 340	2 490	2 550	2 590	2 620	2 750
34	Blumenbindereien	-	-	-	1 180	1 260	1 300	1 460	1 710	1 890	1 550
35	Gemischtwarengeschäfte	-	-	-	-	-	-	-	-	-	1 490
	Einzelhandel insgesamt	-	-	2 150	2 130	2 140	2 140	2 200	2 260	2 230	2 350

Tabelle 9

Die Zahl der Quadratmeter Geschäftsraum je beschäftigte Person im Durchschnitt der Branchen in den Jahren 1951 bis 1958

Lfd. Nr.	Branche	1949	1950	1951	1952	1953	1954	1955	1956	1957	1958
1	Lebensmitteleinzelhandel	-	-	20	20	20	19	20	20	21	20
2	Drogerien	-	-	27	28	27	26	27	28	27	26
3	Reformhäuser	-	-	-	-	-	-	19	19	18	18
4	Tabakwareneinzelhandel	-	-	14	17	16	16	15	15	18	14
5	Textileinzelhandel	-	-	16	17	17	18	19	19	19	19
6	davon mit vorwiegend Herren- und Knabenoberbekleidung	-	-	18	19	19	21	22	24	24	25
7	Damen-, Mädchen- u. Kinderoberbekleidung	-	-	11	12	13	14	16	16	16	16
8	Herren-, Damen- u. Kinderoberbekleidung	-	-	19	16	17	19	21	20	22	24
9	Meterwaren	-	-	16	16	15	16	16	15	14	14
10	Wäsche, Wirk- und Strickwaren	-	-	13	13	14	15	15	15	16	16
11	Haus- und Bettwäsche, Bettwaren	-	-	23	25	24	22	23	26	26	29
12	Herrenausstattung	-	-	-	-	14	17	19	19	19	17
13	Teppichen, Möbelstoffen und Gardinen	-	-	-	-	20	21	22	20	20	16
14	gemischtem Sortiment	-	-	16	18	18	19	19	19	19	19
15	Schuheinzelhandel	-	-	16	17	17	17	19	19	19	19
16	Möbeleinzelhandel	-	-	78	84	80	91	95	94	94	96
17	Beleuchtungs- und Elektroeinzelhandel	-	-	17	16	16	18	24	25	25	20
18	Glas-, Porzellan- u. Keramikeinzelhandel	-	-	32	30	32	30	30	32	33	33
19	Eisenwaren- und Hausrathandel	-	-	41	40	39	36	39	38	37	39
20	davon mit vorwiegend Haus- und Küchengeräten	-	-	34	32	28	26	31	28	29	30
21	Kleineisenwaren, Werkzeugen	-	-	37	32	33	33	33	32	30	31
22	Öfen und Herden	-	-	40	43	44	28	30	35	39	45
23	gemischtem Sortiment	-	-	46	49	49	45	49	46	44	45
24	Tapeten- und Linoleumhandel	-	-	25	24	22	21	23	25	24	24
25	Papier-, Bürobedarf- u. Schreibwaren-Eh.	-	-	18	17	17	18	19	20	23	19
26	Büromasch.-, Büromöbel- u. Org.mittelhandel	-	-	17	19	16	16	16	16	19	19
27	Fahrradeinzelhandel	-	-	24	22	21	25	24	28	33	40
28	Radio- und Fernseheinzelhandel	-	-	-	16	15	15	16	17	18	19
29	Photoeinzelhandel	-	-	15	12	12	13	11	12	13	12
30	Uhren-, Juwelen-, Gold- u. Silberw.-Eh.	-	-	11	10	10	10	11	13	12	12
31	Leder- und Galanteriewareneinzelhandel	-	-	20	18	20	20	22	23	22	23
32	Sportartikeleinzelhandel	-	-	18	19	20	22	20	20	22	23
33	Sortimentsbuchhandel	-	-	14	14	14	14	14	14	15	15
34	Blumenbindereien	-	-	-	12	13	13	12	11	11	13
35	Gemischtwarengeschäfte	-	-	-	-	-	-	-	-	-	33
	Einzelhandel insgesamt	-	-	19	19	19	19	20	20	21	21

Tabelle 10

Die Entwicklung des durchschnittlichen Lagerbestandes je Betrieb im Durchschnitt der Branchen in den Jahren 1949 bis 1958 (1949 = 100)

Lfd. Nr.	Branche	1949	1950	1951	1952	1953	1954	1955	1956	1957	1958
1	Lebensmitteleinzelhandel	100,0	138,5	171,1	188,1	198,3	215,2	233,9	257,5	277,8	293,6
2	Drogerien	100,0	117,0	131,0	142,8	154,9	165,7	176,3	191,5	213,3	233,8
3	Reformhäuser	-	-	-	-	-	-	-	-	-	-
4	Tabakwareneinzelhandel	100,0	172,9	205,8	232,2	248,5	261,2	285,8	310,1	335,5	362,3
5	Textileinzelhandel	100,0	177,9	241,9	268,4	279,9	295,0	305,9	323,0	353,0	372,8
	davon mit vorwiegend										
6	Herren- und Knabenoberbekleidung	-	-	-	-	-	-	-	-	-	-
7	Damen-, Mädchen- u. Kinderoberbekleidung	-	-	-	-	-	-	-	-	-	-
8	Herren-, Damen- u. Kinderoberbekleidung	100,0	165,0	235,9	265,5	280,1	301,7	316,8	333,9	361,6	381,5
9	Meterwaren	100,0	180,2	249,9	277,0	276,7	276,7	278,1	290,9	308,1	320,4
10	Wäsche, Wirk- und Strickwaren	100,0	204,4	286,1	312,3	334,5	359,6	370,0	383,0	408,3	432,8
11	Haus- und Bettwäsche, Bettwaren	-	-	-	-	-	-	-	-	-	-
12	Herrenausstattung	-	-	-	-	-	-	-	-	-	-
13	Teppichen, Möbelstoffen und Gardinen	-	-	-	-	-	-	-	-	-	-
14	gemischtem Sortiment	100,0	172,6	231,6	253,6	261,5	273,5	285,0	305,8	337,3	357,5
15	Schuheinzelhandel	100,0	172,8	216,0	241,1	261,1	283,6	299,5	319,0	354,1	382,1
16	Möbeleinzelhandel	100,0	132,2	184,8	228,3	249,1	280,5	313,3	355,0	393,0	418,2
17	Beleuchtungs- und Elektroeinzelhandel	100,0	135,1	174,1	193,6	200,2	213,8	228,8	245,3	263,2	273,2
18	Glas-, Porzellan- u. Keramikeinzelhandel	100,0	143,6	174,0	202,9	216,5	227,1	239,6	257,6	283,6	310,3
19	Eisenwaren- und Hausrathandel	100,0	118,4	135,9	155,0	162,9	169,9	184,9	204,5	225,2	241,4
	davon mit vorwiegend										
20	Haus- und Küchengeräten	100,0	115,9	139,4	161,4	170,6	176,1	188,1	206,3	222,8	240,0
21	Kleineisenwaren, Werkzeugen	100,0	109,8	123,2	138,7	146,6	156,3	176,0	198,5	220,5	241,0
22	Öfen und Herden	100,0	133,9	160,7	176,0	163,5	152,2	162,5	189,8	214,9	222,9
23	gemischtem Sortiment	100,0	118,2	135,1	154,2	162,7	170,2	183,6	200,9	221,0	236,0
24	Tapeten- und Linoleumhandel	100,0	158,6	230,6	284,1	312,5	347,2	386,4	433,9	462,1	499,5
25	Papier-, Bürobedarf- u. Schreibwaren-Eh.	100,0	124,8	148,8	163,9	165,4	169,5	181,2	196,2	206,8	218,6
26	Büromasch.-, Büromöbel- u. Org.mittelhandel	100,0	126,5	155,8	193,6	221,9	240,5	268,2	295,3	326,9	358,0
27	Fahrradeinzelhandel	100,0	159,0	213,1	237,5	241,3	242,5	258,0	284,3	302,5	317,9
28	Radio- und Fernseheinzelhandel	-	-	-	-	-	-	-	-	-	-
29	Photoeinzelhandel	100,0	136,4	184,0	232,0	260,5	283,7	322,9	362,3	394,5	430,0
30	Uhren-, Juwelen-, Gold- u. Silberw.-Eh.	-	-	-	-	-	-	-	-	-	-
31	Leder- und Galanteriewareneinzelhandel	100,0	138,4	188,2	219,6	236,3	241,3	260,8	290,5	321,6	347,0
32	Sportartikeleinzelhandel	-	-	-	-	-	-	-	-	-	-
33	Sortimentsbuchhandel	100,0	112,7	131,5	148,7	160,4	169.7	184,8	199,6	218,0	247,2
34	Blumenbindereien	-	-	-	-	-	-	-	-	-	-
35	Gemischtwarengeschäfte	-	-	-	-	-	-	-	-	-	-
	Einzelhandel insgesamt	100,0	155,1	200,4	225,5	239,3	255,8	272,4	294,7	323,3	345,6

Tabelle 11

Die Umschlagsgeschwindigkeit des Warenlagers im Durchschnitt der Branchen in den Jahren 1949 bis 1958

Lfd. Nr.	Branche	1949	1950	1951	1952	1953	1954	1955	1956	1957	1958
1	Lebensmitteleinzelhandel	20,4	15,2	12,5	12,5	12,8	13,1	13,5	13,5	12,9	13,3
2	Drogerien	5,9	4,8	4,6	4,6	4,8	4,5	4,6	4,6	4,5	4,5
3	Reformhäuser	-	-	-	-	-	-	9,1	8,3	7,9	7,2
4	Tabakwareneinzelhandel	24,8	10,5	10,5	9,3	8,9	9,5	10,7	9,7	8,7	8,7
5	Textileinzelhandel davon mit vorwiegend	7,3	5,1	4,4	4,1	4,1	4,0	3,5	3,7	3,5	3,3
6	Herren- und Knabenoberbekleidung	-	-	5,2	4,2	4,5	4,4	4,0	4,3	4,1	3,5
7	Damen-, Mädchen- u. Kinderoberbekleidung	-	-	8,0	7,0	6,4	5,8	3,9	4,3	3,7	3,6
8	Herren-, Damen- u. Kinderoberbekleidung	7,8	6,1	4,8	4,7	4,3	4,1	3,6	3,8	3,6	3,4
9	Meterwaren	6,7	4,7	3,8	3,3	3,2	3,3	3,1	3,2	3,3	3,1
10	Wäsche, Wirk- und Strickwaren	10,0	5,5	3,9	3,6	3,6	3,5	3,2	3,2	3,2	3,0
11	Haus- und Bettwäsche, Bettwaren	-	-	4,4	4,6	4,9	4,1	4,6	4,8	4,1	3,9
12	Herrenausstattung	-	-	-	-	2,4	2,7	2,7	2,8	3,0	2,9
13	Teppichen, Möbelstoffen und Gardinen	-	-	-	-	4,9	4,1	3,4	3,3	3,2	3,5
14	gemischtem Sortiment	6,8	4,8	4,2	3,9	3,9	3,8	3,5	3,6	3,5	3,2
15	Schuheinzelhandel	7,9	5,7	4,9	4,6	4,5	3,8	2,9	3,0	2,7	2,5
16	Möbeleinzelhandel	5,4	7,3	6,3	5,1	5,7	5,5	5,6	5,5	5,0	4,9
17	Beleuchtungs- und Elektroeinzelhandel	6,3	4,1	5,1	4,3	4,3	4,9	3,8	4,3	4,0	4,7
18	Glas-, Porzellan- u. Keramikeinzelhandel	5,4	3,7	3,4	3,1	3,2	3,3	3,0	3,3	3,4	3,3
19	Eisenwaren- und Hausrathandel davon mit vorwiegend	5,4	4,6	4,3	4,2	4,3	4,4	4,5	4,4	4,4	4,5
20	Haus- und Küchengeräten	4,3	3,9	3,5	3,3	3,2	3,4	3,6	3,5	3,6	3,4
21	Kleineisenwaren, Werkzeugen	6,7	5,7	4,6	4,7	5,0	4,7	5,3	4,8	4,6	4,8
22	Öfen und Herden	7,1	8,2	5,9	4,5	5,7	5,8	5,5	5,0	4,7	5,0
23	gemischtem Sortiment	4,9	4,1	4,2	4,3	4,2	4,4	4,4	4,4	4,5	4,6
24	Tapeten- und Linoleumhandel	12,1	11,4	10,4	6,6	6,3	6,6	7,0	5,9	5,9	6,0
25	Papier-, Bürobedarf- u. Schreibwaren-Eh.	6,4	6,0	5,6	5,7	5,4	5,7	5,6	5,7	5,5	5,4
26	Büromasch.-, Büromöbel- u. Org.mittelhandel	10,8	8,8	10,0	7,7	8,2	8,8	8,4	7,3	7,5	7,3
27	Fahrradeinzelhandel	9,8	6,4	5,2	4,4	4,2	4,0	4,0	3,4	3,9	3,9
28	Radio- und Fernseheinzelhandel	-	-	-	5,3	5,1	6,1	5,8	5,2	5,1	4,5
29	Photoeinzelhandel	7,2	4,9	4,7	4,8	5,2	5,2	4,8	4,7	4,4	4,4
30	Uhren-, Juwelen-, Gold- u. Silberw.-Eh.	-	-	2,2	2,1	2,1	2,0	1,9	1,8	1,8	1,7
31	Leder- und Galanteriewareneinzelhandel	6,4	5,6	5,2	4,4	4,2	4,1	3,8	3,6	3,4	3,4
32	Sportartikeleinzelhandel	-	-	3,6	3,5	3,1	2,8	2,9	2,8	2,6	2,9
33	Sortimentsbuchhandel	7,3	6,8	6,8	6,8	7,1	7,2	4,5	4,8	4,7	4,5
34	Blumenbindereien	-	-	-	26,8	31,5	37,7	31,7	30,4	28,2	24,8
35	Gemischtwarengeschäfte	-	-	-	-	-	-	-	-	-	6,7
	Einzelhandel insgesamt	10,0	7,7	6,7	6,2	6,2	6,1	5,5	5,5	5,2	5,1

Tabelle 12

Der Lagerbestand je beschäftigte Person in DM im Durchschnitt der Branchen in den Jahren 1949 bis 1958

Lfd. Nr.	Branche	1949	1950	1951	1952	1953	1954	1955	1956	1957	1958
1	Lebensmitteleinzelhandel	2 280	2 550	3 120	3 300	3 310	3 250	3 450	3 500	3 680	3 640
2	Drogerien	3 390	3 880	4 070	4 370	4 620	4 870	4 970	5 230	5 590	6 000
3	Reformhäuser	-	-	-	-	-	-	3 790	4 310	4 740	5 190
4	Tabakwareneinzelhandel	4 260	5 930	5 570	7 250	8 080	7 560	7 920	8 140	8 780	8 970
5	Textileinzelhandel davon mit vorwiegend	4 970	7 370	8 530	8 810	8 630	8 480	8 600	8 390	8 820	9 300
6	Herren- und Knabenoberbekleidung	-	-	10 200	10 860	10 550	10 700	10 730	10 570	10 780	12 210
7	Damen-, Mädchen- u. Kinderoberbekleidung	-	-	4 670	4 980	5 190	5 390	5 770	5 500	6 590	6 930
8	Herren-, Damen- u. Kinderoberbekleidung	4 340	7 940	11 750	11 150	11 170	9 980	10 460	9 220	9 360	9 640
9	Meterwaren	7 030	8 300	9 590	10 190	9 810	8 390	8 110	7 600	7 310	7 720
10	Wäsche, Wirk- und Strickwaren	4 000	6 250	8 330	8 720	8 470	9 290	9 440	9 150	9 630	10 090
11	Haus- und Bettwäsche, Bettwaren	-	-	8 870	7 470	7 180	6 810	6 430	6 360	7 290	7 150
12	Herrenausstattung	-	-	-	-	13 210	12 640	12 700	12 160	11 880	11 810
13	Teppichen, Möbelstoffen und Gardinen	-	-	-	-	5 590	5 710	5 420	6 260	7 400	6 670
14	gemischtem Sortiment	5 100	7 550	8 320	8 730	8 510	8 150	8 100	8 130	8 490	9 120
15	Schuheinzelhandel	5 450	8 070	8 730	9 240	9 120	9 950	10 130	10 180	11 090	11 460
16	Möbeleinzelhandel	6 400	6 420	7 730	9 700	8 910	9 320	9 530	9 540	10 080	10 280
17	Beleuchtungs- und Elektroeinzelhandel	1 580	4 320	4 630	4 420	4 640	4 580	4 900	5 500	5 170	4 440
18	Glas-, Porzellan- u. Keramikeinzelhandel	4 250	5 290	6 200	6 840	6 800	6 930	7 310	6 950	7 610	7 880
19	Eisenwaren- und Hausrathandel davon mit vorwiegend	5 660	6 210	6 620	7 150	7 210	7 040	7 290	7 650	8 120	8 300
20	Haus- und Küchengeräten	4 900	4 690	5 800	6 460	6 360	6 430	6 970	6 830	6 740	7 280
21	Kleineisenwaren, Werkzeugen	5 080	5 400	7 320	7 380	7 470	7 480	7 630	8 230	8 350	8 140
22	Öfen und Herden	6 110	5 470	6 060	7 210	5 890	5 160	5 780	6 890	7 800	8 080
23	gemischtem Sortiment	6 040	6 720	6 650	7 290	7 530	7 200	7 350	7 670	8 490	8 690
24	Tapeten- und Linoleumhandel	3 230	3 170	5 020	5 560	5 230	5 010	5 270	5 420	5 030	5 470
25	Papier-, Bürobedarf- u. Schreibwaren-Eh.	3 700	3 440	4 120	3 940	3 910	3 920	4 060	4 410	4 730	4 710
26	Büromasch.-, Büromöbel- u. Org.mittelhandel	2 800	3 350	3 150	4 430	4 490	4 250	4 700	4 960	5 400	5 730
27	Fahrradeinzelhandel	2 810	2 750	4 620	5 410	5 650	5 690	7 380	6 350	7 540	6 600
28	Radio- und Fernseheinzelhandel	-	-	-	4 490	4 940	4 800	5 530	5 620	6 450	6 850
29	Photoeinzelhandel	2 360	3 460	4 660	4 170	3 810	3 690	3 690	3 800	4 280	4 410
30	Uhren-, Juwelen-, Gold- u. Silberw.-Eh.	-	-	8 460	9 280	8 830	9 400	10 520	11 220	13 090	15 030
31	Leder- und Galanteriewareneinzelhandel	4 410	5 790	5 980	7 020	7 480	7 300	6 840	7 780	8 660	9 040
32	Sportartikeleinzelhandel	-	-	9 060	10 070	10 040	10 920	10 790	11 040	11 400	11 420
33	Sortimentsbuchhandel	3 290	3 340	3 800	3 960	3 960	4 010	3 990	4 010	4 200	4 650
34	Blumenbindereien	-	-	-	520	460	610	530	590	630	630
35	Gemischtwarengeschäfte	-	-	-	-	-	-	-	-	-	6 520
	Einzelhandel insgesamt	4 250	5 520	6 400	6 910	6 880	6 650	7 320	7 320	7 830	8 230

Tabelle 13

Der Anteil der Kreditverkäufe in Prozenten des Absatzes im Durchschnitt der Branchen in den Jahren 1951 bis 1958

Lfd. Nr.	Branche	1949	1950	1951	1952	1953	1954	1955	1956	1957	1958
1	Lebensmitteleinzelhandel	-	-	5,7	6,0	5,5	5,3	4,7	4,6	4,4	4,0
2	Drogerien	-	-	5,3	4,9	5,0	5,4	4,8	5,7	6,1	5,1
3	Reformhäuser	-	-	-	-	-	-	0,5	0,6	0,1	0,5
4	Tabakwareneinzelhandel	-	-	0,8	1,5	1,9	1,4	1,7	1,9	1,3	1,7
5	Textileinzelhandel	-	-	9,2	10,3	10,6	12,1	11,8	12,1	12,1	11,1
	davon mit vorwiegend										
6	Herren- und Knabenoberbekleidung	-	-	12,6	13,8	12,8	14,8	12,0	12,1	11,4	11,0
7	Damen-, Mädchen- u. Kinderoberbekleidung	-	-	6,9	9,6	11,1	15,3	12,7	10,8	11,7	10,2
8	Herren-, Damen- u. Kinderoberbekleidung	-	-	10,7	16,7	19,5	23,6	24,7	21,1	21,9	18,5
9	Meterwaren	-	-	7,7	7,6	7,5	9,9	8,7	8,8	11,0	10,0
10	Wäsche, Wirk- und Strickwaren	-	-	2,7	3,4	3,3	3,8	4,1	3,7	3,4	3,6
11	Haus- und Bettwäsche, Bettwaren	-	-	14,3	17,8	19,4	19,9	20,5	20,5	19,0	19,5
12	Herrenausstattung	-	-	-	-	6,5	4,2	4,0	4,3	4,9	2,1
13	Teppichen, Möbelstoffen und Gardinen	-	-	-	-	38,0	46,0	42,6	48,4	49,9	53,0
14	gemischtem Sortiment	-	-	9,8	10,6	10,9	12,3	11,6	11,9	11,5	10,8
15	Schuheinzelhandel	-	-	4,2	4,6	4,9	5,9	5,9	7,0	6,0	5,6
16	Möbeleinzelhandel	-	-	53,1	59,9	57,8	56,1	51,8	48,7	48,2	49,1
17	Beleuchtungs- und Elektroeinzelhandel	-	-	40,6	44,5	41,1	46,9	36,6	41,0	45,2	43,3
18	Glas-, Porzellan- u. Keramikeinzelhandel	-	-	6,1	7,9	6,4	7,5	7,4	8,3	8,5	7,4
19	Eisenwaren- und Hausrathandel	-	-	43,6	47,8	48,4	48,7	50,2	50,6	51,0	50,0
	davon mit vorwiegend										
20	Haus- und Küchengeräten	-	-	12,4	14,1	14,7	14,9	15,8	16,8	14,8	14,0
21	Kleineisenwaren, Werkzeugen	-	-	66,6	67,2	68,7	69,4	72,4	68,4	67,4	68,1
22	Öfen und Herden	-	-	64,6	61,8	60,8	47,9	44,5	54,3	55,2	55,2
23	gemischtem Sortiment	-	-	41,8	48,5	50,4	51,8	51,7	50,8	54,1	54,5
24	Tapeten- und Linoleumhandel	-	-	57,0	52,5	53,3	56,4	59,8	63,5	57,7	61,2
25	Papier-, Bürobedarf- u. Schreibwaren-Eh.	-	-	43,5	43,0	42,4	47,8	46,8	46,1	48,2	46,8
26	Büromasch.-, Büromöbel- u. Org.mittelhandel	-	-	73,4	87,9	83,1	82,7	87,0	86,0	85,1	88,1
27	Fahrradeinzelhandel	-	-	45,8	44,4	48,7	44,0	42,8	39,4	34,1	36,0
28	Radio- und Fernseheinzelhandel	-	-	-	62,5	65,2	65,2	62,2	52,3	52,2	54,3
29	Photoeinzelhandel	-	-	32,0	26,3	36,6	38,3	30,3	33,9	30,6	31,2
30	Uhren-, Juwelen-, Gold- u. Silberw.-Eh.	-	-	7,1	8,9	8,3	7,4	7,5	5,5	6,1	7,1
31	Leder- und Galanteriewareneinzelhandel	-	-	3,8	3,4	3,6	4,2	4,1	4,4	3,6	4,3
32	Sportartikeleinzelhandel	-	-	11,0	10,1	8,6	9,2	9,6	8,6	9,6	9,9
33	Sortimentsbuchhandel	-	-	41,1	43,1	44,0	45,7	47,2	47,4	46,5	44,6
34	Blumenbindereien	-	-	-	11,6	10,1	11,4	14,4	14,2	19,6	19,7
35	Gemischtwarengeschäfte	-	-	-	-	-	-	-	-	-	9,6
	Einzelhandel insgesamt	-	-	13,0	14,0	14,3	15,5	14,8	14,8	14,6	14,2

Tabelle 14

Die Höhe der Außenstände am Jahresende in Prozenten des Absatzes im Durchschnitt der Branchen in den Jahren 1951 bis 1958

Lfd. Nr.	Branche	1949	1950	1951	1952	1953	1954	1955	1956	1957	1958
1	Lebensmitteleinzelhandel	-	-	0,7	0,8	0,8	0,8	0,8	0,7	0,7	0,7
2	Drogerien	-	-	0,8	0,9	1,0	1,1	1,0	1,2	1,1	0,9
3	Reformhäuser	-	-	-	-	-	-	0,1	0,0	0,0	0,0
4	Tabakwareneinzelhandel	-	-	0,1	0,2	0,2	0,2	0,1	0,2	0,2	0,2
5	Textileinzelhandel davon mit vorwiegend	-	-	1,6	2,1	2,2	2,5	2,5	2,6	2,4	2,2
6	Herren- und Knabenoberbekleidung	-	-	1,9	2,4	2,3	2,3	1,8	2,1	1,9	1,9
7	Damen-, Mädchen- u. Kinderoberbekleidung	-	-	1,0	1,4	1,5	2,4	1,5	1,5	1,9	1,5
8	Herren-, Damen- u. Kinderoberbekleidung	-	-	1,4	3,8	4,4	5,1	5,8	5,0	5,0	4,5
9	Meterwaren	-	-	1,1	1,4	1,2	1,4	1,3	1,2	1,0	1,1
10	Wäsche, Wirk- und Strickwaren	-	-	0,6	0,7	0,7	0,8	0,8	0,8	0,8	0,9
11	Haus- und Bettwäsche, Bettwaren	-	-	1,8	2,5	2,2	2,5	2,5	2,5	2,2	2,3
12	Herrenausstattung	-	-	-	-	1,2	0,9	0,7	0,9	0,9	0,5
13	Teppichen, Möbelstoffen und Gardinen	-	-	-	-	6,0	6,8	6,6	6,2	6,1	6,4
14	gemischtem Sortiment	-	-	2,0	2,4	2,7	3,1	3,0	3,1	2,8	2,6
15	Schuheinzelhandel	-	-	1,0	1,0	1,2	1,4	1,4	1,7	1,6	1,4
16	Möbeleinzelhandel	-	-	9,4	12,6	12,4	12,2	11,4	12,1	10,3	11,4
17	Beleuchtungs- und Elektroeinzelhandel	-	-	7,6	8,8	8,9	8,1	6,7	10,6	10,1	9,0
18	Glas-, Porzellan- u. Keramikeinzelhandel	-	-	0,9	1,4	1,3	1,4	1,4	1,4	1,3	1,1
19	Eisenwaren- und Hausrathandel davon mit vorwiegend	-	-	7,5	9,3	10,2	10,5	10,7	10,8	10,4	10,5
20	Haus- und Küchengeräten	-	-	2,1	2,8	2,9	3,2	2,9	3,0	2,5	2,3
21	Kleineisenwaren, Werkzeugen	-	-	10,7	12,7	14,6	14,6	15,0	14,2	13,7	13,4
22	Öfen und Herden	-	-	11,4	12,9	12,7	10,6	9,0	11,1	12,5	16,1
23	gemischtem Sortiment	-	-	7,5	9,5	10,5	11,2	11,4	11,2	11,0	11,5
24	Tapeten- und Linoleumhandel	-	-	8,2	8,5	9,8	10,4	11,9	11,9	10,8	11,8
25	Papier-, Bürobedarf- u. Schreibwaren-Eh.	-	-	4,9	5,2	5,4	5,8	5,8	5,7	5,4	5,0
26	Büromasch.-, Büromöbel- u. Org.mittelhandel	-	-	6,7	8,6	9,1	9,8	9,1	9,3	9,9	9,6
27	Fahrradeinzelhandel	-	-	8,3	9,4	10,6	7,1	9,9	9,1	10,0	7,6
28	Radio- und Fernseheinzelhandel	-	-	-	16,2	17,2	18,0	18,9	16,5	16,0	15,5
29	Photoeinzelhandel	-	-	4,7	4,4	5,6	6,4	5,0	4,9	4,8	5,1
30	Uhren-, Juwelen-, Gold- u. Silberw.-Eh.	-	-	1,6	2,3	2,0	1,8	2,0	1,5	1,5	1,7
31	Leder- und Galanteriewareneinzelhandel	-	-	0,9	0,8	0,8	0,7	0,7	0,8	0,7	0,7
32	Sportartikeleinzelhandel	-	-	1,7	1,5	2,0	1,9	2,1	1,9	1,8	1,7
33	Sortimentsbuchhandel	-	-	6,7	6,8	7,6	7,1	7,7	7,4	6,9	6,8
34	Blumenbindereien	-	-	-	2,1	1,9	2,4	3,1	2,5	3,3	3,1
35	Gemischtwarengeschäfte	-	-	-	-	-	-	-	-	-	1,8
	Einzelhandel insgesamt	-	-	2,0	2,4	2,6	2,9	2,9	2,9	2,7	2,7

Tabelle 15

Die Aufgliederung der Kreditverkäufe nach Kreditarten in Prozenten im Durchschnitt der Branchen in den Jahren 1952 und 1958

Lfd. Nr.	Branche	In Verbindung mit Teilzahlungs-Finanzierungs-Instituten gewährte Kredite		Sonstige Teilzahlungsverkäufe aufgrund von besonderen Teilzahlungsverträgen		Alle sonstigen Kreditverkäufe (offene Buchkredite, Anschreiben)	
		1952	1958	1952	1958	1952	1958
1	Lebensmitteleinzelhandel	-	-	-	-	100,0	100,0
2	Drogerien	-	-	9,4	8,0	90,6	92,0
3	Reformhäuser	-	-	-	-	-	100,0
4	Tabakwareneinzelhandel	-	-	-	-	100,0	100,0
5	Textileinzelhandel davon mit vorwiegend	18,5	9,3	11,6	22,2	69,9	68,5
6	Herren- und Knabenoberbekleidung	31,7	16,2	21,1	15,2	47,2	68,6
7	Damen-, Mädchen- u. Kinderoberbekleidung	31,1	11,1	10,9	19,2	58,0	69,7
8	Herren-, Damen- u. Kinderoberbekleidung	13,4	16,0	27,4	40,9	59,2	43,1
9	Meterwaren	9,2	3,2	-	-	90,8	96,8
10	Wäsche, Wirk- und Strickwaren	31,2	11,1	6,2	19,5	62,6	69,4
11	Haus- und Bettwäsche, Bettwaren	17,3	7,0	3,5	7,0	79,2	86,0
12	Herrenausstattung	-	22,2	-	11,1	-	66,7
13	Teppichen, Möbelstoffen und Gardinen	-	1,5	-	14,2	-	84,3
14	gemischtem Sortiment	13,0	6,4	13,0	22,9	74,0	70,7
15	Schuheinzelhandel	32,6	12,0	13,0	42,0	54,4	46,0
16	Möbeleinzelhandel	32,7	38,7	30,5	32,7	36,8	28,6
17	Beleuchtungs- und Elektroeinzelhandel	10,0	9,8	13,0	14,0	77,0	76,2
18	Glas-, Porzellan- u. Keramikeinzelhandel	1,5	4,3	1,5	1,5	97,0	94,2
19	Eisenwaren- und Hausrathandel davon mit vorwiegend	4,6	5,3	5,3	7,9	90,1	86,8
20	Haus- und Küchengeräten	10,9	7,2	7,0	7,2	82,1	85,6
21	Kleineisenwaren, Werkzeugen	0,3	0,3	0,4	0,3	99,3	99,4
22	Öfen und Herden	27,7	24,1	17,5	31,5	54,8	44,4
23	gemischtem Sortiment	4,4	4,4	7,0	7,4	88,6	88,2
24	Tapeten- und Linoleumhandel	1,0	0,5	0,4	0,5	98,6	99,0
25	Papier-, Bürobedarf- u. Schreibwaren-Eh.	0,5	0,2	1,0	0,2	98,5	99,6
26	Büromasch.-, Büromöbel- u. Org.mittelhandel	1,3	0,4	1,5	1,6	97,2	98,0
27	Fahrradeinzelhandel	24,7	16,8	39,5	82,2	35,8	1,0
28	Radio- und Fernseheinzelhandel	31,6	27,6	53,1	55,7	15,3	16,7
29	Photoeinzelhandel	1,5	5,1	18,2	29,0	80,3	65,9
30	Uhren-, Juwelen-, Gold- u. Silberw.-Eh.	11,2	2,8	16,9	9,9	71,9	87,3
31	Leder- und Galanteriewareneinzelhandel	15,2	17,1	33,3	9,7	51,5	73,2
32	Sportartikeleinzelhandel	7,9	5,8	7,8	17,3	84,3	76,9
33	Sortimentsbuchhandel	0,2	0,9	0,5	2,5	99,3	96,6
34	Blumenbindereien	-	-	-	-	100,0	100,0
35	Gemischtwarengeschäfte	-	-	-	6,4	-	93,6
	Einzelhandel insgesamt	11,7	10,0	10,2	17,1	78,1	72,9

Tabelle 16

Die Entwicklung der Gesamtkosten im Durchschnitt der Branchen in den Jahren 1949 bis 1958 (1949 = 100)

Lfd. Nr.	Branche	1949	1950	1951	1952	1953	1954	1955	1956	1957	1958
1	Lebensmitteleinzelhandel	100,0	106,1	115,9	123,8	130,7	142,0	159,3	170,9	185,3	195,0
2	Drogerien	100,0	101,1	109,0	117,4	127,4	140,1	155,9	168,1	182,7	202,6
3	Reformhäuser	-	-	-	-	-	-	-	-	-	-
4	Tabakwareneinzelhandel	100,0	103,7	102,9	108,5	109,0	117,2	133,0	137,8	146,9	149,7
5	Textileinzelhandel davon mit vorwiegend	100,0	124,8	147,2	160,3	166,9	177,4	190,7	209,6	226,5	232,5
6	Herren- und Knabenoberbekleidung	-	-	-	-	-	-	-	-	-	-
7	Damen-, Mädchen- u. Kinderoberbekleidung	-	-	-	-	-	-	-	-	-	-
8	Herren-, Damen- u. Kinderoberbekleidung	100,0	134,6	169,2	180,0	198,7	220,7	244,3	277,4	291,3	299,8
9	Meterwaren	100,0	125,5	142,8	151,0	152,0	151,4	158,3	167,5	180,6	183,4
10	Wäsche, Wirk- und Strickwaren	100,0	122,3	140,6	148,3	149,9	155,5	171,9	189,7	206,8	211,3
11	Haus- und Bettwäsche, Bettwaren	-	-	-	-	-	-	-	-	-	-
12	Herrenausstattung	-	-	-	-	-	-	-	-	-	-
13	Teppichen, Möbelstoffen und Gardinen	-	-	-	-	-	-	-	-	-	-
14	gemischtem Sortiment	100,0	122,8	141,9	154,8	159,8	168,4	183,8	201,7	217,7	222,0
15	Schuheinzelhandel	100,0	116,3	131,3	146,5	156,8	166,8	182,0	201,3	219,9	236,9
16	Möbeleinzelhandel	100,0	124,1	162,9	174,7	206,6	230,1	271,0	297,5	323,7	344,3
17	Beleuchtungs- und Elektroeinzelhandel	100,0	106,2	126,1	139,9	147,4	161,0	175,0	177,1	195,1	214,5
18	Glas-, Porzellan- u. Keramikeinzelhandel	100,0	106,7	118,7	132,1	144,3	156,3	172,9	193,6	210,0	227,0
19	Eisenwaren- und Hausrathandel davon mit vorwiegend	100,0	102,6	115,9	126,3	137,4	152,0	171,6	191,9	207,0	225,0
20	Haus- und Küchengeräten	100,0	100,5	112,2	118,0	126,8	135,5	150,9	171,4	189,9	203,2
21	Kleineisenwaren, Werkzeugen	100,0	103,9	112,2	124,0	125,7	147,3	171,1	191,3	221,6	245,6
22	Öfen und Herden	100,0	113,1	130,7	136,7	161,9	181,1	198,8	216,7	231,9	239,9
23	gemischtem Sortiment	100,0	103,0	116,0	126,7	140,3	153,9	173,3	194,9	200,8	216,0
24	Tapeten- und Linoleumhandel	100,0	138,9	179,5	205,2	238,6	265,9	311,8	358,6	410,5	440,8
25	Papier-, Bürobedarf- u. Schreibwaren-Eh.	100,0	117,1	130,2	144,9	157,1	164,6	179,4	192,0	206,4	219,5
26	Büromasch.-, Büromöbel- u. Org.mittelhandel	100,0	122,1	159,4	179,6	210,8	228,1	248,0	281,1	291,9	315,1
27	Fahrradeinzelhandel	100,0	121,1	146,6	163,1	166,4	162,5	177,1	178,2	185,6	214,9
28	Radio- und Fernseheinzelhandel	-	-	-	-	-	-	-	-	-	-
29	Photoeinzelhandel	100,0	115,8	121,7	152,1	182,6	219,2	275,9	292,6	316,2	340,7
30	Uhren-, Juwelen-, Gold- u. Silberw.-Eh.	-	-	-	-	-	-	-	-	-	-
31	Leder- und Galanteriewareneinzelhandel	100,0	122,0	126,1	138,4	146,7	152,4	165,5	175,3	189,6	200,1
32	Sportartikeleinzelhandel	-	-	-	-	-	-	-	-	-	-
33	Sortimentsbuchhandel	100,0	102,8	114,7	128,6	144,0	159,3	188,8	208,1	228,5	248,6
34	Blumenbindereien	-	-	-	-	-	-	-	-	-	-
35	Gemischtwarengeschäfte	-	-	-	-	-	-	-	-	-	-
	Einzelhandel insgesamt	100,0	112,3	128,1	140,0	152,0	164,1	182,0	198,0	213,9	226,5

Tabelle 17

Die Gesamtkosten in Prozenten des Absatzes im Durchschnitt der Branchen in den Jahren 1949 bis 1958

Lfd. Nr.	Branche	1949	1950	1951	1952	1953	1954	1955	1956	1957	1958
1	Lebensmitteleinzelhandel	16,1	17,0	17,1	17,5	17,5	17,9	18,5	18,2	18,7	18,6
2	Drogerien	26,2	27,6	27,5	26,9	26,8	28,5	29,3	28,9	28,1	28,7
3	Reformhäuser	-	-	-	-	-	-	22,6	23,2	23,0	22,9
4	Tabakwareneinzelhandel	12,4	14,9	14,7	14,9	14,5	15,1	15,6	15,1	15,5	15,2
5	Textileinzelhandel	20,4	20,5	21,9	24,3	24,7	25,9	25,9	25,9	26,4	27,6
	davon mit vorwiegend										
6	Herren- und Knabenoberbekleidung	-	-	21,0	24,5	24,2	25,0	24,6	24,5	25,3	26,6
7	Damen-, Mädchen- u. Kinderoberbekleidung	-	-	21,6	25,4	26,1	27,4	27,6	27,0	27,5	28,9
8	Herren-, Damen- u. Kinderoberbekleidung	22,0	20,0	20,4	21,8	23,3	24,4	24,6	25,3	26,0	28,1
9	Meterwaren	18,1	20,5	22,4	26,6	27,7	28,6	29,2	28,7	29,1	30,8
10	Wäsche, Wirk- und Strickwaren	20,7	21,0	23,3	25,1	24,9	25,1	25,6	25,7	26,5	27,0
11	Haus- und Bettwäsche, Bettwaren	-	-	24,2	26,6	27,6	28,8	28,5	26,7	28,5	29,9
12	Herrenausstattung	-	-	-	-	25,7	25,6	25,2	25,6	26,5	26,7
13	Teppichen, Möbelstoffen und Gardinen	-	-	-	-	29,3	31,3	32,0	32,5	31,8	33,1
14	gemischtem Sortiment	19,9	20,1	21,3	23,5	23,9	25,1	25,5	25,4	25,7	26,6
15	Schuheinzelhandel	19,2	18,0	19,7	20,6	21,2	22,0	22,8	22,7	23,0	23,8
16	Möbeleinzelhandel	28,4	23,9	23,4	25,2	25,3	26,0	26,5	25,5	26,5	28,4
17	Beleuchtungs- und Elektroeinzelhandel	33,5	33,0	31,7	35,5	35,5	36,8	35,5	32,8	33,3	33,7
18	Glas-, Porzellan- u. Keramikeinzelhandel	30,2	29,9	27,7	28,6	29,1	30,4	30,6	30,2	29,7	30,2
19	Eisenwaren- und Hausrathandel	26,0	24,6	23,4	23,9	24,3	24,5	24,3	24,2	24,3	24,8
	davon mit vorwiegend										
20	Haus- und Küchengeräten	31,1	30,5	28,6	28,2	28,5	28,9	29,2	30,1	30,0	30,1
21	Kleineisenwaren, Werkzeugen	25,3	24,2	22,1	22,5	21,2	21,8	21,5	21,5	23,0	23,6
22	Öfen und Herden	25,8	24,6	24,9	26,0	27,6	27,9	27,1	26,3	27,7	27,4
23	gemischtem Sortiment	25,1	23,7	22,3	22,9	23,8	23,9	23,8	23,7	22,9	23,2
24	Tapeten- und Linoleumhandel	22,2	22,6	23,1	25,2	26,1	26,5	27,2	28,0	29,0	29,2
25	Papier-, Bürobedarf- u. Schreibwaren-Eh.	25,9	28,3	25,5	26,9	28,5	28,0	28,2	28,1	28,2	28,1
26	Büromasch.-, Büromöbel- u. Org.mittelhandel	25,6	24,0	24,1	25,0	26,3	26,3	25,4	27,1	26,5	27,3
27	Fahrradeinzelhandel	26,2	27,2	28,1	29,8	29,4	29,3	28,2	30,5	28,4	32,3
28	Radio- und Fernseheinzelhandel	-	-	-	30,0	30,2	31,5	31,0	28,9	28,7	29,2
29	Photoeinzelhandel	32,6	32,8	29,1	30,3	31,2	32,6	35,1	35,1	34,7	34,4
30	Uhren-, Juwelen-, Gold- u. Silberw.-Eh.	-	-	33,3	35,2	36,5	37,0	36,9	36,2	34,9	34,7
31	Leder- und Galanteriewareneinzelhandel	25,1	24,1	24,7	26,0	27,1	28,6	29,1	28,3	28,4	28,7
32	Sportartikeleinzelhandel	-	-	25,5	24,3	25,7	27,5	27,9	26,6	28,0	26,6
33	Sortimentsbuchhandel	27,2	26,5	25,5	25,2	25,4	25,6	27,1	27,5	27,5	27,0
34	Blumenbindereien	-	-	-	41,6	37,7	39,0	38,7	40,0	40,7	40,4
35	Gemischtwarengeschäfte	-	-	-	-	-	-	-	-	-	21,0
	Einzelhandel insgesamt	19,9	20,1	20,5	21,6	22,2	22,9	23,3	23,1	23,4	23,9

Tabelle 18

Die Personalkosten (mit Unternehmerlohn) in Prozenten des Absatzes im Durchschnitt der Branchen in den Jahren 1949 bis 1958

Lfd. Nr.	Branche	1949	1950	1951	1952	1953	1954	1955	1956	1957	1958
1	Lebensmitteleinzelhandel	8,1	8,0	8,2	7,9	7,7	7,8	8,4	8,2	8,5	8,6
2	Drogerien	12,9	13,3	12,8	12,1	11,8	12,3	13,0	13,1	12,9	13,0
3	Reformhäuser	-	-	-	-	-	-	10,3	10,0	10,3	10,4
4	Tabakwareneinzelhandel	5,1	6,6	6,0	5,8	5,5	4,8	6,3	6,2	6,5	6,5
5	Textileinzelhandel davon mit vorwiegend	8,5	8,3	9,0	9,9	10,2	10,6	10,9	11,1	11,6	12,3
6	Herren- und Knabenoberbekleidung	-	-	7,4	8,4	9,0	9,3	9,4	9,5	10,0	10,7
7	Damen-, Mädchen- u. Kinderoberbekleidung	-	-	8,6	10,5	10,5	11,6	11,7	12,2	12,3	13,3
8	Herren-, Damen- u. Kinderoberbekleidung	8,7	7,4	7,6	8,0	8,4	9,1	9,4	10,0	10,8	12,0
9	Meterwaren	7,4	8,0	8,9	10,8	11,2	11,9	12,4	12,5	13,0	14,1
10	Wäsche, Wirk- und Strickwaren	8,7	8,8	9,9	10,4	10,5	10,3	10,9	10,9	11,4	11,9
11	Haus- und Bettwäsche, Bettwaren	-	-	9,9	11,3	11,1	11,7	11,8	11,3	12,2	12,5
12	Herrenausstattung	-	-	-	-	10,4	9,8	10,2	10,1	11,5	11,0
13	Teppichen, Möbelstoffen und Gardinen	-	-	-	-	12,8	13,5	14,6	15,2	14,9	16,0
14	gemischtem Sortiment	8,2	8,2	9,0	9,7	10,1	10,5	11,0	11,1	11,6	12,2
15	Schuheinzelhandel	7,7	7,1	7,9	7,9	8,5	8,7	9,4	9,5	10,0	10,4
16	Möbeleinzelhandel	12,1	8,4	8,7	8,9	8,8	9,3	9,6	9,3	10,1	10,8
17	Beleuchtungs- und Elektroeinzelhandel	16,9	15,3	15,7	18,2	18,0	17,7	16,9	16,6	17,5	18,1
18	Glas-, Porzellan- u. Keramikeinzelhandel	13,2	12,8	11,8	12,1	12,0	12,4	12,9	12,7	13,1	13,5
19	Eisenwaren- und Hausrathandel davon mit vorwiegend	11,8	11,0	10,9	10,9	10,9	11,1	11,2	11,1	11,4	11,7
20	Haus- und Küchengeräten	13,8	13,5	13,0	12,1	12,5	13,0	12,9	13,7	14,1	14,2
21	Kleineisenwaren, Werkzeugen	12,3	11,2	10,9	11,0	10,1	10,5	10,5	10,4	11,2	11,9
22	Öfen und Herden	11,5	11,2	11,4	11,5	11,5	10,8	11,3	10,7	11,4	11,3
23	gemischtem Sortiment	11,4	10,6	10,3	10,4	10,5	10,7	10,9	10,8	10,7	10,9
24	Tapeten- und Linoleumhandel	9,7	10,1	10,0	11,6	11,5	12,0	12,4	13,1	13,9	14,3
25	Papier-, Bürobedarf- u. Schreibwaren-Eh.	13,0	14,0	12,8	13,5	14,6	14,2	14,2	14,3	14,2	14,6
26	Büromasch.-, Büromöbel- u. Org.mittelhandel	12,6	11,5	11,8	11,9	12,3	12,8	12,5	13,7	13,3	14,2
27	Fahrradeinzelhandel	12,3	12,6	12,5	13,0	12,6	11,9	12,3	14,0	14,0	15,4
28	Radio- und Fernseheinzelhandel	-	-	-	12,3	12,0	12,5	11,9	11,8	11,8	12,2
29	Photoeinzelhandel	15,2	14,8	12,6	13,5	14,4	14,6	16,2	16,4	16,5	16,1
30	Uhren-, Juwelen-, Gold- u. Silberw.-Eh.	-	-	15,2	15,2	16,0	15,4	15,8	15,3	15,3	15,5
31	Leder- und Galanteriewareneinzelhandel	11,1	10,0	9,8	10,1	10,7	11,3	11,5	11,5	11,6	11,7
32	Sportartikeleinzelhandel	-	-	11,0	9,9	9,7	10,7	11,1	10,9	11,9	11,1
33	Sortimentsbuchhandel	13,2	13,1	12,2	11,8	11,8	11,9	12,5	12,8	13,3	12,8
34	Blumenbindereien	-	-	-	20,1	17,5	18,6	19,0	19,8	19,2	20,1
35	Gemischtwarengeschäfte	-	-	-	-	-	-	-	-	-	8,8
	Einzelhandel insgesamt	9,2	8,8	9,1	9,3	9,5	9,7	10,2	10,1	10,5	10,8

Tabelle 19

Die durchschnittliche Vergütung je beschäftigte Person in DM im Durchschnitt der Branchen in den Jahren 1949 bis 1958

Lfd. Nr.	Branche	1949	1950	1951	1952	1953	1954	1955	1956	1957	1958
1	Lebensmitteleinzelhandel	3 220	3 100	3 300	3 330	3 310	3 460	3 970	4 040	4 270	4 550
2	Drogerien	3 130	3 060	3 040	3 210	3 380	3 520	3 930	4 260	4 360	4 630
3	Reformhäuser	-	-	-	-	-	-	4 190	4 300	4 800	4 800
4	Tabakwareneinzelhandel	4 710	4 340	3 350	3 690	3 920	3 190	4 620	4 880	5 130	4 990
5	Textileinzelhandel	3 530	3 730	3 780	3 910	3 980	4 040	4 420	4 700	5 030	5 230
	davon mit vorwiegend										
6	Herren- und Knabenoberbekleidung	-	-	4 550	4 480	4 840	4 990	5 520	5 860	6 080	6 420
7	Damen-, Mädchen- u. Kinderoberbekleidung	-	-	3 450	3 660	3 590	3 860	4 100	4 360	4 560	4 930
8	Herren-, Damen- u. Kinderoberbekleidung	3 540	4 060	4 190	4 160	4 190	4 210	4 780	4 870	5 380	5 660
9	Meterwaren	3 930	3 550	3 790	4 140	3 990	4 030	4 550	4 790	5 220	5 420
10	Wäsche, Wirk- und Strickwaren	3 730	3 680	3 730	3 790	3 800	3 960	4 380	4 520	4 920	5 130
11	Haus- und Bettwäsche, Bettwaren	-	-	4 240	4 440	4 320	4 360	4 540	4 870	5 180	5 340
12	Herrenausstattung	-	-	-	-	4 270	3 960	4 600	4 750	5 620	5 300
13	Teppichen, Möbelstoffen und Gardinen	-	-	-	-	4 090	4 180	4 580	4 850	5 720	5 780
14	gemischtem Sortiment	3 410	3 630	3 580	3 690	3 750	3 770	4 060	4 290	4 580	4 740
15	Schuheinzelhandel	4 180	3 790	3 720	3 620	3 710	3 680	4 000	4 230	4 490	4 530
16	Möbeleinzelhandel	4 690	4 830	5 090	5 440	5 690	6 000	6 720	6 740	7 210	7 540
17	Beleuchtungs- und Elektroeinzelhandel	3 340	3 750	3 750	4 290	4 330	4 540	4 320	5 170	5 750	5 970
18	Glas-, Porzellan- u. Keramikeinzelhandel	3 590	3 270	3 250	3 420	3 410	3 700	4 060	4 290	4 620	4 990
19	Eisenwaren- und Hausrathandel	4 030	3 620	3 780	4 000	4 040	4 190	4 580	4 770	5 160	5 540
	davon mit vorwiegend										
20	Haus- und Küchengeräten	3 160	2 970	3 310	3 300	3 290	3 640	4 000	4 240	4 530	4 880
21	Kleineisenwaren, Werkzeugen	4 300	3 750	4 360	4 510	4 200	4 640	4 950	4 930	5 240	5 930
22	Öfen und Herden	4 690	4 700	5 000	4 620	4 660	4 080	4 650	5 230	5 740	6 210
23	gemischtem Sortiment	3 870	3 500	3 570	3 910	4 060	4 120	4 480	4 720	5 130	5 420
24	Tapeten- und Linoleumhandel	4 000	4 140	4 300	4 800	4 690	4 620	5 140	5 680	5 800	6 290
25	Papier-, Bürobedarf- u. Schreibwaren-Eh.	3 530	3 400	3 500	3 640	3 750	3 920	4 220	4 480	5 410	4 950
26	Büromasch.-, Büromöbel- u. Org.mittelhandel	4 140	4 640	4 850	5 110	5 530	5 740	6 230	6 640	6 910	7 180
27	Fahrradeinzelhandel	3 940	3 830	3 690	4 050	3 780	3 480	4 590	4 840	5 520	5 190
28	Radio- und Fernseheinzelhandel	-	-	-	4 140	4 110	4 320	4 570	4 950	5 060	5 450
29	Photoeinzelhandel	4 030	4 100	4 000	3 990	4 250	4 340	4 450	4 780	5 150	5 280
30	Uhren-, Juwelen-, Gold- u. Silberw.-Eh.	-	-	4 190	4 320	4 240	4 250	4 980	5 340	5 700	6 030
31	Leder- und Galanteriewareneinzelhandel	3 620	3 970	3 610	3 910	4 210	4 190	4 260	4 730	4 870	5 090
32	Sportartikeleinzelhandel	-	-	3 810	4 070	3 800	3 970	4 270	4 690	5 180	5 200
33	Sortimentsbuchhandel	3 380	3 550	3 450	3 590	3 780	4 070	4 560	4 690	5 100	5 350
34	Blumenbindereien	-	-	-	2 750	2 860	3 050	3 280	3 620	4 030	4 150
35	Gemischtwarengeschäfte	-	-	-	-	-	-	-	-	-	4 310
	Einzelhandel insgesamt	3 800	3 650	3 690	3 840	3 930	4 030	4 510	4 690	4 970	5 210

Tabelle 20

Die Personalkosten (ohne Unternehmerlohn) in Prozenten des Absatzes im Durchschnitt der Branchen in den Jahren 1949 bis 1958

Lfd. Nr.	Branche	1949	1950	1951	1952	1953	1954	1955	1956	1957	1958
1	Lebensmitteleinzelhandel	3,1	3,1	2,9	2,9	3,0	3,2	3,3	3,2	3,5	3,6
2	Drogerien	4,9	5,5	5,3	5,0	5,3	5,8	6,0	6,1	5,9	6,2
3	Reformhäuser	-	-	-	-	-	-	3,4	3,8	4,2	4,6
4	Tabakwareneinzelhandel	0,9	1,0	1,2	0,9	1,9	1,4	1,4	1,5	1,9	1,8
5	Textileinzelhandel davon mit vorwiegend	5,2	5,3	5,9	6,6	7,0	7,3	7,4	7,7	8,2	8,7
6	Herren- und Knabenoberbekleidung	-	-	5,2	6,0	6,8	7,0	6,9	6,9	7,6	8,1
7	Damen-, Mädchen- u. Kinderoberbekleidung	-	-	6,2	7,9	8,0	8,9	8,8	9,5	9,3	10,1
8	Herren-, Damen- u. Kinderoberbekleidung	5,9	5,2	5,5	5,4	5,9	7,0	6,5	7,6	8,3	9,6
9	Meterwaren	4,0	4,8	5,7	7,2	7,8	8,4	8,7	9,2	10,0	10,6
10	Wäsche, Wirk- und Strickwaren	4,5	4,7	5,6	5,7	6,1	6,0	6,4	6,5	6,8	7,0
11	Haus- und Bettwäsche, Bettwaren	-	-	7,0	8,1	8,0	8,6	9,1	8,3	8,8	9,0
12	Herrenausstattung	-	-	-	-	5,8	4,7	4,8	5,3	6,4	6,4
13	Teppichen, Möbelstoffen und Gardinen	-	-	-	-	9,9	10,9	11,8	12,6	12,7	13,5
14	gemischtem Sortiment	5,2	5,5	6,0	6,7	7,0	7,3	7,4	7,7	8,3	8,6
15	Schuheinzelhandel	4,1	3,8	4,4	4,4	5,1	5,1	5,1	5,2	5,4	5,6
16	Möbeleinzelhandel	8,2	6,0	5,7	6,2	6,4	7,1	7,2	6,8	7,6	8,4
17	Beleuchtungs- und Elektroeinzelhandel	10,5	10,3	11,1	14,2	13,4	13,3	12,0	12,5	13,2	14,0
18	Glas-, Porzellan- u. Keramikeinzelhandel	7,0	7,2	6,3	6,6	6,7	7,4	7,6	8,0	8,7	9,0
19	Eisenwaren- und Hausrathandel davon mit vorwiegend	6,5	7,2	6,4	7,1	7,3	7,6	7,4	7,5	8,1	8,5
20	Haus- und Küchengeräten	4,9	7,2	6,4	6,6	7,3	8,0	8,2	9,1	9,4	8,9
21	Kleineisenwaren, Werkzeugen	7,8	8,3	7,3	7,6	7,1	7,4	7,2	6,8	7,8	8,8
22	Öfen und Herden	7,9	8,2	8,0	8,1	8,6	7,6	7,9	7,9	8,9	9,1
23	gemischtem Sortiment	6,4	6,7	6,0	6,9	7,2	7,4	7,3	7,3	7,8	8,1
24	Tapeten- und Linoleumhandel	5,7	6,7	6,5	8,3	8,2	9,0	9,1	9,6	10,3	11,3
25	Papier-, Bürobedarf- u. Schreibwaren-Eh.	7,4	7,9	7,7	8,5	9,6	9,5	9,4	9,3	9,4	9,7
26	Büromasch.-, Büromöbel- u. Org.mittelhandel	10,1	9,0	9,3	9,7	10,4	10,7	10,2	11,6	11,3	11,9
27	Fahrradeinzelhandel	6,9	6,7	6,7	7,6	7,2	6,4	6,4	7,3	6,4	7,1
28	Radio- und Fernseheinzelhandel	-	-	-	7,9	7,9	8,2	7,3	7,7	7,6	8,4
29	Photoeinzelhandel	10,1	10,2	8,5	9,2	10,6	10,8	12,1	12,1	11,5	11,5
30	Uhren-, Juwelen-, Gold- u. Silberw.-Eh.	-	-	8,9	9,4	9,6	9,5	9,3	9,0	8,8	8,6
31	Leder- und Galanteriewareneinzelhandel	6,1	5,8	5,1	5,9	6,1	6,8	6,5	6,6	6,8	6,7
32	Sportartikeleinzelhandel	-	-	4,3	4,2	4,7	5,1	5,1	5,4	6,3	6,4
33	Sortimentsbuchhandel	8,1	8,5	7,2	7,1	7,5	7,9	8,1	8,6	9,2	8,8
34	Blumenbindereien	-	-	-	10,1	8,9	9,2	9,5	10,1	10,5	10,9
35	Gemischtwarengeschäfte	-	-	-	-	-	-	-	-	-	3,4
	Einzelhandel insgesamt	4,6	4,5	4,5	4,9	5,3	5,6	5,6	5,7	6,1	6,3

Tabelle 21

Der Unternehmerlohn in Prozenten des Absatzes im Durchschnitt der Branchen in den Jahren 1949 bis 1958

Lfd. Nr.	Branche	1949	1950	1951	1952	1953	1954	1955	1956	1957	1958
1	Lebensmitteleinzelhandel	5,0	4,9	5,3	5,0	4,7	4,6	5,1	5,0	5,0	5,0
2	Drogerien	8,0	7,8	7,5	7,1	6,5	6,5	7,0	7,0	7,0	6,8
3	Reformhäuser	-	-	-	-	-	-	6,9	6,2	6,1	5,8
4	Tabakwareneinzelhandel	4,2	5,6	4,8	4,9	3,6	4,4	4,9	4,7	4,6	4,7
5	Textileinzelhandel	3,3	3,0	3,1	3,3	3,2	3,3	3,5	3,4	3,4	3,6
	davon mit vorwiegend										
6	Herren- und Knabenoberbekleidung	-	-	2,2	2,4	2,2	2,3	2,5	2,6	2,4	2,6
7	Damen-, Mädchen- u. Kinderoberbekleidung	-	-	2,4	2,6	2,5	2,7	2,9	2,7	3,0	3,2
8	Herren-, Damen- u. Kinderoberbekleidung	2,8	2,2	2,1	2,6	2,5	2,1	2,9	2,4	2,5	2,4
9	Meterwaren	3,4	3,2	3,2	3,6	3,4	3,5	3,7	3,3	3,0	3,5
10	Wäsche, Wirk- und Strickwaren	4,2	4,1	4,3	4,7	4,4	4,3	4,5	4,4	4,6	4,9
11	Haus- und Bettwäsche, Bettwaren	-	-	2,9	3,2	3,1	3,1	2,7	3,0	3,4	3,5
12	Herrenausstattung	-	-	-	-	4,6	5,1	5,4	4,8	5,1	4,6
13	Teppichen, Möbelstoffen und Gardinen	-	-	-	-	2,9	2,6	2,8	2,6	2,2	2,5
14	gemischtem Sortiment	3,0	2,7	3,0	3,0	3,1	3,2	3,6	3,4	3,3	3,6
15	Schuheinzelhandel	3,6	3,3	3,5	3,5	3,4	3,6	4,3	4,3	4,6	4,8
16	Möbeleinzelhandel	3,9	2,4	3,0	2,7	2,4	2,2	2,4	2,5	2,5	2,4
17	Beleuchtungs- und Elektroeinzelhandel	6,4	5,0	4,6	4,0	4,6	4,4	4,9	4,1	4,3	4,1
18	Glas-, Porzellan- u. Keramikeinzelhandel	6,2	5,6	5,5	5,5	5,3	5,0	5,3	4,7	4,4	4,5
19	Eisenwaren- und Hausrathandel	5,3	3,8	4,5	3,8	3,6	3,5	3,8	3,6	3,3	3,2
	davon mit vorwiegend										
20	Haus- und Küchengeräten	8,9	6,3	6,6	5,5	5,2	5,0	4,7	4,6	4,7	5,3
21	Kleineisenwaren, Werkzeugen	4,5	2,9	3,6	3,4	3,0	3,1	3,3	3,6	3,4	3,1
22	Öfen und Herden	3,6	3,0	3,4	3,4	2,9	3,2	3,4	2,8	2,5	2,2
23	gemischtem Sortiment	5,0	3,9	4,3	3,5	3,3	3,3	3,6	3,5	2,9	2,8
24	Tapeten- und Linoleumhandel	4,0	3,4	3,5	3,3	3,3	3,0	3,3	3,5	3,6	3,0
25	Papier-, Bürobedarf- u. Schreibwaren-Eh.	5,6	6,1	5,1	5,0	5,0	4,7	4,8	5,0	4,8	4,9
26	Büromasch.-, Büromöbel- u. Org.mittelhandel	2,5	2,5	2,5	2,2	1,9	2,1	2,3	2,1	2,0	2,3
27	Fahrradeinzelhandel	5,4	5,9	5,8	5,4	5,4	5,5	5,9	6,7	7,6	8,3
28	Radio- und Fernseheinzelhandel	-	-	-	4,4	4,1	4,3	4,6	4,1	4,2	3,8
29	Photoeinzelhandel	5,1	4,6	4,1	4,3	3,8	3,8	4,1	4,3	5,0	4,6
30	Uhren-, Juwelen-, Gold- u. Silberw.-Eh.	-	-	6,3	5,8	6,4	5,9	6,5	6,3	6,5	6,9
31	Leder- und Galanteriewareneinzelhandel	5,0	4,2	4,7	4,2	4,6	4,5	5,0	4,9	4,8	5,0
32	Sportartikeleinzelhandel	-	-	6,7	5,7	5,0	5,6	6,0	5,5	5,6	4,7
33	Sortimentsbuchhandel	5,1	4,6	5,0	4,7	4,3	4,0	4,4	4,2	4,1	4,0
34	Blumenbindereien	-	-	-	10,0	8,6	9,4	9,5	9,7	8,7	9,2
35	Gemischtwarengeschäfte	-	-	-	-	-	-	-	-	-	5,4
	Einzelhandel insgesamt	4,6	4,3	4,6	4,4	4,2	4,1	4,6	4,4	4,4	4,5

Tabelle 22

Die Miete bzw. der Mietwert in Prozenten des Absatzes in den Jahren 1949 bis 1958

Lfd. Nr.	Branche	1949	1950	1951	1952	1953	1954	1955	1956	1957	1958
1	Lebensmitteleinzelhandel	1,1	1,2	1,1	1,2	1,2	1,2	1,2	1,2	1,3	1,3
2	Drogerien	2,3	2,6	2,5	2,4	2,5	2,5	2,4	2,4	2,4	2,5
3	Reformhäuser	-	-	-	-	-	-	1,9	1,7	1,7	2,0
4	Tabakwareneinzelhandel	1,0	1,4	1,5	1,5	1,7	1,5	1,5	1,6	1,6	1,4
5	Textileinzelhandel davon mit vorwiegend	1,4	1,4	1,5	1,6	1,8	2,0	1,9	1,9	2,0	2,2
6	Herren- und Knabenoberbekleidung	-	-	1,5	1,8	1,8	1,9	1,8	1,9	1,9	2,2
7	Damen-, Mädchen- u. Kinderoberbekleidung	-	-	1,5	1,8	2,0	2,3	2,4	2,4	2,4	2,6
8	Herren-, Damen- u. Kinderoberbekleidung	1,6	1,3	1,5	1,1	1,5	1,6	1,6	1,6	1,8	2,0
9	Meterwaren	1,1	1,4	1,7	2,2	2,5	2,8	2,8	2,9	3,0	2,8
10	Wäsche, Wirk- und Strickwaren	1,4	1,6	1,7	1,9	2,2	2,3	2,3	2,2	2,3	2,4
11	Haus- und Bettwäsche, Bettwaren	-	-	2,0	1,7	2,2	2,5	2,3	1,9	1,9	2,4
12	Herrenausstattung	-	-	-	-	2,4	2,5	2,4	2,5	2,7	2,9
13	Teppichen, Möbelstoffen und Gardinen	-	-	-	-	2,3	2,7	2,8	2,8	2,6	2,4
14	gemischtem Sortiment	1,3	1,3	1,2	1,4	1,5	1,6	1,6	1,6	1,6	1,8
15	Schuheinzelhandel	1,4	1,3	1,4	1,4	1,5	1,7	1,7	1,7	1,8	1,9
16	Möbeleinzelhandel	2,4	1,7	1,9	2,1	2,0	2,2	2,4	2,2	2,3	2,6
17	Beleuchtungs- und Elektroeinzelhandel	2,9	2,8	2,2	2,4	3,0	3,4	3,5	2,4	2,4	2,3
18	Glas-, Porzellan- u. Keramikeinzelhandel	3,0	3,4	2,9	2,9	3,0	3,1	3,1	3,1	2,7	2,8
19	Eisenwaren- und Hausrathandel davon mit vorwiegend	2,0	1,9	1,8	1,8	1,8	1,7	1,7	1,7	1,7	1,7
20	Haus- und Küchengeräten	3,5	3,6	2,8	2,7	2,7	2,5	2,5	2,7	2,9	2,6
21	Kleineisenwaren, Werkzeugen	1,5	1,7	1,4	1,4	1,2	1,3	1,3	1,3	1,4	1,4
22	Öfen und Herden	1,7	1,5	1,6	2,1	2,1	1,9	2,7	2,4	2,7	2,2
23	gemischtem Sortiment	1,9	1,8	1,7	1,7	1,7	1,5	1,5	1,5	1,4	1,5
24	Tapeten- und Linoleumhandel	1,3	1,3	1,3	1,5	1,4	1,5	1,6	1,8	2,0	1,8
25	Papier-, Bürobedarf- u. Schreibwaren-Eh.	2,1	2,5	2,2	2,2	2,5	2,3	2,3	2,3	2,4	2,2
26	Büromasch.-, Büromöbel- u. Org.mittelhandel	1,0	1,0	1,1	1,1	1,1	1,2	1,2	1,2	1,3	1,4
27	Fahrradeinzelhandel	1,6	1,9	1,9	2,0	2,2	2,3	2,1	2,1	1,9	2,1
28	Radio- und Fernseheinzelhandel	-	-	-	1,8	1,9	1,9	1,8	1,9	1,9	2,0
29	Photoeinzelhandel	2,6	2,4	2,0	2,3	1,9	2,0	2,7	2,6	2,6	2,4
30	Uhren-, Juwelen-, Gold- u. Silberw.-Eh.	-	-	2,8	2,9	2,8	2,8	2,9	2,8	2,8	2,7
31	Leder- und Galanteriewareneinzelhandel	2,4	2,6	2,7	2,7	3,0	2,9	3,0	2,8	3,1	3,1
32	Sportartikeleinzelhandel	-	-	2,1	2,0	2,3	2,9	2,8	2,2	2,3	2,2
33	Sortimentsbuchhandel	2,0	2,0	2,2	2,2	2,2	2,1	2,2	2,2	2,1	2,2
34	Blumenbindereien	-	-	-	4,3	4,5	4,2	4,2	4,2	4,4	4,5
35	Gemischtwarengeschäfte	-	-	-	-	-	-	-	-	-	1,5
	Einzelhandel insgesamt	1,5	1,5	1,5	1,6	1,7	1,7	1,8	1,7	1,8	1,9

Tabelle 23

Die Miete je Quadratmeter Geschäftsraum in DM im Durchschnitt der Branchen in den Jahren 1951 bis 1958

Lfd. Nr.	Branche	1949	1950	1951	1952	1953	1954	1955	1956	1957	1958
1	Lebensmitteleinzelhandel	-	-	23	25	26	28	29	30	31	34
2	Drogerien	-	-	22	23	27	28	27	28	30	35
3	Reformhäuser	-	-	-	-	-	-	41	39	43	51
4	Tabakwareneinzelhandel	-	-	60	58	73	63	71	83	71	76
5	Textileinzelhandel	-	-	40	38	42	43	41	43	46	48
	davon mit vorwiegend										
6	Herren- und Knabenoberbekleidung	-	-	52	51	52	48	48	50	49	54
7	Damen-, Mädchen- u. Kinderoberbekleidung	-	-	53	51	54	56	52	53	56	58
8	Herren-, Damen- u. Kinderoberbekleidung	-	-	44	36	45	39	40	40	41	40
9	Meterwaren	-	-	44	53	59	61	63	74	87	78
10	Wäsche, Wirk- und Strickwaren	-	-	49	52	57	60	61	60	63	63
11	Haus- und Bettwäsche, Bettwaren	-	-	38	26	36	42	39	32	31	35
12	Herrenausstattung	-	-	-	-	72	58	57	62	71	81
13	Teppichen, Möbelstoffen und Gardinen	-	-	-	-	37	39	40	44	50	53
14	gemischtem Sortiment	-	-	29	29	31	31	31	32	33	36
15	Schuheinzelhandel	-	-	41	39	40	43	39	41	44	43
16	Möbeleinzelhandel	-	-	14	15	16	16	18	17	17	19
17	Beleuchtungs- und Elektroeinzelhandel	-	-	31	36	44	49	38	30	32	39
18	Glas-, Porzellan- u. Keramikeinzelhandel	-	-	25	27	26	31	32	33	29	32
19	Eisenwaren- und Hausrathandel	-	-	15	17	17	18	18	19	21	20
	davon mit vorwiegend										
20	Haus- und Küchengeräten	-	-	21	23	25	27	25	29	32	29
21	Kleineisenwaren, Werkzeugen	-	-	15	18	15	17	18	19	22	23
22	Öfen und Herden	-	-	17	19	19	25	38	34	35	27
23	gemischtem Sortiment	-	-	13	13	14	13	12	14	15	16
24	Tapeten- und Linoleumhandel	-	-	23	26	26	28	29	32	35	32
25	Papier-, Bürobedarf- u. Schreibwaren-Eh.	-	-	33	34	37	35	35	37	39	39
26	Büromasch.-, Büromöbel- u. Org.mittelhandel	-	-	27	25	31	33	37	37	36	37
27	Fahrradeinzelhandel	-	-	23	29	32	27	33	26	23	18
28	Radio- und Fernseheinzelhandel	-	-	-	39	45	43	42	47	44	48
29	Photoeinzelhandel	-	-	42	59	48	46	66	61	63	64
30	Uhren-, Juwelen-, Gold- u. Silberw.-Eh.	-	-	70	81	75	76	84	78	86	85
31	Leder- und Galanteriewareneinzelhandel	-	-	49	59	60	53	51	49	59	58
32	Sportartikeleinzelhandel	-	-	40	42	45	50	53	47	46	45
33	Sortimentsbuchhandel	-	-	44	46	52	52	56	57	55	61
34	Blumenbindereien	-	-	-	51	57	55	61	72	83	70
35	Gemischtwarengeschäfte	-	-	-	-	-	-	-	-	-	22
	Einzelhandel insgesamt	-	-	32	34	36	36	40	38	40	45

Tabelle 24

Die Reklamekosten in Prozenten des Absatzes im Durchschnitt der Branchen in den Jahren 1949 bis 1958

Lfd. Nr.	Branche	1949	1950	1951	1952	1953	1954	1955	1956	1957	1958
1	Lebensmitteleinzelhandel	0,2	0,4	0,3	0,3	0,3	0,4	0,4	0,3	0,3	0,3
2	Drogerien	1,0	1,1	1,1	1,1	1,1	1,2	1,2	1,1	1,1	1,1
3	Reformhäuser	-	-	-	-	-	-	1,3	1,3	1,2	1,0
4	Tabakwareneinzelhandel	0,2	0,3	0,2	0,2	0,2	0,2	0,2	0,2	0,2	0,2
5	Textileinzelhandel davon mit vorwiegend	1,0	1,2	1,4	1,6	1,7	1,7	1,6	1,6	1,5	1,5
6	Herren- und Knabenoberbekleidung	-	-	2,2	2,6	2,4	2,3	2,2	2,1	2,1	2,1
7	Damen-, Mädchen- u. Kinderoberbekleidung	-	-	2,1	2,5	2,6	2,2	2,2	1,9	1,7	1,6
8	Herren-, Damen- u. Kinderoberbekleidung	1,7	2,1	1,8	1,9	2,2	2,2	2,1	2,0	1,9	2,2
9	Meterwaren	0,9	1,3	1,4	1,7	1,7	1,8	2,0	1,9	2,0	1,8
10	Wäsche, Wirk- und Strickwaren	1,0	1,0	1,2	1,3	1,2	1,2	1,2	1,3	1,3	1,3
11	Haus- und Bettwäsche, Bettwaren	-	-	1,7	1,8	2,1	2,2	1,9	1,9	1,8	1,9
12	Herrenausstattung	-	-	-	-	1,3	1,0	1,0	0,9	1,1	1,0
13	Teppichen, Möbelstoffen und Gardinen	-	-	-	-	1,9	2,1	1,8	2,0	2,2	2,3
14	gemischtem Sortiment	0,9	1,1	1,2	1,4	1,4	1,5	1,5	1,4	1,3	1,3
15	Schuheinzelhandel	1,1	1,1	1,1	1,3	1,3	1,3	1,3	1,2	1,1	1,1
16	Möbeleinzelhandel	1,2	1,4	1,2	1,5	1,7	1,8	1,6	1,6	1,6	1,9
17	Beleuchtungs- und Elektroeinzelhandel	0,8	1,2	1,4	1,2	1,3	1,5	1,3	1,1	1,3	1,2
18	Glas-, Porzellan- u. Keramikeinzelhandel	0,9	1,0	1,0	1,1	1,2	1,2	1,2	1,1	1,0	1,1
19	Eisenwaren- und Hausrathandel davon mit vorwiegend	0,6	0,7	0,7	0,8	0,8	0,9	0,8	0,8	0,8	0,8
20	Haus- und Küchengeräten	0,8	0,8	1,0	1,2	1,2	1,1	1,1	1,1	1,1	1,0
21	Kleineisenwaren, Werkzeugen	0,7	0,7	0,5	0,5	0,5	0,6	0,6	0,6	0,6	0,6
22	Öfen und Herden	1,5	1,0	1,2	1,4	1,3	1,6	1,4	1,2	1,2	1,1
23	gemischtem Sortiment	0,5	0,7	0,6	0,7	0,8	0,8	0,8	0,8	0,7	0,7
24	Tapeten- und Linoleumhandel	1,0	0,9	1,0	1,0	1,1	1,1	1,1	0,9	0,8	1,0
25	Papier-, Bürobedarf- u. Schreibwaren-Eh.	0,8	0,8	0,8	1,0	1,0	0,9	1,0	0,9	1,0	0,9
26	Büromasch.-, Büromöbel- u. Org.mittelhandel	1,2	1,1	1,1	1,4	1,4	1,3	1,3	1,3	1,4	1,3
27	Fahrradeinzelhandel	1,6	1,1	1,3	1,8	1,3	1,1	1,1	1,1	0,9	1,2
28	Radio- und Fernseheinzelhandel	-	-	-	2,0	1,6	1,7	1,5	1,3	1,5	1,4
29	Photoeinzelhandel	1,7	2,4	1,5	1,5	2,0	2,0	2,0	2,2	2,0	2,2
30	Uhren-, Juwelen-, Gold- u. Silberw.-Eh.	-	-	1,5	1,9	1,9	1,8	1,8	1,8	1,6	1,7
31	Leder- und Galanteriewareneinzelhandel	1,0	1,1	1,4	1,4	1,4	1,5	1,6	1,3	1,4	1,3
32	Sportartikeleinzelhandel	-	-	1,3	1,5	1,7	1,7	1,8	2,0	1,7	1,7
33	Sortimentsbuchhandel	1,1	1,1	1,1	1,2	1,4	1,2	1,5	1,4	1,4	1,3
34	Blumenbindereien	-	-	-	0,6	0,8	0,6	0,8	0,7	0,8	0,7
35	Gemischtwarengeschäfte	-	-	-	-	-	-	-	-	-	0,5
	Einzelhandel insgesamt	0,6	0,8	0,8	0,9	1,0	1,0	1,0	1,0	0,9	0,9

Tabelle 25

Die Reklamekosten je beschäftigte Person in DM im Durchschnitt der Branchen in den Jahren 1949 bis 1958

Lfd. Nr.	Branche	1949	1950	1951	1952	1953	1954	1955	1956	1957	1958
1	Lebensmitteleinzelhandel	79	155	121	126	129	177	189	148	151	159
2	Drogerien	243	253	262	292	315	343	363	358	372	392
3	Reformhäuser	-	-	-	-	-	-	529	559	559	462
4	Tabakwareneinzelhandel	185	197	112	127	143	133	147	157	158	153
5	Textileinzelhandel	416	540	589	631	664	648	649	678	650	638
6	davon mit vorwiegend Herren- und Knabenoberbekleidung	-	-	1 353	1 387	1 292	1 233	1 291	1 296	1 277	1 260
7	Damen-, Mädchen- u. Kinderoberbekleidung	-	-	842	872	889	733	771	679	630	593
8	Herren-, Damen- u. Kinderoberbekleidung	691	1 152	993	988	1 098	1 017	1 067	973	946	1 037
9	Meterwaren	478	576	596	651	606	609	734	728	804	692
10	Wäsche, Wirk- und Strickwaren	428	418	452	473	435	461	482	539	561	560
11	Haus- und Bettwäsche, Bettwaren	-	-	729	707	817	820	732	819	764	812
12	Herrenausstattung	-	-	-	-	534	404	451	423	538	482
13	Teppichen, Möbelstoffen und Gardinen	-	-	-	-	608	649	565	638	844	831
14	gemischtem Sortiment	374	488	478	532	520	539	553	541	513	505
15	Schuheinzelhandel	597	587	518	595	567	550	553	534	494	480
16	Möbeleinzelhandel	466	804	703	916	1 098	1 161	1 120	1 160	1 142	1 327
17	Beleuchtungs- und Elektroeinzelhandel	158	294	335	283	312	384	332	342	427	396
18	Glas-, Porzellan- u. Keramikeinzelhandel	245	255	275	311	341	358	378	371	353	407
19	Eisenwaren- und Hausrathandel	205	231	243	293	296	340	327	344	362	379
20	davon mit vorwiegend Haus- und Küchengeräten	183	176	254	328	316	308	341	340	353	343
21	Kleineisenwaren, Werkzeugen	245	235	200	205	208	265	283	285	281	299
22	Öfen und Herden	612	420	526	562	527	605	577	587	604	605
23	gemischtem Sortiment	170	231	208	263	310	308	329	349	336	348
24	Tapeten- und Linoleumhandel	412	369	430	414	449	424	456	390	334	440
25	Papier-, Bürobedarf- u. Schreibwaren-Eh.	217	194	219	269	257	249	297	282	381	305
26	Büromasch.-, Büromöbel- u. Org.mittelhandel	395	444	452	601	629	583	648	630	727	658
27	Fahrradeinzelhandel	512	335	384	560	390	322	411	381	355	405
28	Radio- und Fernseheinzelhandel	-	-	-	673	549	588	576	545	643	626
29	Photoeinzelhandel	451	666	476	444	591	594	549	641	625	721
30	Uhren-, Juwelen-, Gold- u. Silberw.-Eh.	-	-	414	540	503	496	567	628	596	662
31	Leder- und Galanteriewareneinzelhandel	326	437	516	542	551	556	593	535	588	566
32	Sportartikeleinzelhandel	-	-	451	617	667	631	693	860	741	796
33	Sortimentsbuchhandel	282	298	311	365	449	410	548	513	537	543
34	Blumenbindereien	-	-	-	82	131	98	138	128	168	145
35	Gemischtwarengeschäfte	-	-	-	-	-	-	-	-	-	245
	Einzelhandel insgesamt	248	332	325	371	414	415	442	464	426	434

Tabelle 26

Die Steuern in Prozenten des Absatzes im Durchschnitt der Branchen in den Jahren 1949 bis 1958

Lfd. Nr.	Branche	1949	1950	1951	1952	1953	1954	1955	1956	1957	1958
1	Lebensmitteleinzelhandel	3,3	3,3	3,7	4,1	4,1	4,0	4,0	4,0	3,9	3,9
2	Drogerien	4,0	3,9	4,2	4,8	4,9	5,2	5,0	5,0	4,7	4,6
3	Reformhäuser	-	-	-	-	-	-	4,1	4,3	4,0	4,0
4	Tabakwareneinzelhandel	3,4	3,5	4,0	4,5	4,4	4,6	4,5	4,4	4,1	4,1
5	Textileinzelhandel davon mit vorwiegend	3,7	3,7	4,2	4,8	4,7	4,7	4,6	4,6	4,6	4,7
6	Herren- und Knabenoberbekleidung	-	-	4,3	5,0	5,0	4,9	4,8	4,8	4,9	5,0
7	Damen-, Mädchen- u. Kinderoberbekleidung	-	-	3,7	4,0	3,9	3,9	4,0	3,9	4,0	4,2
8	Herren-, Damen- u. Kinderoberbekleidung	3,8	3,5	4,0	4,9	4,9	4,5	4,5	4,6	4,7	4,8
9	Meterwaren	3,6	3,6	4,4	4,9	4,8	4,5	4,6	4,6	4,4	4,7
10	Wäsche, Wirk- und Strickwaren	3,5	3,7	4,4	5,1	5,0	4,9	4,8	4,8	4,7	4,7
11	Haus- und Bettwäsche, Bettwaren	-	-	4,4	5,3	4,9	4,6	4,7	4,7	5,0	4,7
12	Herrenausstattung	-	-	-	-	5,0	4,9	4,8	4,8	4,8	5,0
13	Teppichen, Möbelstoffen und Gardinen	-	-	-	-	4,8	4,6	4,9	4,7	4,6	4,8
14	gemischtem Sortiment	3,7	3,8	4,2	4,8	4,7	4,7	4,6	4,6	4,6	4,7
15	Schuheinzelhandel	3,7	3,6	4,3	4,9	4,9	4,8	4,8	4,8	4,6	4,7
16	Möbeleinzelhandel	3,7	3,5	4,0	4,7	4,7	4,7	4,7	4,8	4,9	5,0
17	Beleuchtungs- und Elektroeinzelhandel	4,4	3,9	4,2	4,6	4,4	4,4	4,8	4,5	4,6	4,6
18	Glas-, Porzellan- u. Keramikeinzelhandel	4,1	3,5	4,2	5,1	5,1	5,3	5,0	4,9	4,9	5,0
19	Eisenwaren- und Hausrathandel davon mit vorwiegend	3,3	2,8	3,0	3,4	3,5	3,5	3,3	3,3	3,3	3,4
20	Haus- und Küchengeräten	4,4	3,5	4,1	4,7	4,8	4,7	4,8	4,7	4,5	4,6
21	Kleineisenwaren, Werkzeugen	2,3	2,1	2,1	2,4	2,6	2,5	2,3	2,6	2,7	2,6
22	Öfen und Herden	2,8	2,5	3,4	3,8	4,0	4,0	3,9	3,7	3,9	4,0
23	gemischtem Sortiment	3,2	2,9	3,1	3,5	3,5	3,5	3,3	3,3	3,0	3,2
24	Tapeten- und Linoleumhandel	2,8	2,8	3,4	3,9	3,9	3,9	3,9	3,8	3,8	3,8
25	Papier-, Bürobedarf- u. Schreibwaren-Eh.	2,9	2,8	2,9	3,4	3,7	3,5	3,3	3,3	3,2	3,2
26	Büromasch.-, Büromöbel- u. Org.mittelhandel	1,6	1,5	1,8	2,2	2,2	2,2	2,2	2,2	2,1	2,1
27	Fahrradeinzelhandel	3,6	3,5	4,1	4,7	5,1	4,8	4,5	5,0	4,6	4,5
28	Radio- und Fernseheinzelhandel	-	-	-	4,7	4,9	4,7	4,6	4,6	4,5	4,7
29	Photoeinzelhandel	3,7	3,7	3,9	4,5	4,4	4,5	4,5	4,7	4,5	4,5
30	Uhren-, Juwelen-, Gold- u. Silberw.-Eh.	-	-	4,4	5,6	5,5	5,8	5,5	5,5	5,1	5,2
31	Leder- und Galanteriewareneinzelhandel	3,7	3,6	4,4	5,4	5,3	5,2	5,1	4,9	4,8	4,9
32	Sportartikeleinzelhandel	-	-	4,0	4,8	4,9	4,7	4,7	4,5	4,6	4,5
33	Sortimentsbuchhandel	3,1	2,9	3,1	3,6	3,6	3,7	3,6	3,8	3,6	3,7
34	Blumenbindereien	-	-	-	5,1	4,9	4,5	5,1	5,1	4,7	4,5
35	Gemischtwarengeschäfte	-	-	-	-	-	-	-	-	-	4,2
	Einzelhandel insgesamt	3,5	3,4	3,9	4,4	4,4	4,4	4,3	4,3	4,2	4,3

Tabelle 27

Die Abschreibungen in Prozenten des Absatzes im Durchschnitt der Branchen in den Jahren 1949 bis 1958

Lfd. Nr.	Branche	1949	1950	1951	1952	1953	1954	1955	1956	1957	1958
1	Lebensmitteleinzelhandel	0,4	0,6	0,4	0,5	0,6	0,7	0,8	0,9	1,0	1,0
2	Drogerien	0,4	0,8	0,7	0,7	0,8	1,1	1,2	1,1	1,1	1,3
3	Reformhäuser	-	-	-	-	-	-	0,9	1,1	1,2	1,1
4	Tabakwareneinzelhandel	0,3	0,1	0,2	0,3	0,2	0,4	0,4	0,3	0,4	0,4
5	Textileinzelhandel davon mit vorwiegend	0,7	0,7	0,6	0,7	0,7	0,9	0,9	0,9	0,9	1,0
6	Herren- und Knabenoberbekleidung	-	-	0,6	0,7	0,8	1,0	0,9	0,8	0,8	0,8
7	Damen-, Mädchen- u. Kinderoberbekleidung	-	-	0,8	0,8	1,0	1,1	0,9	1,0	1,2	1,1
8	Herren-, Damen- u. Kinderoberbekleidung	0,7	0,7	0,6	0,6	0,9	1,1	1,0	1,1	1,1	1,1
9	Meterwaren	0,5	0,8	0,6	0,6	0,7	0,8	0,9	1,1	0,7	0,9
10	Wäsche, Wirk- und Strickwaren	0,7	0,7	0,7	0,7	0,7	0,9	0,8	0,9	1,0	0,9
11	Haus- und Bettwäsche, Bettwaren	-	-	0,7	0,8	1,0	1,1	1,0	0,9	1,1	1,5
12	Herrenausstattung	-	-	-	-	0,4	0,6	0,8	0,8	0,9	0,8
13	Teppichen, Möbelstoffen und Gardinen	-	-	-	-	0,7	0,9	1,0	1,0	1,0	1,1
14	gemischtem Sortiment	0,7	0,7	0,6	0,6	0,7	0,8	0,8	0,8	0,8	0,9
15	Schuheinzelhandel	0,9	0,7	0,6	0,5	0,5	0,7	0,8	0,8	0,9	0,9
16	Möbeleinzelhandel	0,9	1,7	1,3	1,0	1,4	1,4	1,3	1,3	1,2	1,3
17	Beleuchtungs- und Elektroeinzelhandel	1,0	1,5	1,3	1,2	1,3	1,5	1,2	1,5	1,2	1,0
18	Glas-, Porzellan- u. Keramikeinzelhandel	0,6	1,0	0,6	0,6	0,8	0,9	1,0	1,0	0,9	1,0
19	Eisenwaren- und Hausrathandel davon mit vorwiegend	1,1	1,4	1,0	1,0	1,1	1,1	1,1	1,1	1,2	1,1
20	Haus- und Küchengeräten	0,5	1,2	0,6	0,7	1,0	0,9	0,9	1,0	1,1	1,0
21	Kleineisenwaren, Werkzeugen	1,2	1,8	1,1	1,2	1,2	1,1	1,1	1,1	1,1	1,2
22	Öfen und Herden	1,4	2,1	1,1	1,0	1,2	1,9	1,2	1,3	1,6	1,7
23	gemischtem Sortiment	1,2	1,2	1,0	0,9	1,1	1,2	1,1	1,1	1,2	1,1
24	Tapeten- und Linoleumhandel	1,2	1,4	1,0	0,9	1,0	1,2	1,3	1,3	1,2	1,3
25	Papier-, Bürobedarf- u. Schreibwaren-Eh.	0,6	1,4	0,7	0,7	0,7	0,9	0,9	1,0	0,9	1,1
26	Büromasch.-, Büromöbel- u. Org.mittelhandel	1,0	1,6	1,1	1,0	1,2	1,3	1,1	1,2	1,2	1,2
27	Fahrradeinzelhandel	0,8	1,2	1,7	1,3	1,5	1,5	1,3	1,4	1,2	1,2
28	Radio- und Fernseheinzelhandel	-	-	-	2,0	2,5	2,7	2,6	2,2	2,1	2,0
29	Photoeinzelhandel	1,8	1,7	1,8	1,3	1,9	1,9	2,1	1,9	2,1	2,1
30	Uhren-, Juwelen-, Gold- u. Silberw.-Eh.	-	-	1,0	0,9	1,2	1,3	1,7	1,4	1,3	1,2
31	Leder- und Galanteriewareneinzelhandel	0,8	1,0	0,7	0,6	0,8	1,0	1,1	1,2	1,1	1,2
32	Sportartikeleinzelhandel	-	-	0,9	0,5	0,9	0,7	0,9	0,7	0,9	0,7
33	Sortimentsbuchhandel	0,7	0,6	0,7	0,6	0,6	0,7	0,8	0,8	0,8	0,8
34	Blumenbindereien	-	-	-	0,9	1,0	1,3	1,2	1,2	1,6	1,9
35	Gemischtwarengeschäfte	-	-	-	-	-	-	-	-	-	1,3
	Einzelhandel insgesamt	0,6	0,8	0,6	0,6	0,7	0,9	0,9	1,0	1,0	1,0

Tabelle 28

Die Zinsen für Eigenkapital in Prozenten des Absatzes im Durchschnitt der Branchen in den Jahren 1949 bis 1958

Lfd. Nr.	Branche	1949	1950	1951	1952	1953	1954	1955	1956	1957	1958
1	Lebensmitteleinzelhandel	0,2	0,3	0,4	0,3	0,3	0,3	0,3	0,3	0,3	0,3
2	Drogerien	0,6	0,7	0,8	0,6	0,6	0,7	0,7	0,6	0,6	0,6
3	Reformhäuser	-	-	-	-	-	-	0,2	0,3	0,3	0,3
4	Tabakwareneinzelhandel	0,3	0,5	0,4	0,4	0,3	0,4	0,4	0,4	0,5	0,4
5	Textileinzelhandel davon mit vorwiegend	0,5	0,5	0,5	0,5	0,5	0,5	0,5	0,5	0,5	0,6
6	Herren- und Knabenoberbekleidung	-	-	0,4	0,5	0,4	0,4	0,5	0,4	0,5	0,6
7	Damen-, Mädchen- u. Kinderoberbekleidung	-	-	0,4	0,3	0,4	0,4	0,4	0,4	0,3	0,4
8	Herren-, Damen- u. Kinderoberbekleidung	0,7	0,3	0,5	0,5	0,4	0,5	0,6	0,4	0,5	0,6
9	Meterwaren	0,6	0,4	0,6	0,7	0,6	0,6	0,6	0,5	0,5	0,6
10	Wäsche, Wirk- und Strickwaren	0,4	0,4	0,6	0,5	0,6	0,6	0,5	0,6	0,5	0,6
11	Haus- und Bettwäsche, Bettwaren	-	-	0,4	0,4	0,4	0,4	0,5	0,4	0,5	0,8
12	Herrenausstattung	-	-	-	-	0,5	0,5	0,5	0,4	0,4	0,6
13	Teppichen, Möbelstoffen und Gardinen	-	-	-	-	0,4	0,5	0,3	0,5	0,4	0,6
14	gemischtem Sortiment	0,5	0,5	0,6	0,6	0,5	0,6	0,6	0,6	0,6	0,6
15	Schuheinzelhandel	0,4	0,4	0,6	0,5	0,5	0,5	0,5	0,5	0,5	0,7
16	Möbeleinzelhandel	0,8	0,6	0,5	0,5	0,4	0,4	0,4	0,5	0,5	0,7
17	Beleuchtungs- und Elektroeinzelhandel	0,5	0,7	0,5	0,5	0,5	0,5	0,6	0,4	0,5	0,8
18	Glas-, Porzellan- u. Keramikeinzelhandel	0,7	0,9	0,8	0,7	0,7	0,8	0,8	0,7	0,7	0,8
19	Eisenwaren- und Hausrathandel davon mit vorwiegend	0,7	0,8	0,8	0,7	0,7	0,6	0,6	0,6	0,6	0,7
20	Haus- und Küchengeräten	0,7	0,6	0,8	0,7	0,6	0,7	0,8	0,8	0,6	0,7
21	Kleineisenwaren, Werkzeugen	0,8	0,8	0,7	0,7	0,6	0,6	0,5	0,6	0,7	0,8
22	Öfen und Herden	0,5	0,2	0,6	0,5	0,6	0,5	0,4	0,6	0,5	0,8
23	gemischtem Sortiment	0,7	0,8	0,8	0,7	0,7	0,6	0,6	0,5	0,6	0,6
24	Tapeten- und Linoleumhandel	0,4	0,5	0,4	0,4	0,5	0,5	0,4	0,5	0,5	0,5
25	Papier-, Bürobedarf- u. Schreibwaren-Eh.	0,6	0,6	0,7	0,6	0,5	0,5	0,6	0,5	0,6	0,6
26	Büromasch.-, Büromöbel- u. Org.mittelhandel	0,3	0,3	0,3	0,4	0,3	0,3	0,3	0,3	0,4	0,3
27	Fahrradeinzelhandel	0,6	0,9	0,7	0,5	0,7	0,6	0,5	0,7	0,6	0,9
28	Radio- und Fernseheinzelhandel	-	-	-	0,6	0,5	0,4	0,5	0,5	0,5	0,4
29	Photoeinzelhandel	0,7	0,7	0,4	0,4	0,4	0,5	0,6	0,4	0,5	0,7
30	Uhren-, Juwelen-, Gold- u. Silberw.-Eh.	-	-	1,1	0,8	0,8	0,9	0,9	0,9	0,9	1,0
31	Leder- und Galanteriewareneinzelhandel	0,6	0,4	0,6	0,6	0,6	0,7	0,6	0,7	0,7	0,7
32	Sportartikeleinzelhandel	-	-	0,7	0,5	0,4	0,6	0,5	0,4	0,5	0,5
33	Sortimentsbuchhandel	0,6	0,4	0,6	0,4	0,3	0,3	0,3	0,3	0,3	0,4
34	Blumenbindereien	-	-	-	0,5	0,3	0,4	0,3	0,4	0,3	0,4
35	Gemischtwarengeschäfte	-	-	-	-	-	-	-	-	-	0,6
	Einzelhandel insgesamt	0,4	0,5	0,5	0,4	0,4	0,4	0,4	0,4	0,4	0,5

Tabelle 29

Die Sonstigen Kosten in Prozenten des Absatzes im Durchschnitt der Branchen in den Jahren 1949 bis 1958

Lfd. Nr.	Branche	1949	1950	1951	1952	1953	1954	1955	1956	1957	1958
1	Lebensmitteleinzelhandel	2,8	3,2	3,0	3,2	3,3	3,5	3,4	3,3	3,4	3,2
2	Drogerien	5,0	5,2	5,4	5,2	5,1	5,5	5,8	5,6	5,3	5,6
3	Reformhäuser	-	-	-	-	-	-	3,9	4,5	4,3	4,1
4	Tabakwareneinzelhandel	2,1	2,5	2,4	2,2	2,2	2,2	2,3	2,0	2,2	2,2
5	Textileinzelhandel	4,6	4,7	4,7	5,2	5,1	5,5	5,5	5,3	5,3	5,3
	davon mit vorwiegend										
6	Herren- und Knabenoberbekleidung	-	-	4,6	5,5	4,8	5,2	5,0	5,0	5,1	5,2
7	Damen-, Mädchen- u. Kinderoberbekleidung	-	-	4,5	5,5	5,7	5,9	6,0	5,2	5,6	5,7
8	Herren-, Damen- u. Kinderoberbekleidung	4,8	4,7	4,4	4,8	5,0	5,4	5,4	5,6	5,2	5,4
9	Meterwaren	4,0	5,0	4,8	5,7	6,2	6,2	5,9	5,2	5,5	5,9
10	Wäsche, Wirk- und Strickwaren	5,0	4,8	4,8	5,2	4,7	4,9	5,1	5,0	5,3	5,2
11	Haus- und Bettwäsche, Bettwaren	-	-	5,1	5,3	5,9	6,3	6,3	5,6	6,0	6,1
12	Herrenausstattung	-	-	-	-	5,7	6,3	5,5	6,1	5,1	5,4
13	Teppichen, Möbelstoffen und Gardinen	-	-	-	-	6,4	7,0	6,6	6,3	6,1	5,9
14	gemischtem Sortiment	4,6	4,5	4,5	5,0	5,0	5,4	5,4	5,3	5,2	5,1
15	Schuheinzelhandel	4,0	3,8	3,8	4,1	4,0	4,3	4,3	4,2	4,1	4,1
16	Möbeleinzelhandel	7,3	6,6	5,8	6,3	6,3	6,2	6,5	5,8	5,9	6,2
17	Beleuchtungs- und Elektroeinzelhandel	7,0	7,6	6,4	7,4	7,0	7,8	7,2	6,3	5,8	5,7
18	Glas-, Porzellan- u. Keramikeinzelhandel	7,7	7,3	6,4	6,1	6,3	6,7	6,6	6,7	6,4	6,0
19	Eisenwaren- und Hausrathandel	6,5	6,0	5,2	5,3	5,5	5,6	5,6	5,6	5,3	5,4
	davon mit vorwiegend										
20	Haus- und Küchengeräten	7,4	7,3	6,3	6,1	5,7	6,0	6,2	6,1	5,7	6,0
21	Kleineisenwaren, Werkzeugen	6,5	5,9	5,4	5,3	5,0	5,2	5,2	4,9	5,3	5,1
22	Öfen und Herden	6,4	6,1	5,6	5,7	6,9	7,2	6,2	6,4	6,4	6,3
23	gemischtem Sortiment	6,2	5,7	4,8	5,0	5,5	5,6	5,6	5,7	5,3	5,2
24	Tapeten- und Linoleumhandel	5,8	5,6	6,0	5,9	6,7	6,3	6,5	6,6	6,8	6,5
25	Papier-, Bürobedarf- u. Schreibwaren-Eh.	5,9	6,2	5,4	5,5	5,5	5,7	5,9	5,8	5,9	5,5
26	Büromasch.-, Büromöbel- u. Org.mittelhandel	7,9	7,0	6,9	7,0	7,8	7,2	6,8	7,2	6,8	6,8
27	Fahrradeinzelhandel	5,7	5,5	5,9	6,5	6,0	7,1	6,4	6,2	5,2	7,0
28	Radio- und Fernseheinzelhandel	-	-	-	6,6	6,8	7,6	8,1	6,6	6,4	6,5
29	Photoeinzelhandel	6,9	7,1	6,9	6,8	6,2	7,1	7,0	6,9	6,5	6,4
30	Uhren-, Juwelen-, Gold- u. Silberw.-Eh.	-	-	7,3	7,9	8,3	9,0	8,3	8,5	7,9	7,4
31	Leder- und Galanteriewareneinzelhandel	5,5	5,4	5,1	5,2	5,3	6,0	6,2	5,9	5,7	5,8
32	Sportartikeleinzelhandel	-	-	5,5	5,1	5,8	6,2	6,1	5,9	6,1	5,9
33	Sortimentsbuchhandel	6,5	6,4	5,6	5,4	5,5	5,7	6,2	6,2	6,0	5,8
34	Blumenbindereien	-	-	-	10,1	8,7	9,4	8,1	8,6	9,7	8,3
35	Gemischtwarengeschäfte	-	-	-	-	-	-	-	-	-	4,1
	Einzelhandel insgesamt	4,1	4,3	4,1	4,4	4,5	4,8	4,7	4,6	4,6	4,5

Tabelle 30

Die Zinsen für Fremdkapital in Prozenten des Absatzes im Durchschnitt der Branchen in den Jahren 1954 bis 1958

Lfd. Nr.	Branche	1949	1950	1951	1952	1953	1954	1955	1956	1957	1958
1	Lebensmitteleinzelhandel	-	-	-	-	-	0,3	0,3	0,3	0,4	0,3
2	Drogerien	-	-	-	-	-	0,3	0,4	0,4	0,5	0,5
3	Reformhäuser	-	-	-	-	-	-	0,2	0,3	0,2	0,3
4	Tabakwareneinzelhandel	-	-	-	-	-	0,1	0,1	0,1	0,1	0,1
5	Textileinzelhandel davon mit vorwiegend	-	-	-	-	-	0,9	0,9	0,9	0,9	0,8
6	Herren- und Knabenoberbekleidung	-	-	-	-	-	0,9	0,8	0,7	0,8	0,8
7	Damen-, Mädchen- u. Kinderoberbekleidung	-	-	-	-	-	0,8	0,9	0,8	0,9	0,8
8	Herren-, Damen- u. Kinderoberbekleidung	-	-	-	-	-	0,8	0,7	0,8	0,7	0,9
9	Meterwaren	-	-	-	-	-	0,9	1,0	0,8	0,6	0,5
10	Wäsche, Wirk- und Strickwaren	-	-	-	-	-	0,7	0,8	0,8	0,9	0,7
11	Haus- und Bettwäsche, Bettwaren	-	-	-	-	-	0,8	0,5	0,6	0,8	0,7
12	Herrenausstattung	-	-	-	-	-	1,1	0,8	1,2	1,0	0,9
13	Teppichen, Möbelstoffen und Gardinen	-	-	-	-	-	0,6	0,5	0,6	0,7	0,5
14	gemischtem Sortiment	-	-	-	-	-	1,0	0,9	1,0	0,9	0,9
15	Schuheinzelhandel	-	-	-	-	-	0,7	0,6	0,7	0,7	0,7
16	Möbeleinzelhandel	-	-	-	-	-	0,7	0,7	0,7	0,7	0,7
17	Beleuchtungs- und Elektroeinzelhandel	-	-	-	-	-	0,8	0,6	0,6	0,6	0,3
18	Glas-, Porzellan- u. Keramikeinzelhandel	-	-	-	-	-	0,7	0,7	0,8	0,8	0,6
19	Eisenwaren- und Hausrathandel davon mit vorwiegend	-	-	-	-	-	0,7	0,7	0,8	0,7	0,7
20	Haus- und Küchengeräten	-	-	-	-	-	0,7	0,7	1,0	0,7	0,6
21	Kleineisenwaren, Werkzeugen	-	-	-	-	-	0,7	0,6	0,6	0,6	0,5
22	Öfen und Herden	-	-	-	-	-	0,8	0,9	0,7	0,7	0,6
23	gemischtem Sortiment	-	-	-	-	-	0,7	0,8	0,9	0,8	0,8
24	Tapeten- und Linoleumhandel	-	-	-	-	-	0,6	0,6	0,6	0,7	0,6
25	Papier-, Bürobedarf- u. Schreibwaren-Eh.	-	-	-	-	-	0,4	0,4	0,5	0,6	0,4
26	Büromasch.-, Büromöbel- u. Org.mittelhandel	-	-	-	-	-	0,4	0,4	0,6	0,5	0,5
27	Fahrradeinzelhandel	-	-	-	-	-	0,9	0,7	0,9	0,7	0,9
28	Radio- und Fernseheinzelhandel	-	-	-	-	-	0,7	0,7	0,6	0,6	0,6
29	Photoeinzelhandel	-	-	-	-	-	0,5	0,6	0,5	0,5	0,4
30	Uhren-, Juwelen-, Gold- u. Silberw.-Eh.	-	-	-	-	-	0,7	0,6	0,7	0,7	0,7
31	Leder- und Galanteriewareneinzelhandel	-	-	-	-	-	0,6	0,6	0,6	0,5	0,6
32	Sportartikeleinzelhandel	-	-	-	-	-	0,9	0,9	0,9	1,0	0,9
33	Sortimentsbuchhandel	-	-	-	-	-	0,3	0,3	0,4	0,3	0,3
34	Blumenbindereien	-	-	-	-	-	0,2	0,2	0,3	0,4	0,5
35	Gemischtwarengeschäfte	-	-	-	-	-	-	-	-	-	0,4
	Einzelhandel insgesamt	-	-	-	-	-	0,6	0,5	0,6	0,6	0,5

Tabelle 31

Die Betriebshandelsspanne in Prozenten des Absatzes im Durchschnitt der Branchen in den Jahren 1949 bis 1958

Lfd. Nr.	Branche	1949	1950	1951	1952	1953	1954	1955	1956	1957	1958
1	Lebensmitteleinzelhandel	14,5	15,2	15,8	16,0	16,5	16,6	17,2	17,1	17,7	17,7
2	Drogerien	26,5	28,0	28,7	29,7	29,8	30,9	31,9	32,0	31,6	31,8
3	Reformhäuser	-	-	-	-	-	-	23,5	24,2	23,3	25,1
4	Tabakwareneinzelhandel	12,7	13,5	14,8	15,5	14,5	14,7	15,3	15,4	16,2	15,2
5	Textileinzelhandel	21,9	23,5	23,9	24,8	25,6	26,8	27,6	28,4	28,9	29,8
	davon mit vorwiegend										
6	Herren- und Knabenoberbekleidung	-	-	24,4	25,5	26,8	27,7	29,3	28,9	29,4	30,7
7	Damen-, Mädchen- u. Kinderoberbekleidung	-	-	25,7	26,8	26,9	26,6	28,7	29,8	29,8	30,5
8	Herren-, Damen- u. Kinderoberbekleidung	21,8	23,2	23,2	24,2	25,3	27,1	28,1	28,6	29,1	29,9
9	Meterwaren	20,9	20,2	23,7	24,4	26,4	26,8	28,7	30,8	31,2	32,1
10	Wäsche, Wirk- und Strickwaren	23,9	24,8	24,5	24,9	25,1	26,2	27,2	27,6	28,4	28,9
11	Haus- und Bettwäsche, Bettwaren	-	-	26,4	27,0	27,4	28,8	27,2	30,1	31,9	32,4
12	Herrenausstattung	-	-	-	-	28,7	28,2	28,9	28,5	31,0	30,3
13	Teppichen, Möbelstoffen und Gardinen	-	-	-	-	27,3	32,1	32,6	33,0	33,0	34,8
14	gemischtem Sortiment	21,2	23,1	23,2	24,0	24,8	26,1	26,8	27,5	27,8	28,5
15	Schuheinzelhandel	18,9	21,3	20,4	21,1	20,7	22,6	24,0	25,4	25,4	27,0
16	Möbeleinzelhandel	26,3	28,2	27,2	28,3	28,6	29,1	29,9	30,5	31,0	31,7
17	Beleuchtungs- und Elektroeinzelhandel	36,8	34,4	36,8	35,3	36,4	35,6	36,1	33,6	35,9	37,5
18	Glas-, Porzellan- u. Keramikeinzelhandel	27,5	30,0	30,2	30,9	31,5	32,8	33,4	33,7	34,3	34,2
19	Eisenwaren- und Hausrathandel	23,3	25,4	25,8	25,7	26,2	26,1	25,9	26,4	26,8	27,2
	davon mit vorwiegend										
20	Haus- und Küchengeräten	26,4	29,9	29,7	28,7	31,3	29,7	31,5	32,4	32,2	31,6
21	Kleineisenwaren, Werkzeugen	25,0	25,4	24,3	25,0	24,3	25,6	23,3	24,8	25,8	26,6
22	Öfen und Herden	24,5	30,3	25,9	25,6	27,7	27,3	27,4	29,4	31,1	31,1
23	gemischtem Sortiment	22,5	24,6	25,1	24,9	25,1	24,8	25,1	25,3	25,4	25,7
24	Tapeten- und Linoleumhandel	-	25,5	26,7	27,9	29,9	29,6	28,8	30,1	32,9	32,9
25	Papier-, Bürobedarf- u. Schreibwaren-Eh.	27,3	29,7	29,0	30,1	30,2	30,2	30,8	31,4	31,2	31,2
26	Büromasch.-, Büromöbel- u. Org.mittelhandel	27,5	29,1	28,8	26,3	28,9	29,0	28,7	30,0	29,9	30,6
27	Fahrradeinzelhandel	24,0	28,4	27,4	27,1	28,9	26,6	28,8	30,3	30,3	34,6
28	Radio- und Fernseheinzelhandel	-	-	-	29,4	33,9	33,2	33,5	33,7	33,9	33,0
29	Photoeinzelhandel	32,3	34,0	34,3	33,6	36,2	36,1	38,1	38,6	39,6	41,6
30	Uhren-, Juwelen-, Gold- u. Silberw.-Eh.	-	-	40,1	40,7	42,1	42,2	42,8	42,4	40,8	40,9
31	Leder- und Galanteriewareneinzelhandel	26,2	26,9	27,3	28,1	30,4	30,1	32,3	32,2	31,9	32,3
32	Sportartikeleinzelhandel	-	-	24,3	26,2	25,2	27,3	28,3	28,2	28,4	29,3
33	Sortimentsbuchhandel	24,2	27,8	25,7	26,4	27,3	27,7	29,3	29,3	29,5	29,8
34	Blumenbindereien	-	-	-	43,4	42,5	40,2	43,4	44,2	44,8	43,5
35	Gemischtwarengeschäfte	-	-	-	-	-	-	-	-	-	20,5
	Einzelhandel insgesamt	19,4	20,7	21,1	21,7	22,7	23,2	24,0	24,3	24,8	25,2

Tabelle 32

Das betriebswirtschaftliche Betriebsergebnis in Prozenten des Absatzes im Durchschnitt der Branchen in den Jahren 1949 bis 1958

Lfd. Nr.	Branche	1949	1950	1951	1952	1953	1954	1955	1956	1957	1958
1	Lebensmitteleinzelhandel	-1,6	-1,8	-1,3	-1,5	-1,0	-1,3	-1,3	-1,1	-1,0	-0,9
2	Drogerien	0,3	0,4	1,2	2,8	3,0	2,4	2,6	3,1	3,5	3,1
3	Reformhäuser	-	-	-	-	-	-	0,9	1,0	0,3	2,2
4	Tabakwareneinzelhandel	0,3	-1,4	0,1	0,6	0,0	-0,4	-0,3	0,3	0,7	0,0
5	Textileinzelhandel davon mit vorwiegend	1,5	3,0	2,0	0,5	0,9	0,9	1,7	2,5	2,5	2,2
6	Herren- und Knabenoberbekleidung	-	-	3,4	1,0	2,6	2,7	4,7	4,4	4,1	4,1
7	Damen-, Mädchen- u. Kinderoberbekleidung	-	-	4,1	1,4	0,8	-0,8	1,1	2,8	2,3	1,6
8	Herren-, Damen- u. Kinderoberbekleidung	-0,2	3,2	2,8	2,4	2,0	2,7	3,5	3,3	3,1	1,8
9	Meterwaren	2,8	-0,3	1,3	-2,2	-1,3	-1,8	-0,5	2,1	2,1	1,3
10	Wäsche, Wirk- und Strickwaren	3,2	3,8	1,2	-0,2	0,2	1,1	1,6	1,9	1,9	1,9
11	Haus- und Bettwäsche, Bettwaren	-	-	2,2	0,4	-0,2	0,0	-1,3	3,4	3,4	2,5
12	Herrenausstattung	-	-	-	-	3,0	2,6	3,7	2,9	4,5	3,6
13	Teppichen, Möbelstoffen und Gardinen	-	-	-	-	-2,0	0,8	0,6	0,5	1,2	1,7
14	gemischtem Sortiment	1,3	3,0	1,9	0,5	0,9	1,0	1,3	2,1	2,1	1,9
15	Schuheinzelhandel	-0,3	3,3	0,7	0,5	-0,5	0,6	1,2	2,7	2,4	3,2
16	Möbeleinzelhandel	-2,1	4,3	3,8	3,1	3,3	3,1	3,4	5,0	4,5	3,3
17	Beleuchtungs- und Elektroeinzelhandel	3,3	1,4	5,1	-0,2	0,9	-1,2	0,6	0,8	2,6	3,8
18	Glas-, Porzellan- u. Keramikeinzelhandel	-2,7	0,1	2,5	2,3	2,4	2,4	2,8	3,5	4,6	4,0
19	Eisenwaren- und Hausrathandel davon mit vorwiegend	-2,7	0,8	2,4	1,8	1,9	1,6	1,6	2,2	2,5	2,4
20	Haus- und Küchengeräten	-4,7	-0,6	1,1	0,5	2,8	0,8	2,3	2,3	2,2	1,5
21	Kleineisenwaren, Werkzeugen	-0,3	1,2	2,2	2,5	3,1	3,8	1,8	3,3	2,8	3,0
22	Öfen und Herden	-1,3	5,7	1,0	-0,4	0,1	-0,6	0,3	3,1	3,4	3,7
23	gemischtem Sortiment	-2,6	0,9	2,8	2,0	1,3	0,9	1,3	1,6	2,5	2,5
24	Tapeten- und Linoleumhandel	-	2,9	3,6	2,7	3,8	3,1	1,6	2,1	3,9	3,7
25	Papier-, Bürobedarf- u. Schreibwaren-Eh.	1,4	1,4	3,5	3,2	1,7	2,2	2,6	3,3	3,0	3,1
26	Büromasch.-, Büromöbel- u. Org.mittelhandel	1,9	5,1	4,7	1,3	2,6	2,7	3,3	2,9	3,4	3,3
27	Fahrradeinzelhandel	-2,2	1,2	-0,7	-2,7	-0,5	-2,7	0,6	-0,2	1,9	2,3
28	Radio- und Fernseheinzelhandel	-	-	-	-0,6	3,7	1,7	2,5	4,8	5,2	3,8
29	Photoeinzelhandel	-0,3	1,2	5,2	3,3	5,0	3,5	3,0	3,5	4,9	7,2
30	Uhren-, Juwelen-, Gold- u. Silberw.-Eh.	-	-	6,8	5,5	5,6	5,2	5,9	6,2	5,9	6,2
31	Leder- und Galanteriewareneinzelhandel	1,1	2,8	2,6	2,1	3,3	1,5	3,2	3,9	3,5	3,6
32	Sportartikeleinzelhandel	-	-	-1,2	1,9	-0,5	-0,2	0,4	1,6	0,4	2,7
33	Sortimentsbuchhandel	-3,0	1,3	0,2	1,2	1,9	2,1	2,2	1,8	2,0	2,8
34	Blumenbindereien	-	-	-	1,8	4,8	1,2	4,7	4,2	4,1	3,1
35	Gemischtwarengeschäfte	-	-	-	-	-	-	-	-	-	-0,5
	Einzelhandel insgesamt	-0,5	0,6	0,6	0,1	0,5	0,3	0,7	1,2	1,4	1,3

Tabelle 33

Die Gesamtkosten (ohne Unternehmerlohn und ohne Zinsen für Eigenkapital) in Prozenten des Absatzes
im Durchschnitt der Branchen in den Jahren 1949 bis 1958

Lfd. Nr.	Branche	1949	1950	1951	1952	1953	1954	1955	1956	1957	1958
1	Lebensmitteleinzelhandel	10,9	11,8	11,4	12,2	12,5	13,0	13,1	12,9	13,4	13,3
2	Drogerien	17,6	19,1	19,2	19,2	19,7	21,3	21,6	21,3	20,5	21,3
3	Reformhäuser	-	-	-	-	-	-	15,5	16,7	16,6	16,8
4	Tabakwareneinzelhandel	7,9	8,8	9,5	9,6	10,6	10,3	10,3	10,0	10,4	10,1
5	Textileinzelhandel	16,6	17,0	18,3	20,5	21,0	22,1	21,9	22,0	22,5	23,4
	davon mit vorwiegend										
6	Herren- und Knabenoberbekleidung	-	-	18,4	21,6	21,6	22,3	21,6	21,5	22,4	23,4
7	Damen-, Mädchen- u. Kinderoberbekleidung	-	-	18,8	22,5	23,2	24,3	24,3	23,9	24,2	25,3
8	Herren-, Damen- u. Kinderoberbekleidung	18,5	17,5	17,8	18,7	20,4	21,8	21,1	22,5	23,0	25,1
9	Meterwaren	14,1	16,9	18,6	22,3	23,7	24,5	24,9	24,9	25,6	26,7
10	Wäsche, Wirk- und Strickwaren	16,1	16,5	18,4	19,9	19,9	20,2	20,6	20,7	21,4	21,5
11	Haus- und Bettwäsche, Bettwaren	-	-	20,9	23,0	24,1	25,3	25,3	23,3	24,6	25,6
12	Herrenausstattung	-	-	-	-	20,6	20,0	19,3	20,4	21,0	21,5
13	Teppichen, Möbelstoffen und Gardinen	-	-	-	-	26,0	28,2	28,9	29,4	29,2	30,0
14	gemischtem Sortiment	16,4	16,9	17,7	19,9	20,3	21,3	21,3	21,4	21,8	22,4
15	Schuheinzelhandel	15,2	14,3	15,6	16,6	17,3	17,9	18,0	17,9	17,9	18,3
16	Möbeleinzelhandel	23,7	20,9	19,9	22,0	22,5	23,4	23,7	22,5	23,5	25,3
17	Beleuchtungs- und Elektroeinzelhandel	26,6	27,3	26,6	31,0	30,4	31,9	30,0	28,3	28,5	28,8
18	Glas-, Porzellan- u. Keramikeinzelhandel	23,3	23,4	21,4	22,4	23,1	24,6	24,5	24,8	24,6	24,9
19	Eisenwaren- und Hausrathandel	20,0	20,0	18,1	19,4	20,0	20,4	19,9	20,0	20,4	20,9
	davon mit vorwiegend										
20	Haus- und Küchengeräten	21,5	23,6	21,2	22,0	22,7	23,2	23,7	24,7	24,7	24,1
21	Kleineisenwaren, Werkzeugen	20,0	20,5	17,8	18,4	17,6	18,1	17,7	17,3	18,9	19,7
22	Öfen und Herden	21,7	21,4	20,9	22,1	24,1	24,2	23,3	22,9	24,7	24,4
23	gemischtem Sortiment	19,4	19,0	17,2	18,7	19,8	20,0	19,6	19,7	19,4	19,8
24	Tapeten- und Linoleumhandel	17,8	18,7	19,2	21,5	22,3	23,0	23,5	24,0	24,9	25,7
25	Papier-, Bürobedarf- u. Schreibwaren-Eh.	19,7	21,6	19,7	21,3	23,0	22,8	22,8	22,6	22,8	22,6
26	Büromasch.-, Büromöbel- u. Org.mittelhandel	22,8	21,2	21,3	22,4	24,1	23,9	22,8	24,7	24,1	24,7
27	Fahrradeinzelhandel	20,2	20,4	21,6	23,9	23,3	23,2	21,8	23,1	20,2	23,1
28	Radio- und Fernseheinzelhandel	-	-	-	25,0	25,6	26,8	25,9	24,3	24,0	25,0
29	Photoeinzelhandel	26,8	27,5	24,6	25,6	27,0	28,3	30,4	30,4	29,2	29,1
30	Uhren-, Juwelen-, Gold- u. Silberw.-Eh.	-	-	25,9	28,6	29,3	30,2	29,5	29,0	27,5	26,8
31	Leder- und Galanteriewareneinzelhandel	19,5	19,5	19,4	21,2	21,9	23,4	23,5	22,7	22,9	23,0
32	Sportartikeleinzelhandel	-	-	18,1	18,1	20,3	21,3	21,4	20,7	21,9	21,4
33	Sortimentsbuchhandel	21,5	21,5	19,9	20,1	20,8	21,3	22,4	23,0	23,1	22,6
34	Blumenbindereien	-	-	-	31,1	28,8	29,2	28,9	29,9	31,7	30,8
35	Gemischtwarengeschäfte	-	-	-	-	-	-	-	-	-	15,0
	Einzelhandel insgesamt	14,9	15,3	15,4	16,8	17,6	18,4	18,3	18,3	18,6	18,9

Tabelle 34

Das steuerliche Betriebsergebnis in Prozenten des Absatzes im Durchschnitt der Branchen in den Jahren 1949 bis 1958

Lfd. Nr.	Branche	1949	1950	1951	1952	1953	1954	1955	1956	1957	1958
1	Lebensmitteleinzelhandel	3,6	3,4	4,4	3,8	4,0	3,6	4,1	4,2	4,3	4,4
2	Drogerien	8,9	8,9	9,5	10,5	10,1	9,6	10,3	10,7	11,1	10,5
3	Reformhäuser	-	-	-	-	-	-	8,0	7,5	6,7	8,3
4	Tabakwareneinzelhandel	4,8	4,7	5,3	5,9	3,9	4,4	5,0	5,4	5,8	5,1
5	Textileinzelhandel davon mit vorwiegend	5,3	6,5	5,6	4,3	4,6	4,7	5,7	6,4	6,4	6,4
6	Herren- und Knabenoberbekleidung	-	-	6,0	3,9	5,2	5,4	7,7	7,4	7,0	7,3
7	Damen-, Mädchen- u. Kinderoberbekleidung	-	-	6,9	4,3	3,7	2,3	4,4	5,9	5,6	5,2
8	Herren-, Damen- u. Kinderoberbekleidung	3,3	5,7	5,4	5,5	4,9	5,3	7,0	6,1	6,1	4,8
9	Meterwaren	6,8	3,3	5,1	2,1	2,7	2,3	3,8	5,9	5,6	5,4
10	Wäsche, Wirk- und Strickwaren	7,8	8,3	6,1	5,0	5,2	6,0	6,6	6,9	7,0	7,4
11	Haus- und Bettwäsche, Bettwaren	-	-	5,5	4,0	3,3	3,5	1,9	6,8	7,3	6,8
12	Herrenausstattung	-	-	-	-	8,1	8,2	9,6	8,1	10,0	8,8
13	Teppichen, Möbelstoffen und Gardinen	-	-	-	-	1,3	3,9	3,7	3,6	3,8	4,8
14	gemischtem Sortiment	4,8	6,2	5,5	4,1	4,5	4,8	5,5	6,1	6,0	6,1
15	Schuheinzelhandel	3,7	7,0	4,8	4,5	3,4	4,7	6,0	7,5	7,5	8,7
16	Möbeleinzelhandel	2,6	7,3	7,3	6,3	6,1	5,7	6,2	8,0	7,5	6,4
17	Beleuchtungs- und Elektroeinzelhandel	10,2	7,1	10,2	4,3	6,0	3,7	6,1	5,3	7,4	8,7
18	Glas-, Porzellan- u. Keramikeinzelhandel	4,2	6,6	8,8	8,5	8,4	8,2	8,9	8,9	9,7	9,3
19	Eisenwaren- und Hausrathandel davon mit vorwiegend	3,3	5,4	7,7	6,3	6,2	5,7	6,0	6,4	6,4	6,3
20	Haus- und Küchengeräten	4,9	6,3	8,5	6,7	8,6	6,5	7,8	7,7	7,5	7,5
21	Kleineisenwaren, Werkzeugen	5,0	4,9	6,5	6,6	6,7	7,5	5,6	7,5	6,9	6,9
22	Öfen und Herden	2,8	8,9	5,0	3,5	3,6	3,1	4,1	6,5	6,4	6,7
23	gemischtem Sortiment	3,1	5,6	7,9	6,2	5,3	4,8	5,5	5,6	6,0	5,9
24	Tapeten- und Linoleumhandel	-	6,8	7,5	6,4	7,6	6,6	5,3	6,1	8,0	7,2
25	Papier-, Bürobedarf- u. Schreibwaren-Eh.	7,6	8,1	9,3	8,8	7,2	7,4	8,0	8,8	8,4	8,6
26	Büromasch.-, Büromöbel- u. Org.mittelhandel	4,7	7,9	7,5	3,9	4,8	5,1	5,9	5,3	5,8	5,9
27	Fahrradeinzelhandel	3,8	8,0	5,8	3,2	5,6	3,4	7,0	7,2	10,1	11,5
28	Radio- und Fernseheinzelhandel	-	-	-	4,4	8,3	6,4	7,6	9,4	9,9	8,8
29	Photoeinzelhandel	5,5	6,5	9,7	8,0	9,2	7,8	7,7	8,2	10,4	12,5
30	Uhren-, Juwelen-, Gold- u. Silberw.-Eh.	-	-	14,2	12,1	12,8	12,0	13,3	13,4	13,3	14,1
31	Leder- und Galanteriewareneinzelhandel	6,7	7,4	7,9	6,9	8,5	6,7	8,8	9,5	9,0	9,3
32	Sportartikeleinzelhandel	-	-	6,2	8,1	4,9	6,0	6,9	7,5	6,5	7,9
33	Sortimentsbuchhandel	2,7	6,3	5,8	6,3	6,5	6,4	6,9	6,3	6,4	7,2
34	Blumenbindereien	-	-	-	12,3	13,7	11,0	14,5	14,3	13,1	12,7
35	Gemischtwarengeschäfte	-	-	-	-	-	-	-	-	-	5,5
	Einzelhandel insgesamt	4,5	5,4	5,7	4,9	5,1	4,8	5,7	6,0	6,2	6,3

Tabelle 35

Umsatz, Kosten, Spannen und Gewinn des Lebensmitteleinzelhandels in den Jahren 1949 bis 1958

Lfd. Nr.	Position	1949	1950	1951	1952	1953	1954	1955	1956	1957	1958
1	Zahl der berichtenden Betriebe	298	232	257	246	253	249	245	281	295	347
2	Zahl der beschäftigten Personen je Betrieb	5,4	6,2	5,5	5,8	6,5	7,3	7,2	6,6	6,4	7,1
3	Absatz je Betrieb in Tausend DM	214	237	221	243	285	329	336	321	325	379
4	Wertmäßige Absatzentwicklung (1949 = 100)	100,0	100,5	109,1	113,9	120,2	127,7	138,6	151,2	159,5	168,8
5	Preisentwicklung (1949 = 100)	100	91	99	101	97	97	98	100	101	102
6	Preisbereinigte Absatzentwicklung (1949 = 100)	100,0	110,4	110,2	112,8	123,9	131,6	141,4	151,2	157,9	165,5
7	Absatz je beschäftigte Person in DM	39 700	38 800	40 200	42 100	43 000	44 300	47 200	49 300	50 200	53 000
8	Absatz je qm Geschäftsraum in DM	-	-	2 050	2 120	2 160	2 330	2 420	2 460	2 400	2 650
9	Zahl der qm Geschäftsraum je beschäftigte Person	-	-	20	20	20	19	20	20	21	20
10	Lagerentwicklung (1949 = 100)	100,0	138,5	171,5	188,1	198,3	215,2	233,9	257,5	277,8	293,6
11	Lagerumschlag ... mal	20,4	15,2	12,5	12,5	12,8	13,1	13,5	13,5	12,9	13,3
12	Lagerbestand je beschäftigte Person in DM	2 280	2 550	3 120	3 300	3 310	3 250	3 450	3 500	3 680	3 640
13	Kreditverkäufe in % des Absatzes	-	-	5,7	6,0	5,5	5,3	4,7	4,6	4,4	4,0
	Aufgliederung der Kreditverkäufe in %										
14	In Verbindung mit Teilzahlungs-Finanzierungs-Instituten gewährte Kredite	-	-	-	0,0	0,0	0,0	0,0	0,0	0,0	0,0
15	Sonstige Teilzahlungsverkäufe aufgrund von besonderen Teilzahlungsverträgen	-	-	-	0,0	0,0	0,0	0,0	0,0	0,0	0,0
16	Alle sonstigen Kreditverkäufe (offene Buchkredite, Anschreiben)	-	-	-	100,0	100,0	100,0	100,0	100,0	100,0	100,0
17	Außenstände am Jahresende in % des Absatzes	-	-	0,7	0,8	0,8	0,8	0,8	0,7	0,7	0,7
18	Kostenentwicklung (1949 = 100)	100,0	106,1	115,9	123,8	130,7	142,0	159,3	170,9	185,3	195,0
	Kostenarten in % des Absatzes										
19	Personalkosten ohne Unternehmerlohn	3,1	3,1	2,9	2,9	3,0	3,2	3,3	3,2	3,5	3,6
20	Unternehmerlohn	5,0	4,9	5,3	5,0	4,7	4,6	5,1	5,0	5,0	5,0
21	Personalkosten insgesamt	8,1	8,0	8,2	7,9	7,7	7,8	8,4	8,2	8,5	8,6
22	Miete bzw. Mietwert	1,1	1,2	1,1	1,2	1,2	1,2	1,2	1,2	1,3	1,3
23	Reklamekosten	0,2	0,4	0,3	0,3	0,3	0,4	0,4	0,3	0,3	0,3
24	Umsatz- und Gewerbesteuer	3,3	3,3	3,7	4,1	4,1	4,0	4,0	4,0	3,9	3,9
25	Abschreibungen	0,4	0,6	0,4	0,5	0,6	0,7	0,8	0,9	1,0	1,0
26	Zinsen für Eigenkapital	0,2	0,3	0,4	0,3	0,3	0,3	0,3	0,3	0,3	0,3
27	Sonstige Kosten	2,8	3,2	3,0	3,2	3,3	3,5	3,4	3,3	3,4	3,2
28	Gesamtkosten (Summe 21 - 27)	16,1	17,0	17,1	17,5	17,5	17,9	18,5	18,2	18,7	18,6
29	Gesamtkosten ohne Unternehmerlohn und ohne Zinsen für Eigenkapital	10,9	11,8	11,4	12,2	12,5	13,0	13,1	12,9	13,4	13,3
30	Durchschnittliche Vergütung je beschäftigte Person in DM	3 220	3 100	3 300	3 330	3 310	3 460	3 970	4 040	4 270	4 550
31	Miete je qm Geschäftsraum in DM	-	-	23	25	26	28	29	30	31	34
32	Reklamekosten je beschäftigte Person in DM	79	155	121	126	129	177	189	148	151	159
33	Betriebshandelsspanne in % des Absatzes	14,5	15,2	15,8	16,0	16,5	16,6	17,2	17,1	17,7	17,7
34	Betriebswirtschaftliches Betriebsergebnis in % des Absatzes	- 1,6	- 1,8	- 1,3	- 1,5	- 1,0	- 1,3	- 1,3	- 1,1	- 1,0	- 0,9
35	Steuerliches Betriebsergebnis in % des Absatzes	3,6	3,4	4,4	3,8	4,0	3,6	4,1	4,2	4,3	4,4

Tabelle 36

Umsatz, Kosten, Spannen und Gewinn der Drogerien in den Jahren 1949 bis 1958

Lfd. Nr.	Position	1949	1950	1951	1952	1953	1954	1955	1956	1957	1958
1	Zahl der berichtenden Betriebe	186	151	138	144	146	149	152	158	176	207
2	Zahl der beschäftigten Personen je Betrieb	4,4	4,6	4,8	5,0	5,5	5,8	5,9	6,2	6,2	6,1
3	Absatz je Betrieb in Tausend DM	106	110	118	135	156	163	176	200	205	213
4	Wertmäßige Absatzentwicklung (1949 = 100)	100,0	96,0	103,9	114,4	124,6	128,8	139,4	152,4	170,4	184,9
5	Preisentwicklung (1949 = 100)	100	93	98	99	97	96	96	95	96	97
6	Preisbereinigte Absatzentwicklung (1949 = 100)	100,0	103,2	106,0	115,6	128,5	134,2	145,2	160,3	177,5	190,6
7	Absatz je beschäftigte Person in DM	24 300	23 000	23 800	26 500	28 700	28 600	30 300	32 500	33 800	35 600
8	Absatz je qm Geschäftsraum in DM	-	-	880	960	1 070	1 100	1 120	1 170	1 270	1 380
9	Zahl der qm Geschäftsraum je beschäftigte Person	-	-	27	28	27	26	27	28	27	26
10	Lagerentwicklung (1949 = 100)	100,0	117,0	131,0	142,8	154,9	165,7	176,3	191,5	213,3	233,8
11	Lagerumschlag ... mal	5,9	4,8	4,6	4,6	4,8	4,5	4,6	4,6	4,5	4,5
12	Lagerbestand je beschäftigte Person in DM	3 390	3 880	4 070	4 370	4 620	4 870	4 970	5 230	5 590	5 600
13	Kreditverkäufe in % des Absatzes	-	-	5,3	4,9	5,0	5,4	4,8	5,7	6,1	5,1
	Aufgliederung der Kreditverkäufe in %										
14	In Verbindung mit Teilzahlungs-Finanzierungs-Instituten gewährte Kredite	-	-	-	0,0	0,0	0,0	0,0	0,0	0,0	0,0
15	Sonstige Teilzahlungsverkäufe aufgrund von besonderen Teilzahlungsverträgen	-	-	-	9,4	8,2	5,7	13,3	7,1	7,0	8,0
16	Alle sonstigen Kreditverkäufe (offene Buchkredite, Anschreiben)	-	-	-	90,6	91,8	94,3	86,7	92,9	93,0	92,0
17	Außenstände am Jahresende in % des Absatzes	-	-	0,8	0,9	1,0	1,1	1,0	1,2	1,1	0,9
18	Kostenentwicklung (1949 = 100)	100,0	101,1	109,0	117,4	127,4	140,1	155,9	168,1	182,7	202,6
	Kostenarten in % des Absatzes										
19	Personalkosten ohne Unternehmerlohn	4,9	5,5	5,3	5,0	5,3	5,8	6,0	6,1	5,9	6,2
20	Unternehmerlohn	8,0	7,8	7,5	7,1	6,5	6,5	7,0	7,0	7,0	6,8
21	Personalkosten insgesamt	12,9	13,3	12,8	12,1	11,8	12,3	13,0	13,1	12,9	13,0
22	Miete bzw. Mietwert	2,3	2,6	2,5	2,4	2,5	2,5	2,4	2,4	2,4	2,5
23	Reklamekosten	1,0	1,1	1,1	1,1	1,1	1,2	1,2	1,1	1,1	1,1
24	Umsatz- und Gewerbesteuer	4,0	3,9	4,2	4,8	4,9	5,2	5,0	5,0	4,7	4,6
25	Abschreibungen	0,4	0,8	0,7	0,7	0,8	1,1	1,2	1,1	1,1	1,3
26	Zinsen für Eigenkapital	0,6	0,7	0,8	0,6	0,6	0,7	0,7	0,6	0,6	0,6
27	Sonstige Kosten	5,0	5,2	5,4	5,2	5,1	5,5	5,8	5,6	5,3	5,6
28	Gesamtkosten (Summe 21 - 27)	26,2	27,6	27,5	26,9	26,8	28,5	29,3	28,9	28,1	28,7
29	Gesamtkosten ohne Unternehmerlohn und ohne Zinsen für Eigenkapital	17,6	19,1	19,2	19,2	19,7	21,3	21,6	21,3	20,5	21,3
30	Durchschnittliche Vergütung je beschäftigte Person in DM	3 130	3 060	3 040	3 210	3 380	3 520	3 930	4 260	4 360	4 630
31	Miete je qm Geschäftsraum in DM	-	-	22	23	27	28	27	28	30	35
32	Reklamekosten je beschäftigte Person in DM	243	253	262	292	315	343	363	358	372	392
33	Betriebshandelsspanne in % des Absatzes	26,5	28,0	28,7	29,7	29,8	30,9	31,9	32,0	31,6	31,8
34	Betriebswirtschaftliches Betriebsergebnis in % des Absatzes	0,3	0,4	1,2	2,8	3,0	2,4	2,6	3,1	3,5	3,1
35	Steuerliches Betriebsergebnis in % des Absatzes	8,9	8,9	9,5	10,5	10,1	9,6	10,3	10,7	11,1	10,5

Tabelle 37

Umsatz, Kosten, Spannen und Gewinn der Reformhäuser in den Jahren 1955 bis 1958

Lfd. Nr.	Position	1949	1950	1951	1952	1953	1954	1955	1956	1957	1958
1	Zahl der berichtenden Betriebe	-	-	-	-	-	-	33	32	27	29
2	Zahl der beschäftigten Personen je Betrieb	-	-	-	-	-	-	4,9	5,6	4,7	4,9
3	Absatz je Betrieb in Tausend DM	-	-	-	-	-	-	197	233	207	222
4	Wertmäßige Absatzentwicklung (1949 = 100)							-	-	-	-
5	Preisentwicklung (1949 = 100)							-	-	-	-
6	Preisbereinigte Absatzentwicklung (1949 = 100)							-	-	-	-
7	Absatz je beschäftigte Person in DM	-	-	-	-	-	-	40 700	43 000	46 600	46 200
8	Absatz je qm Geschäftsraum in DM	-	-	-	-	-	-	2 140	2 290	2 550	2 570
9	Zahl der qm Geschäftsraum je beschäftigte Person	-	-	-	-	-	-	19	19	18	18
10	Lagerentwicklung (1949 = 100)							-	-	-	-
11	Lagerumschlag ... mal	-	-	-	-	-	-	9,1	8,3	7,9	7,2
12	Lagerbestand je beschäftigte Person in DM	-	-	-	-	-	-	3 790	4 310	4 740	5 190
13	Kreditverkäufe in % des Absatzes	-	-	-	-	-	-	0,5	0,6	0,1	0,5
	Aufgliederung der Kreditverkäufe in %										
14	In Verbindung mit Teilzahlungs-Finanzierungs-Instituten gewährte Kredite	-	-	-	-	-	-	0,0	0,0	0,0	0,0
15	Sonstige Teilzahlungsverkäufe aufgrund von besonderen Teilzahlungsverträgen	-	-	-	-	-	-	0,0	0,0	0,0	0,0
16	Alle sonstigen Kreditverkäufe (offene Buchkredite, Anschreiben)	-	-	-	-	-	-	100,0	100,0	100,0	100,0
17	Außenstände am Jahresende in % des Absatzes	-	-	-	-	-	-	0,1	0,0	0,0	0,0
18	Kostenentwicklung (1949 = 100)							-	-	-	-
	Kostenarten in % des Absatzes										
19	Personalkosten ohne Unternehmerlohn	-	-	-	-	-	-	3,4	3,8	4,2	4,6
20	Unternehmerlohn	-	-	-	-	-	-	6,9	6,2	6,1	5,8
21	Personalkosten insgesamt	-	-	-	-	-	-	10,3	10,0	10,3	10,4
22	Miete bzw. Mietwert	-	-	-	-	-	-	1,9	1,7	1,7	2,0
23	Reklamekosten	-	-	-	-	-	-	1,3	1,3	1,2	1,0
24	Umsatz- und Gewerbesteuer	-	-	-	-	-	-	4,1	4,3	4,0	4,0
25	Abschreibungen	-	-	-	-	-	-	0,9	1,1	1,2	1,1
26	Zinsen für Eigenkapital	-	-	-	-	-	-	0,2	0,3	0,3	0,3
27	Sonstige Kosten	-	-	-	-	-	-	3,9	4,5	4,3	4,1
28	Gesamtkosten (Summe 21 - 27)	-	-	-	-	-	-	22,6	23,2	23,0	22,9
29	Gesamtkosten ohne Unternehmerlohn und ohne Zinsen für Eigenkapital	-	-	-	-	-	-	15,5	16,7	16,6	16,8
30	Durchschnittliche Vergütung je beschäftigte Person in DM	-	-	-	-	-	-	4 190	4 300	4 800	4 800
31	Miete je qm Geschäftsraum in DM	-	-	-	-	-	-	41	39	43	51
32	Reklamekosten je beschäftigte Person in DM	-	-	-	-	-	-	529	559	559	462
33	Betriebshandelsspanne in % des Absatzes	-	-	-	-	-	-	23,5	24,2	23,3	25,1
34	Betriebswirtschaftliches Betriebsergebnis in % des Absatzes	-	-	-	-	-	-	0,9	1,0	0,3	2,2
35	Steuerliches Betriebsergebnis in % des Absatzes	-	-	-	-	-	-	8,0	7,5	6,7	8,3

Tabelle 38

Umsatz, Kosten, Spannen und Gewinn des Tabakwareneinzelhandels in den Jahren 1949 bis 1958

Lfd. Nr.	Position	1949	1950	1951	1952	1953	1954	1955	1956	1957	1958
1	Zahl der berichtenden Betriebe	59	43	75	69	81	73	71	73	67	69
2	Zahl der beschäftigten Personen je Betrieb	2,5	1,8	2,3	2,1	2,1	2,3	2,5	2,6	2,6	3,1
3	Absatz je Betrieb in Tausend DM	235	118	131	135	135	147	172	197	211	240
4	Wertmäßige Absatzentwicklung (1949 = 100)	100,0	86,3	86,8	90,3	93,2	96,2	105,7	113,2	117,5	122,1
5	Preisentwicklung (1949 = 100)	100	92	91	91	83	78	78	78	77	76
6	Preisbereinigte Absatzentwicklung (1949 = 100)	100,0	93,8	95,4	99,2	112,3	123,3	135,5	145,1	152,6	160,7
7	Absatz je beschäftigte Person in DM	92 300	65 700	55 900	63 600	71 300	66 400	73 300	78 700	78 900	76 700
8	Absatz je qm Geschäftsraum in DM	-	-	4 010	3 850	4 320	4 210	4 740	5 200	4 460	5 450
9	Zahl der qm Geschäftsraum je beschäftigte Person	-	-	14	17	16	16	15	15	18	14
10	Lagerentwicklung (1949 = 100)	100,0	172,9	205,8	232,2	248,5	261,2	285,8	310,1	335,5	362,3
11	Lagerumschlag ... mal	24,8	10,5	10,5	9,3	8,9	9,5	10,7	9,7	8,7	8,7
12	Lagerbestand je beschäftigte Person in DM	4 260	5 930	5 570	7 250	8 080	7 560	7 920	8 140	8 780	8 970
13	Kreditverkäufe in % des Absatzes	-	-	0,8	1,5	1,9	1,4	1,7	1,9	1,3	1,7
	Aufgliederung der Kreditverkäufe in %										
14	In Verbindung mit Teilzahlungs-Finanzierungs-Instituten gewährte Kredite	-	-	-	0,0	0,0	0,0	0,0	0,0	0,0	0,0
15	Sonstige Teilzahlungsverkäufe aufgrund von besonderen Teilzahlungsverträgen	-	-	-	0,0	0,0	0,0	0,0	0,0	0,0	0,0
16	Alle sonstigen Kreditverkäufe (offene Buchkredite, Anschreiben)	-	-	-	100,0	100,0	100,0	100,0	100,0	100,0	100,0
17	Außenstände am Jahresende in % des Absatzes	-	-	0,1	0,2	0,2	0,2	0,1	0,2	0,2	0,2
18	Kostenentwicklung (1949 = 100)	100,0	103,7	102,9	108,5	109,0	117,2	133,0	137,8	146,9	149,7
	Kostenarten in % des Absatzes										
19	Personalkosten ohne Unternehmerlohn	0,9	1,0	1,2	0,9	1,9	1,4	1,4	1,5	1,9	1,8
20	Unternehmerlohn	4,2	5,6	4,8	4,9	3,6	4,4	4,9	4,7	4,6	4,7
21	Personalkosten insgesamt	5,1	6,6	6,0	5,8	5,5	4,8	6,3	6,2	6,5	6,5
22	Miete bzw. Mietwert	1,0	1,4	1,5	1,5	1,7	1,5	1,5	1,6	1,6	1,4
23	Reklamekosten	0,2	0,3	0,2	0,2	0,2	0,2	0,2	0,2	0,2	0,2
24	Umsatz- und Gewerbesteuer	3,4	3,5	4,0	4,5	4,4	4,6	4,5	4,4	4,1	4,1
25	Abschreibungen	0,3	0,1	0,2	0,3	0,2	0,4	0,4	0,3	0,4	0,4
26	Zinsen für Eigenkapital	0,3	0,5	0,4	0,4	0,3	0,4	0,4	0,4	0,5	0,4
27	Sonstige Kosten	2,1	2,5	2,4	2,2	2,2	2,2	2,3	2,0	2,2	2,2
28	Gesamtkosten (Summe 21 - 27)	12,4	14,9	14,7	14,9	14,5	15,1	15,6	15,1	15,5	15,2
29	Gesamtkosten ohne Unternehmerlohn und ohne Zinsen für Eigenkapital	7,9	8,8	9,5	9,6	10,6	10,3	10,3	10,0	10,4	10,1
30	Durchschnittliche Vergütung je beschäftigte Person in DM	4 710	4 340	3 350	3 690	3 920	3 190	4 620	4 880	5 130	4 990
31	Miete je qm Geschäftsraum in DM	-	-	60	58	73	63	71	83	71	76
32	Reklamekosten je beschäftigte Person in DM	185	197	112	127	143	133	147	157	158	153
33	Betriebshandelsspanne in % des Absatzes	12,7	13,5	14,8	15,5	14,5	14,7	15,3	15,4	16,2	15,2
34	Betriebswirtschaftliches Betriebsergebnis in % des Absatzes	0,3	- 1,4	0,1	0,6	0,0	- 0,4	- 0,3	0,3	0,7	0,0
35	Steuerliches Betriebsergebnis in % des Absatzes	4,8	4,7	5,3	5,9	3,9	4,4	5,0	5,4	5,8	5,1

Tabelle 39

Umsatz, Kosten, Spannen und Gewinn des Textileinzelhandels insgesamt in den Jahren 1949 bis 1958

Lfd. Nr.	Position	1949	1950	1951	1952	1953	1954	1955	1956	1957	1958
1	Zahl der berichtenden Betriebe	366	420	604	596	639	676	622	670	743	903
2	Zahl der beschäftigten Personen je Betrieb	19,1	21,3	24,8	26,6	27,1	26,9	29,5	31,0	30,1	29,4
3	Absatz je Betrieb in Tausend DM	792	959	1 051	1 054	1 056	1 026	1 196	1 311	1 307	1 239
4	Wertmäßige Absatzentwicklung (1949 = 100)	100,0	124,2	137,1	134,6	137,8	139,7	150,2	165,1	175,0	171,9
5	Preisentwicklung (1949 = 100)	100	87	96	88	81	79	79	79	83	85
6	Preisbereinigte Absatzentwicklung (1949 = 100)	100,0	142,8	142,8	153,0	170,1	176,8	190,1	208,9	210,8	202,2
7	Absatz je beschäftigte Person in DM	41 600	45 000	42 100	39 400	39 000	38 100	40 600	42 400	43 300	42 500
8	Absatz je qm Geschäftsraum in DM	-	-	2 650	2 390	2 340	2 170	2 180	2 240	2 280	2 190
9	Zahl der qm Geschäftsraum je beschäftigte Person	-	-	16	17	17	18	19	19	19	19
10	Lagerentwicklung (1949 = 100)	100,0	177,9	241,9	268,4	279,9	295,0	305,9	323,0	353,0	372,8
11	Lagerumschlag ... mal	7,3	5,1	4,4	4,1	4,1	4,0	3,5	3,7	3,5	3,3
12	Lagerbestand je beschäftigte Person in DM	4 970	7 370	8 530	8 810	8 630	8 480	8 600	8 390	8 820	9 300
13	Kreditverkäufe in % des Absatzes	-	-	9,2	10,3	10,6	12,1	11,8	12,1	12,1	11,1
	Aufgliederung der Kreditverkäufe in %										
14	In Verbindung mit Teilzahlungs-Finanzierungs-Instituten gewährte Kredite	-	-	-	18,5	17,3	13,6	14,1	12,8	11,2	9,3
15	Sonstige Teilzahlungsverkäufe aufgrund von besonderen Teilzahlungsverträgen	-	-	-	11,6	11,5	12,7	13,3	12,0	12,9	22,2
16	Alle sonstigen Kreditverkäufe (offene Buchkredite, Anschreiben)	-	-	-	69,9	71,2	73,7	72,6	75,2	75,9	68,5
17	Außenstände am Jahresende in % des Absatzes	-	-	1,6	2,1	2,2	2,5	2,5	2,6	2,4	2,2
18	Kostenentwicklung (1949 = 100)	100,0	124,8	147,2	160,3	166,9	177,4	190,7	209,6	226,5	232,5
	Kostenarten in % des Absatzes										
19	Personalkosten ohne Unternehmerlohn	5,2	5,3	5,9	6,6	7,0	7,3	7,4	7,7	8,2	8,7
20	Unternehmerlohn	3,3	3,0	3,1	3,3	3,2	3,3	3,5	3,4	3,4	3,6
21	Personalkosten insgesamt	8,5	8,3	9,0	9,9	10,2	10,6	10,9	11,1	11,6	12,3
22	Miete bzw. Mietwert	1,4	1,4	1,5	1,6	1,8	2,0	1,9	1,9	2,0	2,2
23	Reklamekosten	1,0	1,2	1,4	1,6	1,7	1,7	1,6	1,6	1,5	1,5
24	Umsatz- und Gewerbesteuer	3,7	3,7	4,2	4,8	4,7	4,7	4,6	4,6	4,6	4,7
25	Abschreibungen	0,7	0,7	0,6	0,7	0,7	0,9	0,9	0,9	0,9	1,0
26	Zinsen für Eigenkapital	0,5	0,5	0,5	0,5	0,5	0,5	0,5	0,5	0,5	0,6
27	Sonstige Kosten	4,6	4,7	4,7	5,2	5,1	5,5	5,5	5,3	5,3	5,3
28	Gesamtkosten (Summe 21 - 27)	20,4	20,5	21,9	24,3	24,7	25,9	25,9	25,9	26,4	27,6
29	Gesamtkosten ohne Unternehmerlohn und ohne Zinsen für Eigenkapital	16,6	17,0	18,3	20,5	21,0	22,1	21,9	22,0	22,5	23,4
30	Durchschnittliche Vergütung je beschäftigte Person in DM	3 530	3 730	3 780	3 910	3 980	4 040	4 420	4 700	5 030	5 230
31	Miete je qm Geschäftsraum in DM	-	-	40	38	42	43	41	43	46	48
32	Reklamekosten je beschäftigte Person in DM	416	540	589	631	664	648	649	678	650	638
33	Betriebshandelsspanne in % des Absatzes	21,9	23,5	23,9	24,8	25,6	26,8	27,6	28,4	28,9	29,8
34	Betriebswirtschaftliches Betriebsergebnis in % des Absatzes	1,5	3,0	2,0	0,5	0,9	0,9	1,7	2,5	2,5	2,2
35	Steuerliches Betriebsergebnis in % des Absatzes	5,3	6,5	5,6	4,3	4,6	4,7	5,7	6,4	6,4	6,4

Tabelle 40

Umsatz, Kosten, Spannen und Gewinn des Textileinzelhandels mit vorwiegend Herren- und Knabenoberbekleidung in den Jahren 1951 bis 1958

Lfd. Nr.	Position	1949	1950	1951	1952	1953	1954	1955	1956	1957	1958
1	Zahl der berichtenden Betriebe	-	-	48	55	68	69	68	82	84	92
2	Zahl der beschäftigten Personen je Betrieb	-	-	22,8	20,9	23,6	23,3	24,3	26,1	26,3	25,4
3	Absatz je Betrieb in Tausend DM	-	-	1 376	1 151	1 339	1 312	1 454	1 661	1 696	1 652
4	Wertmäßige Absatzentwicklung (1949 = 100)	100,0	132,4	152,1	144,3	148,6	154,4	169,5	188,1	199,0	192,4
5	Preisentwicklung (1949 = 100)	-	-	-	-	-	-	-	-	-	-
6	Preisbereinigte Absatzentwicklung (1949 = 100)	-	-	-	-	-	-	-	-	-	-
7	Absatz je beschäftigte Person in DM	-	-	61 500	53 400	53 800	53 600	58 700	61 700	60 800	60 000
8	Absatz je qm Geschäftsraum in DM	-	-	3 460	2 830	2 890	2 500	2 690	2 620	2 580	2 440
9	Zahl der qm Geschäftsraum je beschäftigte Person	-	-	18	19	19	21	22	24	24	25
10	Lagerentwicklung (1949 = 100)	-	-	-	-	-	-	-	-	-	-
11	Lagerumschlag ... mal	-	-	5,2	4,2	4,5	4,4	4,0	4,3	4,1	3,5
12	Lagerbestand je beschäftigte Person in DM	-	-	10 200	10 860	10 550	10 700	10 730	10 570	10 780	12 210
13	Kreditverkäufe in % des Absatzes	-	-	12,6	13,8	12,8	14,8	12,0	12,1	11,4	11,0
14	Aufgliederung der Kreditverkäufe in % In Verbindung mit Teilzahlungs-Finanzierungs-Instituten gewährte Kredite	-	-	-	31,7	30,5	27,9	25,6	21,5	19,7	16,2
15	Sonstige Teilzahlungsverkäufe aufgrund von besonderen Teilzahlungsverträgen	-	-	-	21,1	11,7	4,8	3,3	5,0	8,0	15,2
16	Alle sonstigen Kreditverkäufe (offene Buchkredite, Anschreiben)	-	-	-	47,2	57,8	67,3	71,1	73,5	72,3	68,6
17	Außenstände am Jahresende in % des Absatzes	-	-	1,9	2,4	2,3	2,3	1,8	2,1	1,9	1,9
18	Kostenentwicklung (1949 = 100)	-	-	-	-	-	-	-	-	-	-
19	Kostenarten in % des Absatzes Personalkosten ohne Unternehmerlohn	-	-	5,2	6,0	6,8	7,0	6,9	6,9	7,6	8,1
20	Unternehmerlohn	-	-	2,2	2,4	2,2	2,3	2,5	2,6	2,4	2,6
21	Personalkosten insgesamt	-	-	7,4	8,4	9,0	9,3	9,4	9,5	10,0	10,7
22	Miete bzw. Mietwert	-	-	1,5	1,8	1,8	1,9	1,8	1,9	1,9	2,2
23	Reklamekosten	-	-	2,2	2,6	2,4	2,3	2,2	2,1	2,1	2,1
24	Umsatz- und Gewerbesteuer	-	-	4,3	5,0	5,0	4,9	4,8	4,8	4,9	5,0
25	Abschreibungen	-	-	0,6	0,7	0,8	1,0	0,9	0,8	0,8	0,8
26	Zinsen für Eigenkapital	-	-	0,4	0,5	0,4	0,4	0,5	0,4	0,5	0,6
27	Sonstige Kosten	-	-	4,6	5,5	4,8	5,2	5,0	5,0	5,1	5,2
28	Gesamtkosten (Summe 21 - 27)	-	-	21,0	24,5	24,2	25,0	24,6	24,5	25,3	26,6
29	Gesamtkosten ohne Unternehmerlohn und ohne Zinsen für Eigenkapital	-	-	18,4	21,6	21,6	22,3	21,6	21,5	22,4	23,4
30	Durchschnittliche Vergütung je beschäftigte Person in DM	-	-	4 550	4 480	4 840	4 990	5 520	5 860	6 080	6 420
31	Miete je qm Geschäftsraum in DM	-	-	52	51	52	48	48	50	49	54
32	Reklamekosten je beschäftigte Person in DM	-	-	1 353	1 387	1 292	1 233	1 291	1 296	1 277	1 260
33	Betriebshandelsspanne in % des Absatzes	-	-	24,4	25,5	26,8	27,7	29,3	28,9	29,4	30,7
34	Betriebswirtschaftliches Betriebsergebnis in % des Absatzes	-	-	3,4	1,0	2,6	2,7	4,7	4,4	4,1	4,1
35	Steuerliches Betriebsergebnis in % des Absatzes	-	-	6,0	3,9	5,2	5,4	7,7	7,4	7,0	7,3

Tabelle 41

Umsatz, Kosten, Spannen und Gewinn des Textileinzelhandels mit vorwiegend Damen-, Mädchen- und Kinderoberbekleidung in den Jahren 1951 bis 1958

Lfd. Nr.	Position	1949	1950	1951	1952	1953	1954	1955	1956	1957	1958
1	Zahl der berichtenden Betriebe	-	-	31	38	48	51	49	63	69	93
2	Zahl der beschäftigten Personen je Betrieb	-	-	28,4	28,2	35,3	28,9	29,5	32,6	32,6	29,3
3	Absatz je Betrieb in Tausend DM	-	-	1 153	1 031	1 240	992	1 074	1 221	1 274	1 074
4	Wertmäßige Absatzentwicklung (1949 = 100)	100,0	143,1	186,9	205,2	222,0	222,4	237,5	256,3	274,8	261,3
5	Preisentwicklung (1949 = 100)	-	-	-	-	-	-	-	-	-	-
6	Preisbereinigte Absatzentwicklung (1949 = 100)	-	-	-	-	-	-	-	-	-	-
7	Absatz je beschäftigte Person in DM	-	-	40 100	34 900	34 200	33 300	35 000	35 800	37 100	37 000
8	Absatz je qm Geschäftsraum in DM	-	-	3 530	2 820	2 710	2 420	2 180	2 210	2 350	2 250
9	Zahl der qm Geschäftsraum je beschäftigte Person	-	-	11	12	13	14	16	16	16	16
10	Lagerentwicklung (1949 = 100)	-	-	-	-	-	-	-	-	-	-
11	Lagerumschlag ... mal	-	-	8,0	7,0	6,4	5,8	3,9	4,3	3,7	3,6
12	Lagerbestand je beschäftigte Person in DM	-	-	4 670	4 980	5 190	5 390	5 770	5 500	6 590	6 930
13	Kreditverkäufe in % des Absatzes	-	-	6,9	9,6	11,1	15,3	12,7	10,8	11,7	10,2
	Aufgliederung der Kreditverkäufe in %										
14	In Verbindung mit Teilzahlungs-Finanzierungs-Instituten gewährte Kredite	-	-	-	31,1	22,0	18,2	18,6	13,5	13,2	11,1
15	Sonstige Teilzahlungsverkäufe aufgrund von besonderen Teilzahlungsverträgen	-	-	-	10,9	3,4	1,9	7,0	4,5	7,0	19,2
16	Alle sonstigen Kreditverkäufe (offene Buchkredite, Anschreiben)	-	-	-	58,0	74,6	79,9	74,4	82,0	79,8	69,7
17	Außenstände am Jahresende in % des Absatzes	-	-	1,0	1,4	1,5	2,4	1,5	1,5	1,9	1,5
18	Kostenentwicklung (1949 = 100)	-	-	-	-	-	-	-	-	-	-
	Kostenarten in % des Absatzes										
19	Personalkosten ohne Unternehmerlohn	-	-	6,2	7,9	8,0	8,9	8,8	9,5	9,3	10,1
20	Unternehmerlohn	-	-	2,4	2,6	2,5	2,7	2,9	2,7	3,0	3,2
21	Personalkosten insgesamt	-	-	8,6	10,5	10,5	11,6	11,7	12,2	12,3	13,3
22	Miete bzw. Mietwert	-	-	1,5	1,8	2,0	2,3	2,4	2,4	2,4	2,6
23	Reklamekosten	-	-	2,1	2,5	2,6	2,2	2,2	1,9	1,7	1,6
24	Umsatz- und Gewerbesteuer	-	-	3,7	4,0	3,9	3,9	4,0	3,9	4,0	4,2
25	Abschreibungen	-	-	0,8	0,8	1,0	1,1	0,9	1,0	1,2	1,1
26	Zinsen für Eigenkapital	-	-	0,4	0,3	0,4	0,4	0,4	0,4	0,3	0,4
27	Sonstige Kosten	-	-	4,5	5,5	5,7	5,9	6,0	5,2	5,6	5,7
28	Gesamtkosten (Summe 21 - 27)	-	-	21,6	25,4	26,1	27,4	27,6	27,0	27,5	28,9
29	Gesamtkosten ohne Unternehmerlohn und ohne Zinsen für Eigenkapital	-	-	18,8	22,5	23,2	24,3	24,3	23,9	24,2	25,3
30	Durchschnittliche Vergütung je beschäftigte Person in DM	-	-	3 450	3 660	3 590	3 860	4 100	4 360	4 560	4 930
31	Miete je qm Geschäftsraum in DM	-	-	53	51	54	56	52	53	56	58
32	Reklamekosten je beschäftigte Person in DM	-	-	842	872	889	733	771	679	630	593
33	Betriebshandelsspanne in % des Absatzes	-	-	25,7	26,8	26,9	26,6	28,7	29,8	29,8	30,5
34	Betriebswirtschaftliches Betriebsergebnis in % des Absatzes	-	-	4,1	1,4	0,8	- 0,8	1,1	2,8	2,3	1,6
35	Steuerliches Betriebsergebnis in % des Absatzes	-	-	6,9	4,3	3,7	2,3	4,4	5,9	5,6	5,2

Tabelle 42

Umsatz, Kosten, Spannen und Gewinn des Textileinzelhandels mit vorwiegend Herren-, Damen- und Kinderoberbekleidung in den Jahren 1949 bis 1958

Lfd. Nr.	Position	1949	1950	1951	1952	1953	1954	1955	1956	1957	1958
1	Zahl der berichtenden Betriebe	47	58	29	26	32	31	37	46	62	81
2	Zahl der beschäftigten Personen je Betrieb	18,2	18,4	50,5	36,8	37,4	49,7	33,7	43,3	40,2	43,6
3	Absatz je Betrieb in Tausend DM	742	1 049	2 771	1 738	1 689	2 187	1 599	2 137	2 065	1 994
4	Wertmäßige Absatzentwicklung (1949 = 100)	100,0	148,1	182,5	181,6	187,6	199,0	218,5	241,2	246,5	234,7
5	Preisentwicklung (1949 = 100)	100	87	94	86	80	79	79	79	83	86
6	Preisbereinigte Absatzentwicklung (1949 = 100)	100,0	170,2	194,1	211,2	234,5	251,9	276,6	305,3	297,0	272,9
7	Absatz je beschäftigte Person in DM	40 600	54 900	55 200	52 000	49 900	46 200	50 800	48 700	49 800	47 200
8	Absatz je qm Geschäftsraum in DM	-	-	2 920	3 230	3 010	2 430	2 480	2 480	2 280	1 980
9	Zahl der qm Geschäftsraum je beschäftigte Person	-	-	19	16	17	19	21	20	22	24
10	Lagerentwicklung (1949 = 100)	100,0	165,0	235,9	265,5	280,1	301,7	316,8	333,9	361,6	381,5
11	Lagerumschlag ... mal	7,8	6,1	4,8	4,7	4,3	4,1	3,6	3,8	3,6	3,4
12	Lagerbestand je beschäftigte Person in DM	4 340	7 940	11 750	11 150	11 170	9 980	10 460	9 220	9 360	9 640
13	Kreditverkäufe in % des Absatzes	-	-	10,7	16,7	19,5	23,6	24,7	21,1	21,9	18,5
	Aufgliederung der Kreditverkäufe in %										
14	In Verbindung mit Teilzahlungs-Finanzierungs-Instituten gewährte Kredite	-	-	-	13,4	17,8	15,3	19,3	17,7	16,2	16,0
15	Sonstige Teilzahlungsverkäufe aufgrund von besonderen Teilzahlungsverträgen	-	-	-	27,4	26,0	28,4	24,8	29,3	23,1	40,9
16	Alle sonstigen Kreditverkäufe (offene Buchkredite, Anschreiben)	-	-	-	59,2	56,2	46,3	55,9	53,0	60,7	43,1
17	Außenstände am Jahresende in % des Absatzes	-	-	1,4	3,8	4,4	5,1	5,8	5,0	5,0	4,5
18	Kostenentwicklung (1949 = 100)	100,0	134,6	169,2	180,0	198,7	220,7	244,3	277,4	291,3	299,8
	Kostenarten in % des Absatzes										
19	Personalkosten ohne Unternehmerlohn	5,9	5,2	5,5	5,4	5,9	7,0	6,5	7,6	8,3	9,6
20	Unternehmerlohn	2,8	2,2	2,1	2,6	2,5	2,1	2,9	2,4	2,5	2,4
21	Personalkosten insgesamt	8,7	7,4	7,6	8,0	8,4	9,1	9,4	10,0	10,8	12,0
22	Miete bzw. Mietwert	1,6	1,3	1,5	1,1	1,5	1,6	1,6	1,6	1,8	2,0
23	Reklamekosten	1,7	2,1	1,8	1,9	2,2	2,2	2,1	2,0	1,9	2,2
24	Umsatz- und Gewerbesteuer	3,8	3,5	4,0	4,9	4,9	4,5	4,5	4,6	4,7	4,8
25	Abschreibungen	0,7	0,7	0,6	0,6	0,9	1,1	1,0	1,1	1,1	1,1
26	Zinsen für Eigenkapital	0,7	0,3	0,5	0,5	0,4	0,5	0,6	0,4	0,5	0,6
27	Sonstige Kosten	4,8	4,7	4,4	4,8	5,0	5,4	5,4	5,6	5,2	5,4
28	Gesamtkosten (Summe 21 - 27)	22,0	20,0	20,4	21,8	23,3	24,4	24,6	25,3	26,0	28,1
29	Gesamtkosten ohne Unternehmerlohn und ohne Zinsen für Eigenkapital	18,5	17,5	17,8	18,7	20,4	21,8	21,1	22,5	23,0	25,1
30	Durchschnittliche Vergütung je beschäftigte Person in DM	3 540	4 060	4 190	4 160	4 190	4 210	4 780	4 870	5 380	5 660
31	Miete je qm Geschäftsraum in DM	-	-	44	36	45	39	40	40	41	40
32	Reklamekosten je beschäftigte Person in DM	691	1 152	993	988	1 098	1 017	1 067	973	946	1 037
33	Betriebshandelsspanne in % des Absatzes	21,8	23,2	23,2	24,2	25,3	27,1	28,1	28,6	29,1	29,9
34	Betriebswirtschaftliches Betriebsergebnis in % des Absatzes	- 0,2	3,2	2,8	2,4	2,0	2,7	3,5	3,3	3,1	1,8
35	Steuerliches Betriebsergebnis in % des Absatzes	3,3	5,7	5,4	5,5	4,9	5,3	7,0	6,1	6,1	4,8

Tabelle 43

Umsatz, Kosten, Spannen und Gewinn des Textileinzelhandels mit vorwiegend Meterwaren in den Jahren 1949 bis 1958

Lfd. Nr.	Position	1949	1950	1951	1952	1953	1954	1955	1956	1957	1958
1	Zahl der berichtenden Betriebe	27	38	41	31	28	33	20	18	18	26
2	Zahl der beschäftigten Personen je Betrieb	8,6	11,1	17,2	20,6	25,1	24,2	29,9	33,2	33,9	32,2
3	Absatz je Betrieb in Tausend DM	457	498	740	765	876	853	1 087	1 282	1 345	1 268
4	Wertmäßige Absatzentwicklung (1949 = 100)	100,0	110,8	115,4	102,8	99,3	95,8	98,1	105,6	112,3	107,8
5	Preisentwicklung (1949 = 100)	-	-	-	-	-	-	-	-	-	-
6	Preisbereinigte Absatzentwicklung (1949 = 100)	-	-	-	-	-	-	-	-	-	-
7	Absatz je beschäftigte Person in DM	53 100	44 300	42 600	38 300	35 700	33 800	36 700	38 300	40 200	38 400
8	Absatz je qm Geschäftsraum in DM	-	-	2 610	2 430	2 370	2 170	2 240	2 550	2 900	2 770
9	Zahl der qm Geschäftsraum je beschäftigte Person	-	-	16	16	15	16	16	15	14	14
10	Lagerentwicklung (1949 = 100)	100,0	180,2	249,9	277,0	276,7	276,7	278,1	290,9	308,1	320,4
11	Lagerumschlag ... mal	6,7	4,7	3,8	3,3	3,2	3,3	3,1	3,2	3,3	3,1
12	Lagerbestand je beschäftigte Person in DM	7 030	8 300	9 590	10 190	9 810	8 390	8 110	7 600	7 310	7 720
13	Kreditverkäufe in % des Absatzes	-	-	7,7	7,6	7,5	9,9	8,7	8,8	11,0	10,0
14	Aufgliederung der Kreditverkäufe in % In Verbindung mit Teilzahlungs-Finanzierungs-Instituten gewährte Kredite	-	-	-	9,2	6,9	3,0	3,3	3,1	2,2	3,2
15	Sonstige Teilzahlungsverkäufe aufgrund von besonderen Teilzahlungsverträgen	-	-	-	0,0	0,0	0,0	0,0	0,0	0,0	0,0
16	Alle sonstigen Kreditverkäufe (offene Buchkredite, Anschreiben)	-	-	-	90,8	93,1	97,0	96,7	96,9	97,8	96,8
17	Außenstände am Jahresende in % des Absatzes	-	-	1,1	1,4	1,2	1,4	1,3	1,2	1,0	1,1
18	Kostenentwicklung (1949 = 100)	100,0	125,5	142,8	151,0	152,0	151,4	158,3	167,5	180,6	183,4
19	Kostenarten in % des Absatzes Personalkosten ohne Unternehmerlohn	4,0	4,8	5,7	7,2	7,8	8,4	8,7	9,2	10,0	10,6
20	Unternehmerlohn	3,4	3,2	3,2	3,6	3,4	3,5	3,7	3,3	3,0	3,5
21	Personalkosten insgesamt	7,4	8,0	8,9	10,8	11,2	11,9	12,4	12,5	13,0	14,1
22	Miete bzw. Mietwert	1,1	1,4	1,7	2,2	2,5	2,8	2,8	2,9	3,0	2,8
23	Reklamekosten	0,9	1,3	1,4	1,7	1,7	1,8	2,0	1,9	2,0	1,8
24	Umsatz- und Gewerbesteuer	3,6	3,6	4,4	4,9	4,8	4,5	4,6	4,6	4,4	4,7
25	Abschreibungen	0,5	0,8	0,6	0,6	0,7	0,8	0,9	1,1	0,7	0,9
26	Zinsen für Eigenkapital	0,6	0,4	0,6	0,7	0,6	0,6	0,6	0,5	0,5	0,6
27	Sonstige Kosten	4,0	5,0	4,8	5,7	6,2	6,2	5,9	5,2	5,5	5,9
28	Gesamtkosten (Summe 21 - 27)	18,1	20,5	22,4	26,6	27,7	28,6	29,2	28,7	29,1	30,8
29	Gesamtkosten ohne Unternehmerlohn und ohne Zinsen für Eigenkapital	14,1	16,9	18,6	22,3	23,7	24,5	24,9	24,9	25,6	26,7
30	Durchschnittliche Vergütung je beschäftigte Person in DM	3 930	3 550	3 790	4 140	3 990	4 030	4 550	4 790	5 220	5 420
31	Miete je qm Geschäftsraum in DM	-	-	44	53	59	61	63	74	87	78
32	Reklamekosten je beschäftigte Person in DM	478	576	596	651	606	609	734	728	804	692
33	Betriebshandelsspanne in % des Absatzes	20,9	20,2	23,7	24,4	26,4	26,8	28,7	30,8	31,2	32,1
34	Betriebswirtschaftliches Betriebsergebnis in % des Absatzes	2,8	- 0,3	1,3	- 2,2	- 1,3	- 1,8	- 0,5	2,1	2,1	1,3
35	Steuerliches Betriebsergebnis in % des Absatzes	6,8	3,3	5,1	2,1	2,7	2,3	3,8	5,9	5,6	5,4

Tabelle 44

Umsatz, Kosten, Spannen und Gewinn des Textileinzelhandels mit vorwiegend Wäsche, Wirk- und Strickwaren in den Jahren 1949 bis 1958

Lfd. Nr.	Position	1949	1950	1951	1952	1953	1954	1955	1956	1957	1958
1	Zahl der berichtenden Betriebe	48	66	103	103	104	111	85	92	114	142
2	Zahl der beschäftigten Personen je Betrieb	9,5	9,6	11,6	9,8	11,3	10,9	12,1	11,1	9,7	10,4
3	Absatz je Betrieb in Tausend DM	408	426	426	357	405	408	489	455	409	437
4	Wertmäßige Absatzentwicklung (1949 = 100)	100,0	120,5	124,9	122,3	124,6	128,2	139,0	152,8	161,5	162,0
5	Preisentwicklung (1949 = 100)	100	83	88	79	71	69	69	69	71	73
6	Preisbereinigte Absatzentwicklung (1949 = 100)	100,0	145,2	141,9	154,8	175,5	185,8	201,4	221,4	227,5	221,9
7	Absatz je beschäftigte Person in DM	42 800	41 800	37 600	36 400	36 200	38 400	40 200	41 500	43 100	43 100
8	Absatz je qm Geschäftsraum in DM	-	-	2 890	2 750	2 590	2 600	2 670	2 730	2 740	2 620
9	Zahl der qm Geschäftsraum je beschäftigte Person	-	-	13	13	14	15	15	15	16	16
10	Lagerentwicklung (1949 = 100)	100,0	204,4	286,1	312,3	334,5	359,6	370,0	383,0	408,3	432,8
11	Lagerumschlag ... mal	10,0	5,5	3,9	3,6	3,6	3,5	3,2	3,2	3,2	3,0
12	Lagerbestand je beschäftigte Person in DM	3 400	6 250	8 330	8 720	8 470	9 290	9 440	9 150	9 630	10 090
13	Kreditverkäufe in % des Absatzes	-	-	2,7	3,4	3,3	3,8	4,1	3,7	3,4	3,6
	Aufgliederung der Kreditverkäufe in %										
14	In Verbindung mit Teilzahlungs-Finanzierungs-Instituten gewährte Kredite	-	-	-	31,2	25,7	21,1	24,4	19,4	17,7	11,1
15	Sonstige Teilzahlungsverkäufe aufgrund von besonderen Teilzahlungsverträgen	-	-	-	6,2	5,7	7,9	2,4	5,6	8,8	19,5
16	Alle sonstigen Kreditverkäufe (offene Buchkredite, Anschreiben)	-	-	-	62,6	68,6	71,0	73,2	75,0	73,5	69,4
17	Außenstände am Jahresende in % des Absatzes	-	-	0,6	0,7	0,7	0,8	0,8	0,8	0,8	0,9
18	Kostenentwicklung (1949 = 100)	100,0	122,3	140,6	148,3	149,9	155,5	171,9	189,7	206,8	211,3
	Kostenarten in % des Absatzes										
19	Personalkosten ohne Unternehmerlohn	4,5	4,7	5,6	5,7	6,1	6,0	6,4	6,5	6,8	7,0
20	Unternehmerlohn	4,2	4,1	4,3	4,7	4,4	4,3	4,5	4,4	4,6	4,9
21	Personalkosten insgesamt	8,7	8,8	9,9	10,4	10,5	10,3	10,9	10,9	11,4	11,9
22	Miete bzw. Mietwert	1,4	1,6	1,7	1,9	2,2	2,3	2,3	2,2	2,3	2,4
23	Reklamekosten	1,0	1,0	1,2	1,3	1,2	1,2	1,2	1,3	1,3	1,3
24	Umsatz- und Gewerbesteuer	3,5	3,7	4,4	5,1	5,0	4,9	4,8	4,8	4,7	4,7
25	Abschreibungen	0,7	0,7	0,7	0,7	0,7	0,9	0,8	0,9	1,0	0,9
26	Zinsen für Eigenkapital	0,4	0,4	0,6	0,5	0,6	0,6	0,5	0,6	0,5	0,6
27	Sonstige Kosten	5,0	4,8	4,8	5,2	4,7	4,9	5,1	5,0	5,3	5,2
28	Gesamtkosten (Summe 21 - 27)	20,7	21,0	23,3	25,1	24,9	25,1	25,6	25,7	26,5	27,0
29	Gesamtkosten ohne Unternehmerlohn und ohne Zinsen für Eigenkapital	16,1	16,5	18,4	19,9	19,9	20,2	20,6	20,7	21,4	21,5
30	Durchschnittliche Vergütung je beschäftigte Person in DM	3 730	3 680	3 730	3 790	3 800	3 960	4 300	4 520	4 920	5 130
31	Miete je qm Geschäftsraum in DM	-	-	49	52	57	60	61	60	63	63
32	Reklamekosten je beschäftigte Person in DM	428	418	452	473	435	461	482	539	561	560
33	Betriebshandelsspanne in % des Absatzes	23,9	24,8	24,5	24,9	25,1	26,2	27,2	27,6	28,4	28,9
34	Betriebswirtschaftliches Betriebsergebnis in % des Absatzes	3,2	3,8	1,2	- 0,2	0,2	1,1	1,6	1,9	1,9	1,9
35	Steuerliches Betriebsergebnis in % des Absatzes	7,8	8,3	6,1	5,0	5,2	6,0	6,6	6,9	7,0	7,4

Tabelle 45

Umsatz, Kosten, Spannen und Gewinn des Textileinzelhandels mit vorwiegend Haus- und Bettwäsche, Bettwaren in den Jahren 1951 bis 1958

Lfd. Nr.	Position	1949	1950	1951	1952	1953	1954	1955	1956	1957	1958
1	Zahl der berichtenden Betriebe	-	-	25	18	24	28	24	25	31	42
2	Zahl der beschäftigten Personen je Betrieb	-	-	12,8	15,4	13,7	15,8	16,2	18,7	16,8	16,1
3	Absatz je Betrieb in Tausend DM	-	-	547	614	547	574	607	769	717	685
4	Wertmäßige Absatzentwicklung (1949 = 100)	100,0	140,1	152,6	133,1	145,6	146,5	157,5	175,9	183,6	182,3
5	Preisentwicklung (1949 = 100)	100	87	95	84	75	72	72	73	76	77
6	Preisbereinigte Absatzentwicklung (1949 = 100)	100,0	161,0	160,6	158,5	194,1	203,5	218,8	241,0	241,6	236,8
7	Absatz je beschäftigte Person in DM	-	-	42 900	39 300	38 900	37 300	38 500	43 100	42 500	42 700
8	Absatz je qm Geschäftsraum in DM	-	-	1 880	1 560	1 640	1 690	1 680	1 680	1 640	1 480
9	Zahl der qm Geschäftsraum je beschäftigte Person	-	-	23	25	24	22	23	26	26	29
10	Lagerentwicklung (1949 = 100)	-	-	-	-	-	-	-	-	-	-
11	Lagerumschlag ... mal	-	-	4,4	4,6	4,9	4,1	4,6	4,8	4,1	3,9
12	Lagerbestand je beschäftigte Person in DM	-	-	8 870	7 470	7 180	6 810	6 430	6 360	7 290	7 150
13	Kreditverkäufe in % des Absatzes	-	-	14,3	17,8	19,4	19,9	20,5	20,5	19,0	19,5
	Aufgliederung der Kreditverkäufe in %										
14	In Verbindung mit Teilzahlungs-Finanzierungs-Instituten gewährte Kredite	-	-	-	17,3	15,3	6,5	7,5	11,0	6,8	7,0
15	Sonstige Teilzahlungsverkäufe aufgrund von besonderen Teilzahlungsverträgen	-	-	-	3,5	5,9	0,6	1,5	1,7	1,7	7,0
16	Alle sonstigen Kreditverkäufe (offene Buchkredite, Anschreiben)	-	-	-	79,2	78,8	92,9	91,0	87,3	91,5	86,0
17	Außenstände am Jahresende in % des Absatzes	-	-	1,8	2,5	2,2	2,5	2,5	2,5	2,2	2,3
18	Kostenentwicklung (1949 = 100)	-	-	-	-	-	-	-	-	-	-
	Kostenarten in % des Absatzes										
19	Personalkosten ohne Unternehmerlohn	-	-	7,0	8,1	8,0	8,6	9,1	8,3	8,8	9,0
20	Unternehmerlohn	-	-	2,9	3,2	3,1	3,1	2,7	3,0	3,4	3,5
21	Personalkosten insgesamt	-	-	9,9	11,3	11,1	11,7	11,8	11,3	12,2	12,5
22	Miete bzw. Mietwert	-	-	2,0	1,7	2,2	2,5	2,3	1,9	1,9	2,4
23	Reklamekosten	-	-	1,7	1,8	2,1	2,2	1,9	1,9	1,8	1,9
24	Umsatz- und Gewerbesteuer	-	-	4,4	5,3	4,9	4,6	4,7	4,7	5,0	4,7
25	Abschreibungen	-	-	0,7	0,8	1,0	1,1	1,0	0,9	1,1	1,5
26	Zinsen für Eigenkapital	-	-	0,4	0,4	0,4	0,4	0,5	0,4	0,5	0,8
27	Sonstige Kosten	-	-	5,1	5,3	5,9	6,3	6,3	5,6	6,0	6,1
28	Gesamtkosten (Summe 21 - 27)	-	-	24,2	26,6	27,6	28,8	28,5	26,7	28,5	29,9
29	Gesamtkosten ohne Unternehmerlohn und ohne Zinsen für Eigenkapital	-	-	20,9	23,0	24,1	25,3	25,3	23,3	24,6	25,6
30	Durchschnittliche Vergütung je beschäftigte Person in DM	-	-	4 240	4 440	4 320	4 360	4 540	4 870	5 180	5 340
31	Miete je qm Geschäftsraum in DM	-	-	38	26	36	42	39	32	31	35
32	Reklamekosten je beschäftigte Person in DM	-	-	729	707	817	820	732	819	764	812
33	Betriebshandelsspanne in % des Absatzes	-	-	26,4	27,0	27,4	28,8	27,2	30,1	31,9	32,4
34	Betriebswirtschaftliches Betriebsergebnis in % des Absatzes	-	-	2,2	0,4	- 0,2	0,0	- 1,3	3,4	3,4	2,5
35	Steuerliches Betriebsergebnis in % des Absatzes	-	-	5,5	4,0	3,3	3,5	1,9	6,8	7,3	6,8

Tabelle 46

Umsatz, Kosten, Spannen und Gewinn des Textileinzelhandels mit vorwiegend Herrenausstattung in den Jahren 1953 bis 1958

Lfd. Nr.	Position	1949	1950	1951	1952	1953	1954	1955	1956	1957	1958
1	Zahl der berichtenden Betriebe					11	17	22	20	22	34
2	Zahl der beschäftigten Personen je Betrieb	-	-	-	-	5,1	5,0	5,4	7,6	6,3	7,2
3	Absatz je Betrieb in Tausend DM	-	-	-	-	208	209	260	357	316	358
4	Wertmäßige Absatzentwicklung (1949 = 100)	-	-	-	-	-	-	-	-	-	-
5	Preisentwicklung (1949 = 100)	-	-	-	-	-	-	-	-	-	-
6	Preisbereinigte Absatzentwicklung (1949 = 100)	-	-	-	-	-	-	-	-	-	-
7	Absatz je beschäftigte Person in DM	-	-	-	-	41 100	40 400	45 100	47 000	48 900	48 200
8	Absatz je qm Geschäftsraum in DM	-	-	-	-	3 020	2 320	2 390	2 500	2 620	2 800
9	Zahl der qm Geschäftsraum je beschäftigte Person	-	-	-	-	14	17	19	19	19	17
10	Lagerentwicklung (1949 = 100)	-	-	-	-	-	-	-	-	-	-
11	Lagerumschlag ... mal	-	-	-	-	2,4	2,7	2,7	2,8	3,0	2,9
12	Lagerbestand je beschäftigte Person in DM	-	-	-	-	13 210	12 640	12 700	12 160	11 880	11 810
13	Kreditverkäufe in % des Absatzes	-	-	-	-	6,5	4,2	4,0	4,3	4,9	2,1
	Aufgliederung der Kreditverkäufe in %										
14	In Verbindung mit Teilzahlungs-Finanzierungs-Instituten gewährte Kredite	-	-	-	-	1,4	9,5	12,5	18,2	8,3	22,2
15	Sonstige Teilzahlungsverkäufe aufgrund von besonderen Teilzahlungsverträgen	-	-	-	-	0,0	0,0	0,0	0,0	0,0	11,1
16	Alle sonstigen Kreditverkäufe (offene Buchkredite, Anschreiben)	-	-	-	-	98,6	90,5	87,5	81,8	91,7	66,7
17	Außenstände am Jahresende in % des Absatzes	-	-	-	-	1,2	0,9	0,7	0,9	0,9	0,5
18	Kostenentwicklung (1949 = 100)	-	-	-	-	-	-	-	-	-	-
	Kostenarten in % des Absatzes										
19	Personalkosten ohne Unternehmerlohn	-	-	-	-	5,8	4,7	4,8	5,3	6,4	6,4
20	Unternehmerlohn	-	-	-	-	4,6	5,1	5,4	4,8	5,1	4,6
21	Personalkosten insgesamt	-	-	-	-	10,4	9,8	10,2	10,1	11,5	11,0
22	Miete bzw. Mietwert	-	-	-	-	2,4	2,5	2,4	2,5	2,7	2,9
23	Reklamekosten	-	-	-	-	1,3	1,0	1,0	0,9	1,1	1,0
24	Umsatz- und Gewerbesteuer	-	-	-	-	5,0	4,9	4,8	4,8	4,8	5,0
25	Abschreibungen	-	-	-	-	0,4	0,6	0,8	0,8	0,9	0,8
26	Zinsen für Eigenkapital	-	-	-	-	0,5	0,5	0,5	0,4	0,4	0,6
27	Sonstige Kosten	-	-	-	-	5,7	6,3	5,5	6,1	5,1	5,4
28	Gesamtkosten (Summe 21 - 27)	-	-	-	-	25,7	25,6	25,2	25,6	26,5	26,7
29	Gesamtkosten ohne Unternehmerlohn und ohne Zinsen für Eigenkapital	-	-	-	-	20,6	20,0	19,3	20,4	21,0	21,5
30	Durchschnittliche Vergütung je beschäftigte Person in DM	-	-	-	-	4 270	3 960	4 600	4 750	5 620	5 300
31	Miete je qm Geschäftsraum in DM	-	-	-	-	72	58	57	62	71	81
32	Reklamekosten je beschäftigte Person in DM	-	-	-	-	534	404	451	423	538	482
33	Betriebshandelsspanne in % des Absatzes	-	-	-	-	28,7	28,2	28,9	28,5	31,0	30,3
34	Betriebswirtschaftliches Betriebsergebnis in % des Absatzes	-	-	-	-	3,0	2,6	3,7	2,9	4,5	3,6
35	Steuerliches Betriebsergebnis in % des Absatzes	-	-	-	-	8,1	8,2	9,6	8,1	10,0	8,8

Tabelle 47

Umsatz, Kosten, Spannen und Gewinn des Textileinzelhandels mit vorwiegend Teppichen, Möbelstoffen und Gardinen in den Jahren 1953 bis 1958

Lfd. Nr.	Position	1949	1950	1951	1952	1953	1954	1955	1956	1957	1958
1	Zahl der berichtenden Betriebe					9	11	9	16	18	20
2	Zahl der beschäftigten Personen je Betrieb	-	-	-	-	21,0	23,5	25,7	27,8	28,2	30,0
3	Absatz je Betrieb in Tausend DM	-	-	-	-	686	739	821	883	1 054	1 093
4	Wertmäßige Absatzentwicklung (1949 = 100)	-	-	-	-	-	-	-	-	-	-
5	Preisentwicklung (1949 = 100)	-	-	-	-	-	-	-	-	-	-
6	Preisbereinigte Absatzentwicklung (1949 = 100)	-	-	-	-	-	-	-	-	-	-
7	Absatz je beschäftigte Person in DM	-	-	-	-	32 000	30 900	31 400	31 900	38 400	36 100
8	Absatz je qm Geschäftsraum in DM	-	-	-	-	1 610	1 450	1 440	1 560	1 930	2 190
9	Zahl der qm Geschäftsraum je beschäftigte Person	-	-	-	-	20	21	22	20	20	16
10	Lagerentwicklung (1949 = 100)	-	-	-	-	-	-	-	-	-	-
11	Lagerumschlag ... mal	-	-	-	-	4,9	4,1	3,4	3,3	3,2	3,5
12	Lagerbestand je beschäftigte Person in DM	-	-	-	-	5 590	5 710	5 420	6 260	7 400	6 670
13	Kreditverkäufe in % des Absatzes	-	-	-	-	38,0	46,0	42,6	48,4	49,9	53,0
	Aufgliederung der Kreditverkäufe in %										
14	In Verbindung mit Teilzahlungs-Finanzierungs-Instituten gewährte Kredite	-	-	-	-	1,7	2,3	2,5	2,3	2,2	1,5
15	Sonstige Teilzahlungsverkäufe aufgrund von besonderen Teilzahlungsverträgen	-	-	-	-	0,6	2,5	3,5	2,3	3,9	14,2
16	Alle sonstigen Kreditverkäufe (offene Buchkredite, Anschreiben)	-	-	-	-	97,7	95,2	94,0	95,4	93,9	84,3
17	Außenstände am Jahresende in % des Absatzes	-	-	-	-	6,0	6,8	6,6	6,2	6,1	6,4
18	Kostenentwicklung (1949 = 100)	-	-	-	-	-	-	-	-	-	-
	Kostenarten in % des Absatzes										
19	Personalkosten ohne Unternehmerlohn	-	-	-	-	9,9	10,9	11,8	12,6	12,7	13,5
20	Unternehmerlohn	-	-	-	-	2,9	2,6	2,8	2,6	2,2	2,5
21	Personalkosten insgesamt	-	-	-	-	12,8	13,5	14,6	15,2	14,9	16,0
22	Miete bzw. Mietwert	-	-	-	-	2,3	2,7	2,8	2,8	2,6	2,4
23	Reklamekosten	-	-	-	-	1,9	2,1	1,8	2,0	2,2	2,3
24	Umsatz- und Gewerbesteuer	-	-	-	-	4,8	4,6	4,9	4,7	4,6	4,8
25	Abschreibungen	-	-	-	-	0,7	0,9	1,0	1,0	1,0	1,1
26	Zinsen für Eigenkapital	-	-	-	-	0,4	0,5	0,3	0,5	0,4	0,6
27	Sonstige Kosten	-	-	-	-	6,4	7,0	6,6	6,3	6,1	5,9
28	Gesamtkosten (Summe 21 - 27)	-	-	-	-	29,3	31,3	32,0	32,5	31,8	33,1
29	Gesamtkosten ohne Unternehmerlohn und ohne Zinsen für Eigenkapital	-	-	-	-	26,0	28,2	28,9	29,4	29,2	30,0
30	Durchschnittliche Vergütung je beschäftigte Person in DM	-	-	-	-	4 090	4 180	4 580	4 850	5 720	5 780
31	Miete je qm Geschäftsraum in DM	-	-	-	-	37	39	40	44	50	53
32	Reklamekosten je beschäftigte Person in DM	-	-	-	-	608	649	565	638	844	831
33	Betriebshandelsspanne in % des Absatzes	-	-	-	-	27,3	32,1	32,6	33,0	33,0	34,8
34	Betriebswirtschaftliches Betriebsergebnis in % des Absatzes	-	-	-	-	- 2,0	0,8	0,6	0,5	1,2	1,7
35	Steuerliches Betriebsergebnis in % des Absatzes	-	-	-	-	1,3	3,9	3,7	3,6	3,8	4,8

Tabelle 48

Umsatz, Kosten, Spannen und Gewinn des Textileinzelhandels mit gemischtem Sortiment in den Jahren 1949 bis 1958

Lfd. Nr.	Position	1949	1950	1951	1952	1953	1954	1955	1956	1957	1958
1	Zahl der berichtenden Betriebe	208	229	311	307	306	308	300	300	313	355
2	Zahl der beschäftigten Personen je Betrieb	23,9	27,9	29,2	34,3	33,6	34,5	38,5	39,4	39,8	39,2
3	Absatz je Betrieb in Tausend DM	997	1 203	1 143	1 303	1 242	1 234	1 468	1 535	1 571	1 529
4	Wertmäßige Absatzentwicklung (1949 = 100)	100,0	121,6	132,6	131,1	133,1	133,5	143,4	158,0	168,6	166,1
5	Preisentwicklung (1949 = 100)	100	87	97	87	80	78	78	78	82	84
6	Preisbereinigte Absatzentwicklung (1949 = 100)	100,0	139,8	136,7	150,7	166,4	171,2	183,8	202,6	205,6	197,7
7	Absatz je beschäftigte Person in DM	41 600	44 300	39 800	38 000	37 100	35 900	36 900	38 600	39 500	38 900
8	Absatz je qm Geschäftsraum in DM	-	-	2 420	2 110	2 060	1 940	1 910	1 990	2 040	1 990
9	Zahl der qm Geschäftsraum je beschäftigte Person	-	-	16	18	18	19	19	19	19	19
10	Lagerentwicklung (1949 = 100)	100,0	172,6	231,6	253,6	261,5	273,5	285,0	305,8	337,3	357,5
11	Lagerumschlag ... mal	6,8	4,8	4,2	3,9	3,9	3,8	3,5	3,6	3,5	3,2
12	Lagerbestand je beschäftigte Person in DM	5 100	7 550	8 320	8 730	8 510	8 150	8 100	8 130	8 490	9 120
13	Kreditverkäufe in % des Absatzes	-	-	9,8	10,6	10,9	12,3	11,6	11,9	11,5	10,8
	Aufgliederung der Kreditverkäufe in %										
14	In Verbindung mit Teilzahlungs-Finanzierungs-Instituten gewährte Kredite	-	-	-	13,0	13,8	9,9	11,5	9,4	7,8	6,4
15	Sonstige Teilzahlungsverkäufe aufgrund von besonderen Teilzahlungsverträgen	-	-	-	13,0	13,8	16,5	16,8	15,4	16,5	22,9
16	Alle sonstigen Kreditverkäufe (offene Buchkredite, Anschreiben)	-	-	-	74,0	72,4	73,6	71,7	75,2	75,7	70,7
17	Außenstände am Jahresende in % des Absatzes	-	-	2,0	2,4	2,7	3,1	3,0	3,1	2,8	2,6
18	Kostenentwicklung (1949 = 100)	100,0	122,8	141,9	154,8	159,8	168,4	183,8	201,7	217,7	222,0
	Kostenarten in % des Absatzes										
19	Personalkosten ohne Unternehmerlohn	5,2	5,5	6,0	6,7	7,0	7,3	7,4	7,7	8,3	8,6
20	Unternehmerlohn	3,0	2,7	3,0	3,0	3,1	3,2	3,6	3,4	3,3	3,6
21	Personalkosten insgesamt	8,2	8,2	9,0	9,7	10,1	10,5	11,0	11,1	11,6	12,2
22	Miete bzw. Mietwert	1,3	1,3	1,2	1,4	1,5	1,6	1,6	1,6	1,6	1,8
23	Reklamekosten	0,9	1,1	1,2	1,4	1,4	1,5	1,5	1,4	1,3	1,3
24	Umsatz- und Gewerbesteuer	3,7	3,8	4,2	4,8	4,7	4,7	4,6	4,6	4,6	4,7
25	Abschreibungen	0,7	0,7	0,6	0,6	0,7	0,8	0,8	0,8	0,8	0,9
26	Zinsen für Eigenkapital	0,5	0,5	0,6	0,6	0,5	0,6	0,6	0,6	0,6	0,6
27	Sonstige Kosten	4,6	4,5	4,5	5,0	5,0	5,4	5,4	5,3	5,2	5,1
28	Gesamtkosten (Summe 21 - 27)	19,9	20,1	21,3	23,5	23,9	25,1	25,5	25,4	25,7	26,6
29	Gesamtkosten ohne Unternehmerlohn und ohne Zinsen für Eigenkapital	16,4	16,9	17,7	19,9	20,3	21,3	21,3	21,4	21,8	22,4
30	Durchschnittliche Vergütung je beschäftigte Person in DM	3 410	3 630	3 580	3 690	3 750	3 770	4 060	4 290	4 580	4 740
31	Miete je qm Geschäftsraum in DM	-	-	29	29	31	31	31	32	33	36
32	Reklamekosten je beschäftigte Person in DM	374	488	478	532	520	539	553	541	513	505
33	Betriebshandelsspanne in % des Absatzes	21,2	23,1	23,2	24,0	24,8	26,1	26,8	27,5	27,8	28,5
34	Betriebswirtschaftliches Betriebsergebnis in % des Absatzes	1,3	3,0	1,9	0,5	0,9	1,0	1,3	2,1	2,1	1,9
35	Steuerliches Betriebsergebnis in % des Absatzes	4,8	6,2	5,5	4,1	4,5	4,8	5,5	6,1	6,0	6,1

Tabelle 49

Umsatz, Kosten, Spannen und Gewinn des Schuheinzelhandels in den Jahren 1949 bis 1958

Lfd. Nr.	Position	1949	1950	1951	1952	1953	1954	1955	1956	1957	1958
1	Zahl der berichtenden Betriebe	98	138	142	262	255	234	247	255	284	297
2	Zahl der beschäftigten Personen je Betrieb	10,5	10,5	12,4	12,4	15,1	14,7	14,7	14,7	13,1	14,7
3	Absatz je Betrieb in Tausend DM	570	595	599	586	664	635	625	657	609	651
4	Wertmäßige Absatzentwicklung (1949 = 100)	100,0	124,0	127,9	136,5	142,0	145,6	153,3	170,2	183,6	191,1
5	Preisentwicklung (1949 = 100)	100	89	101	96	93	92	91	92	94	96
6	Preisbereinigte Absatzentwicklung (1949 = 100)	100,0	139,3	126,6	142,2	152,7	158,3	168,5	185,0	195,3	199,1
7	Absatz je beschäftigte Person in DM	54 300	53 400	47 100	45 800	43 600	42 300	42 500	44 500	44 900	43 600
8	Absatz je qm Geschäftsraum in DM	-	-	2 900	2 760	2 640	2 550	2 300	2 390	2 420	2 270
9	Zahl der qm Geschäftsraum je beschäftigte Person	-	-	16	17	17	17	19	19	19	19
10	Lagerentwicklung (1949 = 100)	100,0	172,8	216,0	241,1	261,1	283,6	299,5	319,0	354,1	382,1
11	Lagerumschlag ... mal	7,9	5,7	4,9	4,6	4,5	3,8	2,9	3,0	2,7	2,5
12	Lagerbestand je beschäftigte Person in DM	5 450	8 070	8 730	9 240	9 120	9 950	10 130	10 180	11 100	11 460
13	Kreditverkäufe in % des Absatzes	-	-	4,2	4,6	4,9	5,9	5,9	7,0	6,0	5,6
14	Aufgliederung der Kreditverkäufe in % In Verbindung mit Teilzahlungs-Finanzierungs-Instituten gewährte Kredite	-	-	-	32,6	34,8	24,5	20,0	12,9	14,5	12,0
15	Sonstige Teilzahlungsverkäufe aufgrund von besonderen Teilzahlungsverträgen	-	-	-	13,0	19,6	24,6	16,4	34,3	29,1	42,0
16	Alle sonstigen Kreditverkäufe (offene Buchkredite, Anschreiben)	-	-	-	54,4	45,6	50,9	63,6	52,8	56,4	46,0
17	Außenstände am Jahresende in % des Absatzes	-	-	1,0	1,0	1,2	1,4	1,4	1,7	1,6	1,4
18	Kostenentwicklung (1949 = 100)	100,0	116,3	131,3	146,5	156,8	166,8	182,0	201,3	219,9	236,9
19	Kostenarten in % des Absatzes Personalkosten ohne Unternehmerlohn	4,1	3,8	4,4	4,4	5,1	5,1	5,1	5,2	5,4	5,6
20	Unternehmerlohn	3,6	3,3	3,5	3,5	3,4	3,6	4,3	4,3	4,6	4,8
21	Personalkosten insgesamt	7,7	7,1	7,9	7,9	8,5	8,7	9,4	9,5	10,0	10,4
22	Miete bzw. Mietwert	1,4	1,3	1,4	1,4	1,5	1,7	1,7	1,7	1,8	1,9
23	Reklamekosten	1,1	1,1	1,1	1,3	1,3	1,3	1,3	1,2	1,1	1,1
24	Umsatz- und Gewerbesteuer	3,7	3,6	4,3	4,9	4,9	4,8	4,8	4,8	4,6	4,7
25	Abschreibungen	0,9	0,7	0,6	0,5	0,5	0,7	0,8	0,8	0,9	0,9
26	Zinsen für Eigenkapital	0,4	0,4	0,6	0,5	0,5	0,5	0,5	0,5	0,5	0,7
27	Sonstige Kosten	4,0	3,8	3,8	4,1	4,0	4,3	4,3	4,2	4,1	4,1
28	Gesamtkosten (Summe 21 - 27)	19,2	18,0	19,7	20,6	21,2	22,0	22,8	22,7	23,0	23,8
29	Gesamtkosten ohne Unternehmerlohn und ohne Zinsen für Eigenkapital	15,2	14,3	15,6	16,6	17,3	17,9	18,0	17,9	17,9	18,3
30	Durchschnittliche Vergütung je beschäftigte Person in DM	4 180	3 790	3 720	3 620	3 710	3 680	4 000	4 230	4 490	4 530
31	Miete je qm Geschäftsraum in DM	-	-	41	39	40	43	39	41	44	43
32	Reklamekosten je beschäftigte Person in DM	597	587	518	595	567	550	553	534	494	480
33	Betriebshandelsspanne in % des Absatzes	18,9	21,3	20,4	21,1	20,7	22,6	24,0	25,4	25,4	27,0
34	Betriebswirtschaftliches Betriebsergebnis in % des Absatzes	- 0,3	3,3	0,7	0,5	- 0,5	0,6	1,2	2,7	2,4	3,2
35	Steuerliches Betriebsergebnis in % des Absatzes	3,7	7,0	4,8	4,5	3,4	4,7	6,0	7,5	7,5	8,7

Tabelle 50

Umsatz, Kosten, Spannen und Gewinn des Möbeleinzelhandels in den Jahren 1949 bis 1958

Lfd. Nr.	Position	1949	1950	1951	1952	1953	1954	1955	1956	1957	1958
1	Zahl der berichtenden Betriebe	66	62	113	129	128	140	145	170	173	205
2	Zahl der beschäftigten Personen je Betrieb	12,7	15,0	13,0	11,7	14,5	17,3	17,4	18,5	19,8	20,6
3	Absatz je Betrieb in Tausend DM	494	855	740	689	914	1 074	1 201	1 312	1 403	1 443
4	Wertmäßige Absatzentwicklung (1949 = 100)	100,0	147,5	197,7	196,9	231,9	251,4	290,4	331,3	346,9	343,1
5	Preisentwicklung (1949 = 100)	100	86	97	102	97	96	97	100	105	106
6	Preisbereinigte Absatzentwicklung (1949 = 100)	100,0	171,5	203,8	193,0	239,1	261,9	296,5	328,5	327,5	323,7
7	Absatz je beschäftigte Person in DM	38 800	57 400	58 600	61 100	64 600	64 500	70 000	72 500	71 400	69 800
8	Absatz je qm Geschäftsraum in DM	-	-	750	720	810	710	730	770	760	730
9	Zahl der qm Geschäftsraum je beschäftigte Person	-	-	78	84	80	91	95	94	94	96
10	Lagerentwicklung (1949 = 100)	100,0	132,2	184,8	228,3	249,1	280,5	313,3	355,0	393,0	418,2
11	Lagerumschlag ... mal	5,4	7,3	6,3	5,1	5,7	5,5	5,6	5,5	5,0	4,9
12	Lagerbestand je beschäftigte Person in DM	6 400	6 420	7 730	9 700	8 910	9 320	9 530	9 540	10 080	10 280
13	Kreditverkäufe in % des Absatzes	-	-	53,1	59,9	57,8	56,1	51,8	48,7	48,2	49,1
	Aufgliederung der Kreditverkäufe in %										
14	In Verbindung mit Teilzahlungs-Finanzierungs-Instituten gewährte Kredite	-	-	-	32,7	44,0	47,2	45,6	43,9	39,1	38,7
15	Sonstige Teilzahlungsverkäufe aufgrund von besonderen Teilzahlungsverträgen	-	-	-	30,5	24,7	23,0	18,9	19,1	21,5	32,7
16	Alle sonstigen Kreditverkäufe (offene Buchkredite, Anschreiben)	-	-	-	36,8	31,3	29,8	35,5	37,0	39,4	28,6
17	Außenstände am Jahresende in % des Absatzes	-	-	9,4	12,6	12,4	12,2	11,4	12,1	10,3	11,4
18	Kostenentwicklung (1949 = 100)	100,0	124,1	162,9	174,7	206,6	230,1	271,0	297,5	323,7	344,3
	Kostenarten in % des Absatzes										
19	Personalkosten ohne Unternehmerlohn	8,2	6,0	5,7	6,2	6,4	7,1	7,2	6,8	7,6	8,4
20	Unternehmerlohn	3,9	2,4	3,0	2,7	2,4	2,2	2,4	2,5	2,5	2,4
21	Personalkosten insgesamt	12,1	8,4	8,7	8,9	8,8	9,3	9,6	9,3	10,1	10,8
22	Miete bzw. Mietwert	2,4	1,7	1,9	2,1	2,0	2,2	2,4	2,2	2,3	2,6
23	Reklamekosten	1,2	1,4	1,2	1,5	1,7	1,8	1,6	1,6	1,6	1,9
24	Umsatz- und Gewerbesteuer	3,7	3,5	4,0	4,7	4,7	4,7	4,7	4,8	4,9	5,0
25	Abschreibungen	0,9	1,7	1,3	1,0	1,4	1,4	1,3	1,3	1,2	1,3
26	Zinsen für Eigenkapital	0,8	0,6	0,5	0,5	0,4	0,4	0,4	0,5	0,5	0,7
27	Sonstige Kosten	7,3	6,6	5,8	6,3	6,3	6,2	6,5	5,8	5,9	6,2
28	Gesamtkosten (Summe 21 - 27)	28,4	23,9	23,4	25,2	25,3	26,0	26,5	25,5	26,5	28,4
29	Gesamtkosten ohne Unternehmerlohn und ohne Zinsen für Eigenkapital	23,7	20,9	19,9	22,0	22,5	23,4	23,7	22,5	23,5	25,3
30	Durchschnittliche Vergütung je beschäftigte Person in DM	4 690	4 830	5 090	5 440	5 690	6 000	6 720	6 740	7 210	7 540
31	Miete je qm Geschäftsraum in DM	-	-	14	15	16	16	18	17	17	19
32	Reklamekosten je beschäftigte Person in DM	466	804	703	916	1 098	1 161	1 120	1 160	1 142	1 327
33	Betriebshandelsspanne in % des Absatzes	26,3	28,2	27,2	28,3	28,6	29,1	29,9	30,5	31,0	31,7
34	Betriebswirtschaftliches Betriebsergebnis in % des Absatzes	- 2,1	4,3	3,8	3,1	3,3	3,1	3,4	5,0	4,5	3,3
35	Steuerliches Betriebsergebnis in % des Absatzes	2,6	7,3	7,3	6,3	6,1	5,7	6,2	8,0	7,5	6,4

Tabelle 51

Umsatz, Kosten, Spannen und Gewinn des Beleuchtungs- und Elektroeinzelhandels in den Jahren 1949 bis 1958

Lfd. Nr.	Position	1949	1950	1951	1952	1953	1954	1955	1956	1957	1958
1	Zahl der berichtenden Betriebe	28	13	23	22	18	19	23	25	22	25
2	Zahl der beschäftigten Personen je Betrieb	12,9	11,5	14,3	18,4	16,4	15,6	14,7	16,3	18,3	19,5
3	Absatz je Betrieb in Tausend DM	254	201	322	415	380	388	380	484	554	610
4	Wertmäßige Absatzentwicklung (1949 = 100)	100,0	107,8	133,3	132,0	139,1	146,6	165,1	180,9	196,3	213,2
5	Preisentwicklung (1949 = 100)	100	88	96	95	91	89	88	90	91	94
6	Preisbereinigte Absatzentwicklung (1949 = 100)	100,0	122,5	138,9	138,9	152,9	164,7	187,6	201,0	215,7	226,8
7	Absatz je beschäftigte Person in DM	19 800	24 500	23 900	23 500	24 000	25 600	25 600	31 100	32 900	33 000
8	Absatz je qm Geschäftsraum in DM	-	-	1 420	1 500	1 480	1 440	1 090	1 260	1 320	1 710
9	Zahl der qm Geschäftsraum je beschäftigte Person	-	-	17	16	16	18	24	25	25	20
10	Lagerentwicklung (1949 = 100)	100,0	135,1	174,1	193,6	200,2	213,8	228,8	245,3	263,2	273,2
11	Lagerumschlag ... mal	6,3	4,1	5,1	4,3	4,3	4,9	3,8	4,3	4,0	4,7
12	Lagerbestand je beschäftigte Person in DM	1 580	4 320	4 630	4 420	4 640	4 580	4 900	5 500	5 170	4 440
13	Kreditverkäufe in % des Absatzes	-	-	40,6	44,5	41,1	46,9	36,6	41,0	45,2	43,3
	Aufgliederung der Kreditverkäufe in %										
14	In Verbindung mit Teilzahlungs-Finanzierungs-Instituten gewährte Kredite	-	-	-	10,0	11,8	11,7	14,6	8,7	10,9	9,8
15	Sonstige Teilzahlungsverkäufe aufgrund von besonderen Teilzahlungsverträgen	-	-	-	13,0	11,2	16,1	10,7	10,1	9,4	14,0
16	Alle sonstigen Kreditverkäufe (offene Buchkredite, Anschreiben)	-	-	-	77,0	77,0	77,2	74,7	81,2	79,7	76,2
17	Außenstände am Jahresende in % des Absatzes	-	-	7,6	8,8	8,9	8,1	6,7	10,6	10,1	9,0
18	Kostenentwicklung (1949 = 100)	100,0	106,2	126,1	139,9	147,4	161,0	175,0	177,1	195,1	214,5
	Kostenarten in % des Absatzes										
19	Personalkosten ohne Unternehmerlohn	10,5	10,3	11,1	14,2	13,4	13,3	12,0	12,5	13,2	14,0
20	Unternehmerlohn	6,4	5,0	4,6	4,0	4,6	4,4	4,9	4,1	4,3	4,1
21	Personalkosten insgesamt	16,9	15,3	15,7	18,2	18,0	17,7	16,9	16,6	17,5	18,1
22	Miete bzw. Mietwert	2,9	2,8	2,2	2,4	3,0	3,4	3,5	2,4	2,4	2,3
23	Reklamekosten	0,8	1,2	1,4	1,2	1,3	1,5	1,3	1,1	1,3	1,2
24	Umsatz- und Gewerbesteuer	4,4	3,9	4,2	4,6	4,4	4,4	4,8	4,5	4,6	4,6
25	Abschreibungen	1,0	1,5	1,3	1,2	1,3	1,5	1,2	1,5	1,2	1,0
26	Zinsen für Eigenkapital	0,5	0,7	0,5	0,5	0,5	0,5	0,6	0,4	0,5	0,8
27	Sonstige Kosten	7,0	7,6	6,4	7,4	7,0	7,8	7,2	6,3	5,8	5,7
28	Gesamtkosten (Summe 21 - 27)	33,5	33,0	31,7	35,5	35,5	36,8	35,5	32,8	33,3	33,7
29	Gesamtkosten ohne Unternehmerlohn und ohne Zinsen für Eigenkapital	26,6	27,3	26,6	31,0	30,4	31,9	30,0	28,3	28,5	28,8
30	Durchschnittliche Vergütung je beschäftigte Person in DM	3 340	3 750	3 750	4 290	4 330	4 540	4 320	5 170	5 750	5 970
31	Miete je qm Geschäftsraum in DM	-	-	31	36	44	49	38	30	32	39
32	Reklamekosten je beschäftigte Person in DM	158	294	335	283	312	384	332	342	427	396
33	Betriebshandelsspanne in % des Absatzes	36,8	34,4	36,8	35,3	36,4	35,6	36,1	33,6	35,9	37,5
34	Betriebswirtschaftliches Betriebsergebnis in % des Absatzes	3,3	1,4	5,1	- 0,2	0,9	- 1,2	0,6	0,8	2,6	3,8
35	Steuerliches Betriebsergebnis in % des Absatzes	10,2	7,1	10,2	4,3	6,0	3,7	6,1	5,3	7,4	8,7

Tabelle 52

Umsatz, Kosten, Spannen und Gewinn des Glas-, Porzellan- und Keramikeinzelhandels in den Jahren 1949 bis 1958

Lfd. Nr.	Position	1949	1950	1951	1952	1953	1954	1955	1956	1957	1958
1	Zahl der berichtenden Betriebe	74	60	96	83	83	83	80	96	102	105
2	Zahl der beschäftigten Personen je Betrieb	8,8	10,7	8,8	10,3	10,4	11,2	13,0	14,2	14,6	14,6
3	Absatz je Betrieb in Tausend DM	240	294	251	305	314	345	412	466	507	542
4	Wertmäßige Absatzentwicklung (1949 = 100)	100,0	107,8	129,4	139,5	149,8	155,3	177,7	193,6	213,5	227,0
5	Preisentwicklung (1949 = 100)	100	82	89	93	89	86	85	86	89	91
6	Preisbereinigte Absatzentwicklung (1949 = 100)	100,0	131,5	145,4	150,0	168,3	180,6	200,8	225,1	239,9	249,5
7	Absatz je beschäftigte Person in DM	27 200	25 500	27 500	28 300	28 500	29 800	31 500	33 800	35 300	37 000
8	Absatz je qm Geschäftsraum in DM	-	-	860	940	880	980	1 040	1 060	1 070	1 140
9	Zahl der qm Geschäftsraum je beschäftigte Person	-	-	32	30	32	30	30	32	33	33
10	Lagerentwicklung (1949 = 100)	100,0	143,6	174,0	202,9	216,5	227,1	239,6	257,6	283,6	310,3
11	Lagerumschlag ... mal	5,4	3,7	3,4	3,1	3,2	3,3	3,0	3,3	3,4	3,3
12	Lagerbestand je beschäftigte Person in DM	4 250	5 290	6 200	6 840	6 800	6 930	7 310	6 950	7 610	7 880
13	Kreditverkäufe in % des Absatzes	-	-	6,1	7,9	6,4	7,5	7,4	8,3	8,5	7,4
	Aufgliederung der Kreditverkäufe in %										
14	In Verbindung mit Teilzahlungs-Finanzierungs-Instituten gewährte Kredite	-	-	-	1,5	6,7	8,5	5,3	7,6	7,7	4,3
15	Sonstige Teilzahlungsverkäufe aufgrund von besonderen Teilzahlungsverträgen	-	-	-	1,5	3,3	1,7	1,3	0,0	2,6	1,5
16	Alle sonstigen Kreditverkäufe (offene Buchkredite, Anschreiben)	-	-	-	97,0	90,0	89,8	93,4	92,4	89,7	94,2
17	Außenstände am Jahresende in % des Absatzes	-	-	0,9	1,4	1,3	1,4	1,4	1,4	1,3	1,1
18	Kostenentwicklung (1949 = 100)	100,0	106,7	118,7	132,1	144,3	156,3	172,9	193,6	210,0	227,0
	Kostenarten in % des Absatzes										
19	Personalkosten ohne Unternehmerlohn	7,0	7,2	6,3	6,6	6,7	7,4	7,6	8,0	8,7	9,0
20	Unternehmerlohn	6,2	5,6	5,5	5,5	5,3	5,0	5,3	4,7	4,4	4,5
21	Personalkosten insgesamt	13,2	12,8	11,8	12,1	12,0	12,4	12,9	12,7	13,1	13,5
22	Miete bzw. Mietwert	3,0	3,4	2,9	2,9	3,0	3,1	3,1	3,1	2,7	2,8
23	Reklamekosten	0,9	1,0	1,0	1,1	1,2	1,2	1,2	1,1	1,0	1,1
24	Umsatz- und Gewerbesteuer	4,1	3,5	4,2	5,1	5,1	5,3	5,0	4,9	4,9	5,0
25	Abschreibungen	0,6	1,0	0,6	0,6	0,8	0,9	1,0	1,0	0,9	1,0
26	Zinsen für Eigenkapital	0,7	0,9	0,8	0,7	0,7	0,8	0,8	0,7	0,7	0,8
27	Sonstige Kosten	7,7	7,3	6,4	6,1	6,3	6,7	6,6	6,7	6,4	6,0
28	Gesamtkosten (Summe 21 - 27)	30,2	29,9	27,7	28,6	29,1	30,4	30,6	30,2	29,7	30,2
29	Gesamtkosten ohne Unternehmerlohn und ohne Zinsen für Eigenkapital	23,3	23,4	21,4	22,4	23,1	24,6	24,5	24,8	24,6	24,9
30	Durchschnittliche Vergütung je beschäftigte Person in DM	3 590	3 270	3 250	3 420	3 410	3 700	4 060	4 290	4 620	4 990
31	Miete je qm Geschäftsraum in DM	-	-	25	27	26	31	32	33	29	32
32	Reklamekosten je beschäftigte Person in DM	245	255	275	311	341	358	378	371	353	407
33	Betriebshandelsspanne in % des Absatzes	27,5	30,0	30,2	30,9	31,5	32,8	33,4	33,7	34,3	34,2
34	Betriebswirtschaftliches Betriebsergebnis in % des Absatzes	- 2,7	0,1	2,5	2,3	2,4	2,4	2,8	3,5	4,6	4,0
35	Steuerliches Betriebsergebnis in % des Absatzes	4,2	6,6	8,8	8,5	8,4	8,2	8,9	8,9	9,7	9,3

Tabelle 53

Umsatz, Kosten, Spannen und Gewinn des Eisenwaren- und Hausrathandels insgesamt in den Jahren 1949 bis 1958

Lfd. Nr.	Position	1949	1950	1951	1952	1953	1954	1955	1956	1957	1958
1	Zahl der berichtenden Betriebe	220	162	309	263	251	238	234	246	253	270
2	Zahl der beschäftigten Personen je Betrieb	11,1	14,0	12,7	14,1	16,4	17,3	17,8	19,0	20,5	20,9
3	Absatz je Betrieb in Tausend DM	378	504	486	561	667	701	780	868	989	1 048
4	Wertmäßige Absatzentwicklung (1949 = 100)	100,0	108,4	128,8	137,4	147,0	161,3	183,6	206,2	221,5	235,9
5	Preisentwicklung (1949 = 100)	100	95	112	125	121	118	122	128	133	137
6	Preisbereinigte Absatzentwicklung (1949 = 100)	100,0	114,1	115,0	109,9	121,5	136,7	150,5	161,1	166,5	172,2
7	Absatz je beschäftigte Person in DM	34 100	32 900	34 700	36 700	37 000	37 800	40 900	43 000	45 200	47 400
8	Absatz je qm Geschäftsraum in DM	-	-	850	930	940	1 040	1 040	1 130	1 210	1 200
9	Zahl der qm Geschäftsraum je beschäftigte Person	-	-	41	40	39	36	39	38	37	39
10	Lagerentwicklung (1949 = 100)	100,0	118,4	135,9	155,0	162,9	169,9	184,9	204,5	225,2	241,4
11	Lagerumschlag ... mal	5,4	4,6	4,3	4,2	4,3	4,4	4,5	4,4	4,4	4,5
12	Lagerbestand je beschäftigte Person in DM	5 660	6 210	6 620	7 150	7 210	7 040	7 290	7 650	8 120	8 300
13	Kreditverkäufe in % des Absatzes	-	-	43,6	47,8	48,4	48,7	50,2	50,6	51,0	50,0
	Aufgliederung der Kreditverkäufe in %										
14	In Verbindung mit Teilzahlungs-Finanzierungs-Instituten gewährte Kredite	-	-	-	4,6	5,4	7,1	5,7	4,4	4,3	5,3
15	Sonstige Teilzahlungsverkäufe aufgrund von besonderen Teilzahlungsverträgen	-	-	-	5,3	4,9	5,7	6,5	3,8	3,9	7,9
16	Alle sonstigen Kreditverkäufe (offene Buchkredite, Anschreiben)	-	-	-	90,1	89,7	87,2	87,8	91,8	91,8	86,8
17	Außenstände am Jahresende in % des Absatzes	-	-	7,5	9,3	10,2	10,5	10,7	10,8	10,4	10,5
18	Kostenentwicklung (1949 = 100)	100,0	102,6	115,9	126,3	137,4	152,0	171,6	191,9	207,0	225,0
	Kostenarten in % des Absatzes										
19	Personalkosten ohne Unternehmerlohn	6,5	7,2	6,4	7,1	7,3	7,6	7,4	7,5	8,1	8,5
20	Unternehmerlohn	5,3	3,8	4,5	3,8	3,6	3,5	3,8	3,6	3,3	3,2
21	Personalkosten insgesamt	11,8	11,0	10,9	10,9	10,9	11,1	11,2	11,1	11,4	11,7
22	Miete bzw. Mietwert	2,0	1,9	1,8	1,8	1,8	1,7	1,7	1,7	1,7	1,7
23	Reklamekosten	0,6	0,7	0,7	0,8	0,8	0,9	0,8	0,8	0,8	0,8
24	Umsatz- und Gewerbesteuer	3,3	2,8	3,0	3,4	3,5	3,5	3,3	3,3	3,3	3,4
25	Abschreibungen	1,1	1,4	1,0	1,0	1,1	1,1	1,1	1,1	1,2	1,1
26	Zinsen für Eigenkapital	0,7	0,8	0,8	0,7	0,7	0,6	0,6	0,6	0,6	0,7
27	Sonstige Kosten	6,5	6,0	5,2	5,3	5,5	5,6	5,6	5,6	5,3	5,4
28	Gesamtkosten (Summe 21 - 27)	26,0	24,6	23,4	23,9	24,3	24,5	24,3	24,2	24,3	24,8
29	Gesamtkosten ohne Unternehmerlohn und ohne Zinsen für Eigenkapital	20,0	20,0	18,1	19,4	20,0	20,4	19,9	20,0	20,4	20,9
30	Durchschnittliche Vergütung je beschäftigte Person in DM	4 030	3 620	3 780	4 000	4 040	4 190	4 580	4 770	5 160	5 540
31	Miete je qm Geschäftsraum in DM	-	-	15	17	17	18	18	19	21	20
32	Reklamekosten je beschäftigte Person in DM	205	231	243	293	296	340	327	344	362	379
33	Betriebshandelsspanne in % des Absatzes	23,3	25,4	25,8	25,7	26,2	26,1	25,9	26,4	26,8	27,2
34	Betriebswirtschaftliches Betriebsergebnis in % des Absatzes	- 2,7	0,8	2,4	1,8	1,9	1,6	1,6	2,2	2,5	2,4
35	Steuerliches Betriebsergebnis in % des Absatzes	3,3	5,4	7,7	6,3	6,2	5,7	6,0	6,4	6,4	6,3

Tabelle 54

Umsatz, Kosten, Spannen und Gewinn des Eisenwaren- und Hausrathandels mit vorwiegend Haus- und Küchengeräten in den Jahren 1949 bis 1958

Lfd. Nr.	Position	1949	1950	1951	1952	1953	1954	1955	1956	1957	1958
1	Zahl der berichtenden Betriebe	21	15	56	50	50	48	43	38	41	48
2	Zahl der beschäftigten Personen je Betrieb	4,8	5,9	9,5	9,7	12,4	14,9	16,7	19,5	19,5	17,8
3	Absatz je Betrieb in Tausend DM	111	135	280	281	381	448	553	660	687	622
4	Wertmäßige Absatzentwicklung (1949 = 100)	100,0	102,5	122,0	130,1	138,3	145,8	160,7	177,1	196,9	209,9
5	Preisentwicklung (1949 = 100)	-	-	-	-	-	-	-	-	-	-
6	Preisbereinigte Absatzentwicklung (1949 = 100)	-	-	-	-	-	-	-	-	-	-
7	Absatz je beschäftigte Person in DM	22 900	22 000	25 400	27 300	26 300	28 000	31 000	31 000	32 100	34 300
8	Absatz je qm Geschäftsraum in DM	-	-	750	860	930	1 080	1 010	1 090	1 110	1 130
9	Zahl der qm Geschäftsraum je beschäftigte Person	-	-	34	32	28	26	31	28	29	30
10	Lagerentwicklung (1949 = 100)	100,0	115,9	139,4	161,4	170,6	176,1	188,1	206,3	222,8	240,0
11	Lagerumschlag ... mal	4,3	3,9	3,5	3,3	3,2	3,4	3,6	3,5	3,6	3,4
12	Lagerbestand je beschäftigte Person in DM	4 900	4 690	5 800	6 460	6 360	6 430	6 970	6 830	6 740	7 280
13	Kreditverkäufe in % des Absatzes	-	-	12,4	14,1	14,7	14,9	15,8	16,8	14,8	14,0
	Aufgliederung der Kreditverkäufe in %										
14	In Verbindung mit Teilzahlungs-Finanzierungs-Instituten gewährte Kredite	-	-	-	10,9	8,2	7,4	7,0	6,7	7,5	7,2
15	Sonstige Teilzahlungsverkäufe aufgrund von besonderen Teilzahlungsverträgen	-	-	-	7,0	6,0	8,1	6,9	8,5	8,1	7,2
16	Alle sonstigen Kreditverkäufe (offene Buchkredite, Anschreiben)	-	-	-	82,1	85,8	84,5	86,1	84,8	84,4	85,6
17	Außenstände am Jahresende in % des Absatzes	-	-	2,1	2,8	2,9	3,2	2,9	3,0	2,5	2,3
18	Kostenentwicklung (1949 = 100)	100,0	100,5	112,2	118,0	126,8	135,5	150,9	171,4	189,9	203,2
	Kostenarten in % des Absatzes										
19	Personalkosten ohne Unternehmerlohn	4,9	7,2	6,4	6,6	7,3	8,0	8,2	9,1	9,4	8,9
20	Unternehmerlohn	8,9	6,3	6,6	5,5	5,2	5,0	4,7	4,6	4,7	5,3
21	Personalkosten insgesamt	13,8	13,5	13,0	12,1	12,5	13,0	12,9	13,7	14,1	14,2
22	Miete bzw. Mietwert	3,5	3,6	2,8	2,7	2,7	2,5	2,5	2,7	2,9	2,6
23	Reklamekosten	0,8	0,8	1,0	1,2	1,2	1,1	1,1	1,1	1,1	1,0
24	Umsatz- und Gewerbesteuer	4,4	3,5	4,1	4,7	4,8	4,7	4,8	4,7	4,5	4,6
25	Abschreibungen	0,5	1,2	0,6	0,7	1,0	0,9	0,9	1,0	1,1	1,0
26	Zinsen für Eigenkapital	0,7	0,6	0,8	0,7	0,6	0,7	0,8	0,8	0,6	0,7
27	Sonstige Kosten	7,4	7,3	6,3	6,1	5,7	6,0	6,2	6,1	5,7	6,0
28	Gesamtkosten (Summe 21 - 27)	31,1	30,5	28,6	28,2	28,5	28,9	29,2	30,1	30,0	30,1
29	Gesamtkosten ohne Unternehmerlohn und ohne Zinsen für Eigenkapital	21,5	23,6	21,2	22,0	22,7	23,2	23,7	24,7	24,7	24,1
30	Durchschnittliche Vergütung je beschäftigte Person in DM	3 160	2 970	3 310	3 300	3 290	3 640	4 000	4 240	4 530	4 880
31	Miete je qm Geschäftsraum in DM	-	-	21	23	25	27	25	29	32	29
32	Reklamekosten je beschäftigte Person in DM	183	176	254	328	316	308	341	340	353	343
33	Betriebshandelsspanne in % des Absatzes	26,4	29,9	29,7	28,7	31,3	29,7	31,5	32,4	32,2	31,6
34	Betriebswirtschaftliches Betriebsergebnis in % des Absatzes	- 4,7	- 0,6	1,1	0,5	2,8	0,8	2,3	2,3	2,2	1,5
35	Steuerliches Betriebsergebnis in % des Absatzes	4,9	6,3	8,5	6,7	8,6	6,5	7,8	7,7	7,5	7,5

Tabelle 55

Umsatz, Kosten, Spannen und Gewinn des Eisenwaren- und Hausrathandels mit vorwiegend Kleineisenwaren, Werkzeugen in den Jahren 1949 bis 1958

Lfd. Nr.	Position	1949	1950	1951	1952	1953	1954	1955	1956	1957	1958
1	Zahl der berichtenden Betriebe	35	32	73	70	64	60	62	68	56	51
2	Zahl der beschäftigten Personen je Betrieb	15,4	18,4	14,3	15,1	16,7	18,0	17,0	16,3	15,7	17,5
3	Absatz je Betrieb in Tausend DM	536	657	602	645	734	851	855	824	769	897
4	Wertmäßige Absatzentwicklung (1949 = 100)	100,0	108,6	128,4	139,4	150,0	170,9	201,3	225,1	243,8	263,3
5	Preisentwicklung (1949 = 100)	-	-	-	-	-	-	-	-	-	-
6	Preisbereinigte Absatzentwicklung (1949 = 100)	-	-	-	-	-	-	-	-	-	-
7	Absatz je beschäftigte Person in DM	34 900	33 500	40 000	41 000	41 500	44 200	47 200	47 400	46 800	49 800
8	Absatz je qm Geschäftsraum in DM	-	-	1 090	1 280	1 260	1 340	1 410	1 470	1 560	1 620
9	Zahl der qm Geschäftsraum je beschäftigte Person	-	-	37	32	33	33	33	32	30	31
10	Lagerentwicklung (1949 = 100)	100,0	109,8	123,2	138,7	146,6	156,3	176,0	198,5	220,5	241,0
11	Lagerumschlag ... mal	6,7	5,7	4,6	4,7	5,0	4,7	5,3	4,8	4,6	4,8
12	Lagerbestand je beschäftigte Person in DM	5 080	5 400	7 320	7 380	7 470	7 480	7 630	8 230	8 350	8 140
13	Kreditverkäufe in % des Absatzes	-	-	66,6	67,2	68,7	69,4	72,4	68,4	67,4	68,1
	Aufgliederung der Kreditverkäufe in %										
14	In Verbindung mit Teilzahlungs-Finanzierungs-Instituten gewährte Kredite	-	-	-	0,3	0,6	1,0	1,1	0,7	0,4	0,3
15	Sonstige Teilzahlungsverkäufe aufgrund von besonderen Teilzahlungsverträgen	-	-	-	0,4	0,3	1,3	0,5	0,4	0,3	0,3
16	Alle sonstigen Kreditverkäufe (offene Buchkredite, Anschreiben)	-	-	-	99,3	99,1	97,7	98,4	98,9	99,3	99,4
17	Außenstände am Jahresende in % des Absatzes	-	-	10,7	12,7	14,6	14,6	15,0	14,2	13,7	13,4
18	Kostenentwicklung (1949 = 100)	100,0	103,9	112,2	124,0	125,7	147,3	171,1	191,3	221,6	245,6
	Kostenarten in % des Absatzes										
19	Personalkosten ohne Unternehmerlohn	7,8	8,3	7,3	7,6	7,1	7,4	7,2	6,8	7,8	8,8
20	Unternehmerlohn	4,5	2,9	3,6	3,4	3,0	3,1	3,3	3,6	3,4	3,1
21	Personalkosten insgesamt	12,3	11,2	10,9	11,0	10,1	10,5	10,5	10,4	11,2	11,9
22	Miete bzw. Mietwert	1,5	1,7	1,4	1,4	1,2	1,3	1,3	1,3	1,4	1,4
23	Reklamekosten	0,7	0,7	0,5	0,5	0,5	0,6	0,6	0,6	0,6	0,6
24	Umsatz- und Gewerbesteuer	2,3	2,1	2,1	2,4	2,6	2,5	2,3	2,6	2,7	2,6
25	Abschreibungen	1,2	1,8	1,1	1,2	1,2	1,1	1,1	1,1	1,1	1,2
26	Zinsen für Eigenkapital	0,8	0,8	0,7	0,7	0,6	0,6	0,5	0,6	0,7	0,8
27	Sonstige Kosten	6,5	5,9	5,4	5,3	5,0	5,2	5,2	4,9	5,3	5,1
28	Gesamtkosten (Summe 21 - 27)	25,3	24,2	22,1	22,5	21,2	21,8	21,5	21,5	23,0	23,6
29	Gesamtkosten ohne Unternehmerlohn und ohne Zinsen für Eigenkapital	20,0	20,5	17,8	18,4	17,6	18,1	17,7	17,3	18,9	19,7
30	Durchschnittliche Vergütung je beschäftigte Person in DM	4 300	3 750	4 360	4 510	4 200	4 640	4 950	4 930	5 240	5 930
31	Miete je qm Geschäftsraum in DM	-	-	15	18	15	17	18	19	22	23
32	Reklamekosten je beschäftigte Person in DM	245	235	200	205	208	265	283	285	281	299
33	Betriebshandelsspanne in % des Absatzes	25,0	25,4	24,3	25,0	24,3	25,6	23,3	24,8	25,8	26,6
34	Betriebswirtschaftliches Betriebsergebnis in % des Absatzes	- 0,3	1,2	2,2	2,5	3,1	3,8	1,8	3,3	2,8	3,0
35	Steuerliches Betriebsergebnis in % des Absatzes	5,0	4,9	6,5	6,6	6,7	7,5	5,6	7,5	6,9	6,9

Tabelle 56

Umsatz, Kosten, Spannen und Gewinn des Eisenwaren- und Hausrathandels mit vorwiegend Öfen und Herden in den Jahren 1949 bis 1958

Lfd. Nr.	Position	1949	1950	1951	1952	1953	1954	1955	1956	1957	1958
1	Zahl der berichtenden Betriebe	8	7	16	12	10	9	9	11	12	18
2	Zahl der beschäftigten Personen je Betrieb	10,7	12,3	13,7	15,8	13,6	15,8	16,2	19,1	22,4	21,8
3	Absatz je Betrieb in Tausend DM	435	568	643	740	589	532	740	942	1 137	1 179
4	Wertmäßige Absatzentwicklung (1949 = 100)	100,0	118,6	135,4	135,7	151,3	167,5	189,3	212,6	216,0	225,9
5	Preisentwicklung (1949 = 100)	-	-	-	-	-	-	-	-	-	-
6	Preisbereinigte Absatzentwicklung (1949 = 100)	-	-	-	-	-	-	-	-	-	-
7	Absatz je beschäftigte Person in DM	40 800	42 000	43 900	40 200	40 500	37 800	41 200	48 900	50 400	55 000
8	Absatz je qm Geschäftsraum in DM	-	-	1 090	920	920	1 330	1 390	1 420	1 300	1 230
9	Zahl der qm Geschäftsraum je beschäftigte Person	-	-	40	43	44	28	30	35	39	45
10	Lagerentwicklung (1949 = 100)	100,0	133,9	160,7	176,0	163,5	152,2	162,5	189,8	214,9	222,9
11	Lagerumschlag ... mal	7,1	8,2	5,9	4,5	5,7	5,8	5,5	5,0	4,7	5,0
12	Lagerbestand je beschäftigte Person in DM	6 110	5 470	6 060	7 210	5 890	5 160	5 780	6 890	7 800	8 080
13	Kreditverkäufe in % des Absatzes	-	-	64,6	61,8	60,8	47,9	44,5	54,3	55,2	55,2
	Aufgliederung der Kreditverkäufe in %										
14	In Verbindung mit Teilzahlungs-Finanzierungs-Instituten gewährte Kredite	-	-	-	27,7	23,8	42,2	30,9	21,8	17,6	24,1
15	Sonstige Teilzahlungsverkäufe aufgrund von besonderen Teilzahlungsverträgen	-	-	-	17,5	14,3	24,4	19,3	9,3	15,0	31,5
16	Alle sonstigen Kreditverkäufe (offene Buchkredite, Anschreiben)	-	-	-	54,8	61,9	33,4	49,8	68,9	67,4	44,4
17	Außenstände am Jahresende in % des Absatzes	-	-	11,4	12,9	12,7	10,6	9,0	11,1	12,5	16,1
18	Kostenentwicklung (1949 = 100)	100,0	113,1	130,7	136,7	161,9	181,1	198,8	216,7	231,9	239,9
	Kostenarten in % des Absatzes										
19	Personalkosten ohne Unternehmerlohn	7,9	8,2	8,0	8,1	8,6	7,6	7,9	7,9	8,9	9,1
20	Unternehmerlohn	3,6	3,0	3,4	3,4	2,9	3,2	3,4	2,8	2,5	2,2
21	Personalkosten insgesamt	11,5	11,2	11,4	11,5	11,5	10,8	11,3	10,7	11,4	11,3
22	Miete bzw. Mietwert	1,7	1,5	1,6	2,1	2,1	1,9	2,7	2,4	2,7	2,2
23	Reklamekosten	1,5	1,0	1,2	1,4	1,3	1,6	1,4	1,2	1,2	1,1
24	Umsatz- und Gewerbesteuer	2,8	2,5	3,4	3,8	4,0	4,0	3,9	3,7	3,9	4,0
25	Abschreibungen	1,4	2,1	1,1	1,0	1,2	1,9	1,2	1,3	1,6	1,7
26	Zinsen für Eigenkapital	0,5	0,2	0,6	0,5	0,6	0,5	0,4	0,6	0,5	0,8
27	Sonstige Kosten	6,4	6,1	5,6	5,7	6,9	7,2	6,2	6,4	6,4	6,3
28	Gesamtkosten (Summe 21 -27)	25,8	24,6	24,9	26,0	27,6	27,9	27,1	26,3	27,7	27,4
29	Gesamtkosten ohne Unternehmerlohn und ohne Zinsen für Eigenkapital	21,7	21,4	20,9	22,1	24,1	24,2	23,3	22,9	24,7	24,4
30	Durchschnittliche Vergütung je beschäftigte Person in DM	4 690	4 700	5 000	4 620	4 660	4 080	4 650	5 230	5 740	6 210
31	Miete je qm Geschäftsraum in DM	-	-	17	19	19	25	38	34	35	27
32	Reklamekosten je beschäftigte Person in DM	612	420	526	562	527	605	577	587	604	605
33	Betriebshandelsspanne in % des Absatzes	24,5	30,3	25,9	25,6	27,7	27,3	27,4	29,4	31,1	31,1
34	Betriebswirtschaftliches Betriebsergebnis in % des Absatzes	- 1,3	5,7	1,0	- 0,4	0,1	- 0,6	0,3	3,1	3,4	3,7
35	Steuerliches Betriebsergebnis in % des Absatzes	2,8	8,9	5,0	3,5	3,6	3,1	4,1	6,5	6,4	6,7

Tabelle 57

Umsatz, Kosten, Spannen und Gewinn des Eisenwaren- und Hausrathandels mit gemischtem Sortiment in den Jahren 1949 bis 1958

Lfd. Nr.	Position	1949	1950	1951	1952	1953	1954	1955	1956	1957	1958
1	Zahl der berichtenden Betriebe	115	97	164	131	127	121	120	129	144	153
2	Zahl der beschäftigten Personen je Betrieb	11,4	13,4	13,1	15,0	18,0	18,0	18,7	20,3	22,5	22,9
3	Absatz je Betrieb in Tausend DM	386	476	489	607	753	740	826	946	1 147	1 216
4	Wertmäßige Absatzentwicklung (1949 = 100)	100,0	109,1	130,6	138,8	148,0	161,6	182,8	206,4	220,1	233,7
5	Preisentwicklung (1949 = 100)	-	-	-	-	-	-	-	-	-	-
6	Preisbereinigte Absatzentwicklung (1949 = 100)	-	-	-	-	-	-	-	-	-	-
7	Absatz je beschäftigte Person in DM	33 900	33 000	34 600	37 600	38 700	38 500	41 100	43 700	47 900	49 700
8	Absatz je qm Geschäftsraum in DM	-	-	750	770	800	850	830	1 100	1 090	1 100
9	Zahl der qm Geschäftsraum je beschäftigte Person	-	-	46	49	49	45	49	46	44	45
10	Lagerentwicklung (1949 = 100)	100,0	118,2	135,1	154,2	162,7	170,2	183,6	200,9	221,0	236,0
11	Lagerumschlag ... mal	4,9	4,1	4,2	4,3	4,2	4,4	4,4	4,4	4,5	4,6
12	Lagerbestand je beschäftigte Person in DM	6 040	6 720	6 650	7 290	7 530	7 200	7 350	7 670	8 490	8 690
13	Kreditverkäufe in % des Absatzes	-	-	41,8	48,5	50,4	51,8	51,7	50,8	54,1	54,5
	Aufgliederung der Kreditverkäufe in %										
14	In Verbindung mit Teilzahlungs-Finanzierungs-Instituten gewährte Kredite	-	-	-	4,4	5,9	7,8	6,8	4,8	4,5	4,4
15	Sonstige Teilzahlungsverkäufe aufgrund von besonderen Teilzahlungsverträgen	-	-	-	7,0	6,7	6,7	9,6	5,2	4,1	7,4
16	Alle sonstigen Kreditverkäufe (offene Buchkredite, Anschreiben)	-	-	-	88,6	87,4	85,5	83,6	90,0	91,4	88,2
17	Außenstände am Jahresende in % des Absatzes	-	-	7,5	9,5	10,5	11,2	11,4	11,2	11,0	11,5
18	Kostenentwicklung (1949 = 100)	100,0	103,0	116,0	126,7	140,3	153,9	173,3	194,9	200,8	216,0
	Kostenarten in % des Absatzes										
19	Personalkosten ohne Unternehmerlohn	6,4	6,7	6,0	6,9	7,2	7,4	7,3	7,3	7,8	8,1
20	Unternehmerlohn	5,0	3,9	4,3	3,5	3,3	3,3	3,6	3,5	2,9	2,8
21	Personalkosten insgesamt	11,4	10,6	10,3	10,4	10,5	10,7	10,9	10,8	10,7	10,9
22	Miete bzw. Mietwert	1,9	1,8	1,7	1,7	1,7	1,5	1,5	1,5	1,4	1,5
23	Reklamekosten	0,5	0,7	0,6	0,7	0,8	0,8	0,8	0,8	0,7	0,7
24	Umsatz- und Gewerbesteuer	3,2	2,9	3,1	3,5	3,5	3,5	3,3	3,3	3,0	3,2
25	Abschreibungen	1,2	1,2	1,0	0,9	1,1	1,2	1,1	1,1	1,2	1,1
26	Zinsen für Eigenkapital	0,7	0,8	0,8	0,7	0,7	0,6	0,6	0,5	0,6	0,6
27	Sonstige Kosten	6,2	5,7	4,8	5,0	5,5	5,6	5,6	5,7	5,3	5,2
28	Gesamtkosten (Summe 21 - 27)	25,1	23,7	22,3	22,9	23,8	23,9	23,8	23,7	22,9	23,2
29	Gesamtkosten ohne Unternehmerlohn und ohne Zinsen für Eigenkapital	19,4	19,0	17,2	18,7	19,8	20,0	19,6	19,7	19,4	19,8
30	Durchschnittliche Vergütung je beschäftigte Person in DM	3 870	3 500	3 570	3 910	4 060	4 120	4 480	4 720	5 130	5 420
31	Miete je qm Geschäftsraum in DM	-	-	13	13	14	13	12	14	15	16
32	Reklamekosten je beschäftigte Person in DM	170	231	208	263	310	308	329	349	336	348
33	Betriebshandelsspanne in % des Absatzes	22,5	24,6	25,1	24,9	25,1	24,8	25,1	25,3	25,4	25,7
34	Betriebswirtschaftliches Betriebsergebnis in % des Absatzes	- 2,6	0,9	2,8	2,0	1,3	0,9	1,3	1,6	2,5	2,5
35	Steuerliches Betriebsergebnis in % des Absatzes	3,1	5,6	7,9	6,2	5,3	4,8	5,5	5,6	6,0	5,9

Tabelle 58

Umsatz, Kosten, Spannen und Gewinn des Tapeten- und Linoleumhandels in den Jahren 1949 bis 1958

Lfd. Nr.	Position	1949	1950	1951	1952	1953	1954	1955	1956	1957	1958
1	Zahl der berichtenden Betriebe	39	41	50	38	33	38	31	64	96	94
2	Zahl der beschäftigten Personen je Betrieb	10,9	14,6	15,3	18,4	17,9	19,9	25,0	23,3	21,1	21,3
3	Absatz je Betrieb in Tausend DM	446	606	701	781	713	760	999	1 037	922	972
4	Wertmäßige Absatzentwicklung (1949 = 100)	100,0	136,4	172,5	180,8	203,0	222,7	254,5	284,3	314,2	334,0
5	Preisentwicklung (1949 = 100)	-	-	-	-	-	-	-	-	-	-
6	Preisbereinigte Absatzentwicklung (1949 = 100)	-	-	-	-	-	-	-	-	-	-
7	Absatz je beschäftigte Person in DM	41 200	41 000	43 000	41 400	40 800	38 500	41 500	43 300	41 800	44 000
8	Absatz je qm Geschäftsraum in DM	-	-	1 740	1 720	1 840	1 870	1 810	1 770	1 740	1 800
9	Zahl der qm Geschäftsraum je beschäftigte Person	-	-	25	24	22	21	23	25	24	24
10	Lagerentwicklung (1949 = 100)	100,0	158,6	230,6	284,1	312,5	347,2	386,4	433,9	462,1	499,5
11	Lagerumschlag ... mal	12,1	11,4	10,4	6,6	6,3	6,6	7,0	5,9	5,9	6,0
12	Lagerbestand je beschäftigte Person in DM	3 230	3 170	5 020	5 560	5 230	5 010	5 270	5 420	5 030	5 470
13	Kreditverkäufe in % des Absatzes	-	-	57,0	52,5	53,3	56,4	59,8	63,5	57,7	61,2
	Aufgliederung der Kreditverkäufe in %										
14	In Verbindung mit Teilzahlungs-Finanzierungs-Instituten gewährte Kredite	-	-	1,0	1,0	0,9	1,2	1,0	0,5	0,5	
15	Sonstige Teilzahlungsverkäufe aufgrund von besonderen Teilzahlungsverträgen	-	-	-	0,4	0,6	0,4	2,1	0,3	0,5	0,5
16	Alle sonstigen Kreditverkäufe (offene Buchkredite, Anschreiben)	-	-	-	98,6	98,4	98,7	96,7	98,7	99,0	99,0
17	Außenstände am Jahresende in % des Absatzes	-	-	8,2	8,5	9,8	10,4	11,9	11,9	10,8	11,8
18	Kostenentwicklung (1949 = 100)	100,0	138,9	179,5	205,2	238,6	265,9	311,8	358,6	410,5	440,8
	Kostenarten in % des Absatzes										
19	Personalkosten ohne Unternehmerlohn	5,7	6,7	6,5	8,3	8,2	9,0	9,1	9,6	10,3	11,3
20	Unternehmerlohn	4,0	3,4	3,5	3,3	3,3	3,0	3,3	3,5	3,6	3,0
21	Personalkosten insgesamt	9,7	10,1	10,0	11,6	11,5	12,0	12,4	13,1	13,9	14,3
22	Miete bzw. Mietwert	1,3	1,3	1,3	1,5	1,4	1,5	1,6	1,8	2,0	1,8
23	Reklamekosten	1,0	0,9	1,0	1,0	1,1	1,1	1,1	0,9	0,8	1,0
24	Umsatz- und Gewerbesteuer	2,8	2,8	3,4	3,9	3,9	3,9	3,9	3,8	3,8	3,8
25	Abschreibungen	1,2	1,4	1,0	0,9	1,0	1,2	1,3	1,3	1,2	1,3
26	Zinsen für Eigenkapital	0,4	0,5	0,4	0,4	0,5	0,5	0,4	0,5	0,5	0,5
27	Sonstige Kosten	5,8	5,6	6,0	5,9	6,7	6,3	6,5	6,6	6,8	6,5
28	Gesamtkosten (Summe 21 - 27)	22,2	22,6	23,1	25,2	26,1	26,5	27,2	28,0	29,0	29,2
29	Gesamtkosten ohne Unternehmerlohn und ohne Zinsen für Eigenkapital	17,8	18,7	19,2	21,5	22,3	23,0	23,5	24,0	24,9	25,7
30	Durchschnittliche Vergütung je beschäftigte Person in DM	4 000	4 140	4 300	4 800	4 690	4 620	5 140	5 680	5 800	6 290
31	Miete je qm Geschäftsraum in DM	-	-	23	26	26	28	29	32	35	32
32	Reklamekosten je beschäftigte Person in DM	412	369	430	414	449	424	456	390	334	440
33	Betriebshandelsspanne in % des Absatzes	-	25,5	26,7	27,9	29,9	29,6	28,8	30,1	32,9	32,9
34	Betriebswirtschaftliches Betriebsergebnis in % des Absatzes	-	2,9	3,6	2,7	3,8	3,1	1,6	2,1	3,9	3,7
35	Steuerliches Betriebsergebnis in % des Absatzes	-	6,8	7,5	6,4	7,6	6,6	5,3	6,1	8,0	7,2

Tabelle 59

Umsatz, Kosten, Spannen und Gewinn des Papier-, Bürobedarf- und Schreibwareneinzelhandels in den Jahren 1949 bis 1958

Lfd. Nr.	Position	1949	1950	1951	1952	1953	1954	1955	1956	1957	1958
1	Zahl der berichtenden Betriebe	108	99	106	113	103	106	91	102	98	116
2	Zahl der beschäftigten Personen je Betrieb	9,2	9,9	10,3	10,7	10,9	11,9	13,2	13,9	13,6	13,8
3	Absatz je Betrieb in Tausend DM	248	264	313	329	316	364	429	462	493	502
4	Wertmäßige Absatzentwicklung (1949 = 100)	100,0	107,2	132,2	139,5	142,8	152,2	164,8	177,0	189,6	202,3
5	Preisentwicklung (1949 = 100)	100	93	121	121	108	105	109	111	113	115
6	Preisbereinigte Absatzentwicklung (1949 = 100)	100,0	115,3	109,3	115,3	132,2	145,0	151,2	159,5	167,8	175,9
7	Absatz je beschäftigte Person in DM	27 100	24 300	27 300	26 900	25 700	27 600	29 700	31 300	38 100	33 900
8	Absatz je qm Geschäftsraum in DM	-	-	1 510	1 540	1 490	1 530	1 540	1 600	1 630	1 760
9	Zahl der qm Geschäftsraum je beschäftigte Person	-	-	18	17	17	18	19	20	23	19
10	Lagerentwicklung (1949 = 100)	100,0	124,8	148,8	163,9	165,4	169,5	181,2	196,2	206,8	218,6
11	Lagerumschlag ... mal	6,4	6,0	5,6	5,7	5,4	5,7	5,6	5,7	5,5	5,4
12	Lagerbestand je beschäftigte Person in DM	3 700	3 440	4 120	3 940	3 910	3 920	4 060	4 410	4 730	4 710
13	Kreditverkäufe in % des Absatzes	-	-	43,5	43,0	42,4	47,8	46,8	46,1	48,2	46,8
	Aufgliederung der Kreditverkäufe in %										
14	In Verbindung mit Teilzahlungs-Finanzierungs-Instituten gewährte Kredite	-	-	-	0,5	0,2	0,4	0,4	0,2	0,6	0,2
15	Sonstige Teilzahlungsverkäufe aufgrund von besonderen Teilzahlungsverträgen	-	-	-	1,0	0,5	0,2	0,2	0,7	0,7	0,2
16	Alle sonstigen Kreditverkäufe (offene Buchkredite, Anschreiben)	-	-	-	98,5	99,3	99,4	99,4	99,1	98,7	99,6
17	Außenstände am Jahresende in % des Absatzes	-	-	4,9	5,2	5,4	5,8	5,8	5,7	5,4	5,0
18	Kostenentwicklung (1949 = 100)	100,0	117,1	130,2	144,9	157,1	164,6	179,4	192,0	206,4	219,5
	Kostenarten in % des Absatzes										
19	Personalkosten ohne Unternehmerlohn	7,4	7,9	7,7	8,5	9,6	9,5	9,4	9,3	9,4	9,7
20	Unternehmerlohn	5,6	6,1	5,1	5,0	5,0	4,7	4,8	5,0	4,8	4,9
21	Personalkosten insgesamt	13,0	14,0	12,8	13,5	14,6	14,2	14,2	14,3	14,2	14,6
22	Miete bzw. Mietwert	2,1	2,5	2,2	2,2	2,5	2,3	2,3	2,3	2,4	2,2
23	Reklamekosten	0,8	0,8	0,8	1,0	1,0	0,9	1,0	0,9	1,0	0,9
24	Umsatz- und Gewerbesteuer	2,9	2,8	2,9	3,4	3,7	3,5	3,3	3,3	3,2	3,2
25	Abschreibungen	0,6	1,4	0,7	0,7	0,7	0,9	0,9	1,0	0,9	1,1
26	Zinsen für Eigenkapital	0,6	0,6	0,7	0,6	0,5	0,5	0,6	0,5	0,6	0,6
27	Sonstige Kosten	5,9	6,2	5,4	5,5	5,5	5,7	5,9	5,8	5,9	5,5
28	Gesamtkosten (Summe 21 - 27)	25,9	28,3	25,5	26,9	28,5	28,0	28,2	28,1	28,2	28,1
29	Gesamtkosten ohne Unternehmerlohn und ohne Zinsen für Eigenkapital	19,7	21,6	19,7	21,3	23,0	22,8	22,8	22,6	22,8	22,6
30	Durchschnittliche Vergütung je beschäftigte Person in DM	3 530	3 400	3 500	3 640	3 750	3 920	4 220	4 480	5 410	4 950
31	Miete je qm Geschäftsraum in DM	-	-	33	34	37	35	35	37	39	39
32	Reklamekosten je beschäftigte Person in DM	217	194	219	269	257	249	297	282	381	305
33	Betriebshandelsspanne in % des Absatzes	27,3	29,7	29,0	30,1	30,2	30,2	30,8	31,4	31,2	31,2
34	Betriebswirtschaftliches Betriebsergebnis in % des Absatzes	1,4	1,4	3,5	3,2	1,7	2,2	2,6	3,3	3,0	3,1
35	Steuerliches Betriebsergebnis in % des Absatzes	7,6	8,1	9,3	8,8	7,2	7,4	8,0	8,8	8,4	8,6

Tabelle 60

Umsatz, Kosten, Spannen und Gewinn des Büromaschinen-, Büromöbel- und Organisationsmittelhandels in den Jahren 1949 bis 1958

Lfd. Nr.	Position	1949	1950	1951	1952	1953	1954	1955	1956	1957	1958
1	Zahl der berichtenden Betriebe	32	32	34	46	47	57	56	59	63	69
2	Zahl der beschäftigten Personen je Betrieb	19,7	16,7	20,7	25,4	28,5	28,5	26,6	31,5	29,9	28,5
3	Absatz je Betrieb in Tausend DM	649	638	782	1 066	1 320	1 332	1 320	1 578	1 595	1 530
4	Wertmäßige Absatzentwicklung (1949 = 100)	100,0	130,3	169,3	183,9	205,2	222,0	250,0	265,5	282,0	295,5
5	Preisentwicklung (1949 = 100)	-	-	-	-	-	-	-	-	-	-
6	Preisbereinigte Absatzentwicklung (1949 = 100)	-	-	-	-	-	-	-	-	-	-
7	Absatz je beschäftigte Person in DM	32 900	40 400	41 100	42 900	44 900	44 800	49 800	48 400	51 900	50 600
8	Absatz je qm Geschäftsraum in DM	-	-	2 450	2 320	2 830	2 750	3 110	3 110	2 800	2 660
9	Zahl der qm Geschäftsraum je beschäftigte Person	-	-	17	19	16	16	16	16	19	19
10	Lagerentwicklung (1949 = 100)	100,0	126,5	155,8	193,6	221,9	240,5	268,2	295,3	326,9	358,0
11	Lagerumschlag ... mal	10,8	8,8	10,0	7,7	8,2	8,8	8,4	7,3	7,5	7,3
12	Lagerbestand je beschäftigte Person in DM	2 800	3 350	3 150	4 430	4 490	4 250	4 700	4 960	5 400	5 730
13	Kreditverkäufe in % des Absatzes	-	-	73,4	87,9	83,1	82,7	87,0	86,0	85,1	88,1
	Aufgliederung der Kreditverkäufe in %										
14	In Verbindung mit Teilzahlungs-Finanzierungs-Instituten gewährte Kredite	-	-	-	1,3	1,8	1,1	0,9	4,0	2,0	0,4
15	Sonstige Teilzahlungsverkäufe aufgrund von besonderen Teilzahlungsverträgen	-	-	-	1,5	5,8	1,6	1,2	4,2	1,6	1,6
16	Alle sonstigen Kreditverkäufe (offene Buchkredite, Anschreiben)	-	-	-	97,2	92,4	97,3	97,9	91,8	96,4	98,0
17	Außenstände am Jahresende in % des Absatzes	-	-	6,7	8,6	9,1	9,8	9,1	9,3	9,9	9,6
18	Kostenentwicklung (1949 = 100)	100,0	122,1	159,4	179,6	210,8	228,1	248,0	281,1	291,9	315,1
	Kostenarten in % des Absatzes										
19	Personalkosten ohne Unternehmerlohn	10,1	9,0	9,3	9,7	10,4	10,7	10,2	11,6	11,3	11,9
20	Unternehmerlohn	2,5	2,5	2,5	2,2	1,9	2,1	2,3	2,1	2,0	2,3
21	Personalkosten insgesamt	12,6	11,5	11,8	11,9	12,3	12,8	12,5	13,7	13,3	14,2
22	Miete bzw. Mietwert	1,0	1,0	1,1	1,1	1,1	1,2	1,2	1,2	1,3	1,4
23	Reklamekosten	1,2	1,1	1,1	1,4	1,4	1,3	1,3	1,3	1,4	1,3
24	Umsatz- und Gewerbesteuer	1,6	1,5	1,8	2,2	2,2	2,2	2,2	2,2	2,1	2,1
25	Abschreibungen	1,0	1,6	1,1	1,0	1,2	1,3	1,1	1,2	1,2	1,2
26	Zinsen für Eigenkapital	0,3	0,3	0,3	0,4	0,3	0,3	0,3	0,3	0,4	0,3
27	Sonstige Kosten	7,9	7,0	6,9	7,0	7,8	7,2	6,8	7,2	6,8	6,8
28	Gesamtkosten (Summe 21 - 27)	25,6	24,0	24,1	25,0	26,3	26,3	25,4	27,1	26,5	27,3
29	Gesamtkosten ohne Unternehmerlohn und ohne Zinsen für Eigenkapital	22,8	21,2	21,3	22,4	24,1	23,9	22,8	24,7	24,1	24,7
30	Durchschnittliche Vergütung je beschäftigte Person in DM	4 140	4 640	4 850	5 110	5 530	5 740	6 230	6 640	6 910	7 180
31	Miete je qm Geschäftsraum in DM	-	-	27	25	31	33	37	37	36	37
32	Reklamekosten je beschäftigte Person in DM	395	444	452	601	629	583	648	630	727	658
33	Betriebshandelsspanne in % des Absatzes	27,5	29,1	28,8	26,3	28,9	29,0	28,7	30,0	29,9	30,6
34	Betriebswirtschaftliches Betriebsergebnis in % des Absatzes	1,9	5,1	4,7	1,3	2,6	2,7	3,3	2,9	3,4	3,3
35	Steuerliches Betriebsergebnis in % des Absatzes	4,7	7,9	7,5	3,9	4,8	5,1	5,9	5,3	5,8	5,9

Tabelle 61

Umsatz, Kosten, Spannen und Gewinn des Fahrradeinzelhandels in den Jahren 1949 bis 1958

Lfd. Nr.	Position	1949	1950	1951	1952	1953	1954	1955	1956	1957	1958
1	Zahl der berichtenden Betriebe	36	21	15	13	14	15	16	15	12	16
2	Zahl der beschäftigten Personen je Betrieb	5,9	5,6	6,7	8,4	9,8	6,5	8,3	6,9	5,7	6,9
3	Absatz je Betrieb in Tausend DM	190	171	209	297	339	204	316	223	225	237
4	Wertmäßige Absatzentwicklung (1949 = 100)	100,0	116,7	136,7	143,4	148,3	145,3	164,5	153,1	171,2	174,3
5	Preisentwicklung (1949 = 100)	-	-	-	-	-	-	-	-	-	-
6	Preisbereinigte Absatzentwicklung (1949 = 100)	-	-	-	-	-	-	-	-	-	-
7	Absatz je beschäftigte Person in DM	32 000	30 400	25 500	31 100	30 000	29 300	37 300	34 600	39 500	33 700
8	Absatz je qm Geschäftsraum in DM	-	-	1 220	1 430	1 440	1 180	1 550	1 240	1 200	850
9	Zahl der qm Geschäftsraum je beschäftigte Person	-	-	24	22	21	25	24	28	33	40
10	Lagerentwicklung (1949 = 100)	100,0	159,0	213,1	237,5	241,3	242,5	258,0	284,3	302,5	317,9
11	Lagerumschlag ... mal	9,8	6,4	5,2	4,4	4,2	4,0	4,0	3,4	3,9	3,9
12	Lagerbestand je beschäftigte Person in DM	2 810	2 750	4 620	5 410	5 650	5 690	7 380	6 350	7 540	6 600
13	Kreditverkäufe in % des Absatzes	-	-	45,8	44,4	48,7	44,0	42,8	39,4	34,1	36,0
	Aufgliederung der Kreditverkäufe in %										
14	In Verbindung mit Teilzahlungs-Finanzierungs-Instituten gewährte Kredite	-	-	-	24,7	29,8	52,1	53,7	46,0	34,0	16,8
15	Sonstige Teilzahlungsverkäufe aufgrund von besonderen Teilzahlungsverträgen	-	-	-	39,5	38,0	21,0	27,4	39,3	51,3	82,2
16	Alle sonstigen Kreditverkäufe (offene Buchkredite, Anschreiben)	-	-	-	35,8	32,2	26,9	18,9	14,7	14,7	1,0
17	Außenstände am Jahresende in % des Absatzes	-	-	8,3	9,4	10,6	7,1	9,9	9,1	10,0	7,6
18	Kostenentwicklung (1949 = 100)	100,0	121,1	146,6	163,1	166,4	162,5	177,1	178,2	185,6	214,9
	Kostenarten in % des Absatzes										
19	Personalkosten ohne Unternehmerlohn	6,9	6,7	6,7	7,6	7,2	6,4	6,4	7,3	6,4	7,1
20	Unternehmerlohn	5,4	5,9	5,8	5,4	5,4	5,5	5,9	6,7	7,6	8,3
21	Personalkosten insgesamt	12,3	12,6	12,5	13,0	12,6	11,9	12,3	14,0	14,0	15,4
22	Miete bzw. Mietwert	1,6	1,9	1,9	2,0	2,2	2,3	2,1	2,1	1,9	2,1
23	Reklamekosten	1,6	1,1	1,3	1,8	1,3	1,1	1,1	1,1	0,9	1,2
24	Umsatz- und Gewerbesteuer	3,6	3,5	4,1	4,7	5,1	4,8	4,5	5,0	4,6	4,5
25	Abschreibungen	0,8	1,2	1,7	1,3	1,5	1,5	1,3	1,4	1,2	1,2
26	Zinsen für Eigenkapital	0,6	0,9	0,7	0,5	0,7	0,6	0,5	0,7	0,6	0,9
27	Sonstige Kosten	5,7	5,5	5,9	6,5	6,0	7,1	6,4	6,2	5,2	7,0
28	Gesamtkosten (Summe 21 - 27)	26,2	27,2	28,1	29,8	29,4	29,3	28,2	30,5	28,4	32,3
29	Gesamtkosten ohne Unternehmerlohn und ohne Zinsen für Eigenkapital	20,2	20,4	21,6	23,9	23,3	23,2	21,8	23,1	20,2	23,1
30	Durchschnittliche Vergütung je beschäftigte Person in DM	3 940	3 830	3 690	4 050	3 780	3 480	4 590	4 840	5 520	5 190
31	Miete je qm Geschäftsraum in DM	-	-	23	29	32	27	33	26	23	18
32	Reklamekosten je beschäftigte Person in DM	512	335	384	560	390	322	411	381	355	405
33	Betriebshandelsspanne in % des Absatzes	24,0	28,4	27,4	27,1	28,9	26,6	28,8	30,3	30,3	34,6
34	Betriebswirtschaftliches Betriebsergebnis in % des Absatzes	- 2,2	1,2	- 0,7	- 2,7	- 0,5	- 2,7	0,6	- 0,2	1,9	2,3
35	Steuerliches Betriebsergebnis in % des Absatzes	3,8	8,0	5,8	3,2	5,6	3,4	7,0	7,2	10,1	11,5

Tabelle 62

Umsatz, Kosten, Spannen und Gewinn des Radio- und Fernseheinzelhandels in den Jahren 1952 bis 1958

Lfd. Nr.	Position	1949	1950	1951	1952	1953	1954	1955	1956	1957	1958
1	Zahl der berichtenden Betriebe	-	-	-	28	33	48	49	64	87	107
2	Zahl der beschäftigten Personen je Betrieb	-	-	-	10,7	11,3	11,5	12,6	13,6	13,5	14,3
3	Absatz je Betrieb in Tausend DM	-	-	-	374	386	392	501	550	564	631
4	Wertmäßige Absatzentwicklung (1949 = 100)	-	-	-	-	-	-	-	-	-	-
5	Preisentwicklung (1949 = 100)	-	-	-	-	-	-	-	-	-	-
6	Preisbereinigte Absatzentwicklung (1949 = 100)	-	-	-	-	-	-	-	-	-	-
7	Absatz je beschäftigte Person in DM	-	-	-	33 700	34 300	34 600	38 400	41 900	42 900	44 700
8	Absatz je qm Geschäftsraum in DM	-	-	-	2 170	2 350	2 280	2 360	2 480	2 340	2 390
9	Zahl der qm Geschäftsraum je beschäftigte Person	-	-	-	16	15	15	16	17	18	19
10	Lagerentwicklung (1949 = 100)	-	-	-	-	-	-	-	-	-	-
11	Lagerumschlag ... mal	-	-	-	5,3	5,1	6,1	5,8	5,2	5,1	4,5
12	Lagerbestand je beschäftigte Person in DM	-	-	-	4 490	4 940	4 800	5 530	5 620	6 450	6 850
13	Kreditverkäufe in % des Absatzes	-	-	-	62,5	65,2	65,2	62,2	52,3	52,2	54,3
	Aufgliederung der Kreditverkäufe in %										
14	In Verbindung mit Teilzahlungs-Finanzierungs-Instituten gewährte Kredite	-	-	-	31,6	31,6	21,4	26,2	17,0	19,2	27,6
15	Sonstige Teilzahlungsverkäufe aufgrund von besonderen Teilzahlungsverträgen	-	-	-	53,1	51,0	45,3	53,6	62,3	59,0	55,7
16	Alle sonstigen Kreditverkäufe (offene Buchkredite, Anschreiben)	-	-	-	15,3	17,4	33,3	20,2	20,7	21,8	16,7
17	Außenstände am Jahresende in % des Absatzes	-	-	-	16,2	17,2	18,0	18,9	16,5	16,0	15,5
18	Kostenentwicklung (1949 = 100)	-	-	-	-	-	-	-	-	-	-
	Kostenarten in % des Absatzes										
19	Personalkosten ohne Unternehmerlohn	-	-	-	7,9	7,9	8,2	7,3	7,7	7,6	8,4
20	Unternehmerlohn	-	-	-	4,4	4,1	4,3	4,6	4,1	4,2	3,8
21	Personalkosten insgesamt	-	-	-	12,3	12,0	12,5	11,9	11,8	11,8	12,2
22	Miete bzw. Mietwert	-	-	-	1,8	1,9	1,9	1,8	1,9	1,9	2,0
23	Reklamekosten	-	-	-	2,0	1,6	1,7	1,5	1,3	1,5	1,4
24	Umsatz- und Gewerbesteuer	-	-	-	4,7	4,9	4,7	4,6	4,6	4,5	4,7
25	Abschreibungen	-	-	-	2,0	2,5	2,7	2,6	2,2	2,1	2,0
26	Zinsen für Eigenkapital	-	-	-	0,6	0,5	0,4	0,5	0,5	0,5	0,4
27	Sonstige Kosten	-	-	-	6,6	6,8	7,6	8,1	6,6	6,4	6,5
28	Gesamtkosten (Summe 21 - 27)	-	-	-	30,0	30,2	31,5	31,0	28,9	28,7	29,2
29	Gesamtkosten ohne Unternehmerlohn und ohne Zinsen für Eigenkapital	-	-	-	25,0	25,6	26,8	25,9	24,3	24,0	25,0
30	Durchschnittliche Vergütung je beschäftigte Person in DM	-	-	-	4 140	4 110	4 320	4 570	4 950	5 060	5 450
31	Miete je qm Geschäftsraum in DM	-	-	-	39	45	43	42	47	44	48
32	Reklamekosten je beschäftigte Person in DM	-	-	-	673	549	588	576	545	643	626
33	Betriebshandelsspanne in % des Absatzes	-	-	-	29,4	33,9	33,2	33,5	33,7	33,9	33,0
34	Betriebswirtschaftliches Betriebsergebnis in % des Absatzes	-	-	-	- 0,6	3,7	1,7	2,5	4,8	5,2	3,8
35	Steuerliches Betriebsergebnis in % des Absatzes	-	-	-	4,4	8,3	6,4	7,6	9,4	9,9	8,0

Tabelle 63

Umsatz, Kosten, Spannen und Gewinn des Photoeinzelhandels in den Jahren 1949 bis 1958

Lfd. Nr.	Position	1949	1950	1951	1952	1953	1954	1955	1956	1957	1958
1	Zahl der berichtenden Betriebe	36	25	17	32	29	31	39	49	64	63
2	Zahl der beschäftigten Personen je Betrieb	11,0	11,2	17,1	17,1	21,5	22,3	24,8	26,5	22,2	26,3
3	Absatz je Betrieb in Tausend DM	292	311	528	490	655	700	731	814	690	906
4	Wertmäßige Absatzentwicklung (1949 = 100)	100,0	115,1	136,3	163,6	190,8	219,2	256,2	271,8	297,1	322,9
5	Preisentwicklung (1949 = 100)	-	-	-	-	-	-	-	-	-	-
6	Preisbereinigte Absatzentwicklung (1949 = 100)	-	-	-	-	-	-	-	-	-	-
7	Absatz je beschäftigte Person in DM	26 500	27 700	31 800	29 600	29 500	29 700	27 400	29 100	31 200	32 800
8	Absatz je qm Geschäftsraum in DM	-	-	2 120	2 560	2 530	2 320	2 440	2 330	2 410	2 680
9	Zahl der qm Geschäftsraum je beschäftigte Person	-	-	15	12	12	13	11	12	13	12
10	Lagerentwicklung (1949 = 100)	100,0	136,4	184,0	232,0	260,5	283,7	322,9	362,3	394,5	430,0
11	Lagerumschlag ... mal	7,2	4,9	4,7	4,8	5,2	5,2	4,8	4,7	4,4	4,4
12	Lagerbestand je beschäftigte Person in DM	2 360	3 460	4 660	4 170	3 810	3 690	3 690	3 800	4 280	4 410
13	Kreditverkäufe in % des Absatzes	-	-	32,0	26,3	36,6	38,3	30,3	33,9	30,6	31,2
14	Aufgliederung der Kreditverkäufe in % In Verbindung mit Teilzahlungs-Finanzierungs-Instituten gewährte Kredite	-	-	-	1,5	2,6	5,7	5,1	2,5	2,9	5,1
15	Sonstige Teilzahlungsverkäufe aufgrund von besonderen Teilzahlungsverträgen	-	-	-	18,2	20,5	17,1	24,2	25,0	22,9	29,0
16	Alle sonstigen Kreditverkäufe (offene Buchkredite, Anschreiben)	-	-	-	80,3	76,9	77,2	70,7	72,5	74,2	65,9
17	Außenstände am Jahresende in % des Absatzes	-	-	4,7	4,4	5,6	6,4	5,0	4,9	4,8	5,1
18	Kostenentwicklung (1949 = 100)	100,0	115,8	121,7	152,1	182,6	219,2	275,9	292,6	316,2	340,7
19	Kostenarten in % des Absatzes Personalkosten ohne Unternehmerlohn	10,1	10,2	8,5	9,2	10,6	10,8	12,1	12,1	11,5	11,5
20	Unternehmerlohn	5,1	4,6	4,1	4,3	3,8	3,8	4,1	4,3	5,0	4,6
21	Personalkosten insgesamt	15,2	14,8	12,6	13,5	14,4	14,6	16,2	16,4	16,5	16,1
22	Miete bzw. Mietwert	2,6	2,4	2,0	2,3	1,9	2,0	2,7	2,6	2,6	2,4
23	Reklamekosten	1,7	2,4	1,5	1,5	2,0	2,0	2,0	2,2	2,0	2,2
24	Umsatz- und Gewerbesteuer	3,7	3,7	3,9	4,5	4,4	4,5	4,5	4,7	4,5	4,5
25	Abschreibungen	1,8	1,7	1,8	1,3	1,9	1,9	2,1	1,9	2,1	2,1
26	Zinsen für Eigenkapital	0,7	0,7	0,4	0,4	0,4	0,5	0,6	0,4	0,5	0,7
27	Sonstige Kosten	6,9	7,1	6,9	6,8	6,2	7,1	7,0	6,9	6,5	6,4
28	Gesamtkosten (Summe 21 - 27)	32,6	32,8	29,1	30,3	31,2	32,6	35,1	35,1	34,7	34,4
29	Gesamtkosten ohne Unternehmerlohn und ohne Zinsen für Eigenkapital	26,8	27,5	24,6	25,6	27,0	28,3	30,4	30,4	29,2	29,1
30	Durchschnittliche Vergütung je beschäftigte Person in DM	4 030	4 100	4 000	3 990	4 250	4 340	4 450	4 780	5 150	5 280
31	Miete je qm Geschäftsraum in DM	-	-	42	59	48	46	66	61	63	64
32	Reklamekosten je beschäftigte Person in DM	451	666	476	444	591	594	549	641	625	721
33	Betriebshandelsspanne in % des Absatzes	32,3	34,0	34,3	33,6	36,2	36,1	38,1	38,6	39,6	41,6
34	Betriebswirtschaftliches Betriebsergebnis in % des Absatzes	- 0,3	1,2	5,2	3,3	5,0	3,5	3,0	3,5	4,9	7,2
35	Steuerliches Betriebsergebnis in % des Absatzes	5,5	6,5	9,7	8,0	9,2	7,8	7,7	8,2	10,4	12,5

Tabelle 64

Umsatz, Kosten, Spannen und Gewinn des Uhren-, Juwelen-, Gold- und Silberwareneinzelhandels in den Jahren 1951 bis 1958

Lfd. Nr.	Position	1949	1950	1951	1952	1953	1954	1955	1956	1957	1958
1	Zahl der berichtenden Betriebe	-	-	48	46	75	88	84	86	112	150
2	Zahl der beschäftigten Personen je Betrieb	-	-	10,6	9,4	8,7	8,8	8,6	9,2	8,1	7,3
3	Absatz je Betrieb in Tausend DM	-	-	294	276	241	251	277	325	310	296
4	Wertmäßige Absatzentwicklung (1949 = 100)	100,0	125,0	154,3	170,0	194,3	205,0	227,3	249,6	279,6	300,8
5	Preisentwicklung (1949 = 100)	-	-	-	-	-	-	-	-	-	-
6	Preisbereinigte Absatzentwicklung (1949 = 100)	-	-	-	-	-	-	-	-	-	-
7	Absatz je beschäftigte Person in DM	-	-	27 600	28 400	26 500	27 600	31 500	34 900	37 200	38 900
8	Absatz je qm Geschäftsraum in DM	-	-	2 500	2 800	2 700	2 710	2 890	2 780	3 080	3 130
9	Zahl der qm Geschäftsraum je beschäftigte Person	-	-	11	10	10	10	11	13	12	12
10	Lagerentwicklung (1949 = 100)	-	-	-	-	-	-	-	-	-	-
11	Lagerumschlag ... mal	-	-	2,2	2,1	2,1	2,0	1,9	1,8	1,8	1,7
12	Lagerbestand je beschäftigte Person in DM	-	-	8 460	9 280	8 830	9 400	10 520	11 220	13 090	15 030
13	Kreditverkäufe in % des Absatzes	-	-	7,1	8,9	8,3	7,4	7,5	5,5	6,1	7,1
	Aufgliederung der Kreditverkäufe in %										
14	In Verbindung mit Teilzahlungs-Finanzierungs-Instituten gewährte Kredite	-	-	-	11,2	16,3	10,6	10,1	7,3	3,2	2,8
15	Sonstige Teilzahlungsverkäufe aufgrund von besonderen Teilzahlungsverträgen	-	-	-	16,9	18,6	10,6	6,3	5,4	3,2	9,9
16	Alle sonstigen Kreditverkäufe (offene Buchkredite, Anschreiben)	-	-	-	71,9	65,1	78,8	83,6	87,3	93,6	87,3
17	Außenstände am Jahresende in % des Absatzes	-	-	1,6	2,3	2,0	1,8	2,0	1,5	1,5	1,7
18	Kostenentwicklung (1949 = 100)	-	-	-	-	-	-	-	-	-	-
	Kostenarten in % des Absatzes										
19	Personalkosten ohne Unternehmerlohn	-	-	8,9	9,4	9,6	9,5	9,3	9,0	8,8	8,6
20	Unternehmerlohn	-	-	6,3	5,8	6,4	5,9	6,5	6,3	6,5	6,9
21	Personalkosten insgesamt	-	-	15,2	15,2	16,0	15,4	15,8	15,3	15,3	15,5
22	Miete bzw. Mietwert	-	-	2,8	2,9	2,8	2,8	2,9	2,8	2,8	2,7
23	Reklamekosten	-	-	1,5	1,9	1,9	1,8	1,8	1,8	1,6	1,7
24	Umsatz- und Gewerbesteuer	-	-	4,4	5,6	5,5	5,8	5,5	5,5	5,1	5,2
25	Abschreibungen	-	-	1,0	0,9	1,2	1,3	1,7	1,4	1,3	1,2
26	Zinsen für Eigenkapital	-	-	1,1	0,8	0,8	0,9	0,9	0,9	0,9	1,0
27	Sonstige Kosten	-	-	7,3	7,9	8,3	9,0	8,3	8,5	7,9	7,4
28	Gesamtkosten (Summe 21 - 27)	-	-	33,3	35,2	36,5	37,0	36,9	36,2	34,9	34,7
29	Gesamtkosten ohne Unternehmerlohn und ohne Zinsen für Eigenkapital	-	-	25,9	28,6	29,3	30,2	29,5	29,0	27,5	26,8
30	Durchschnittliche Vergütung je beschäftigte Person in DM	-	-	4 190	4 320	4 240	4 250	4 980	5 340	5 700	6 030
31	Miete je qm Geschäftsraum in DM	-	-	70	81	75	76	84	78	86	85
32	Reklamekosten je beschäftigte Person in DM	-	-	414	540	503	496	567	628	596	662
33	Betriebshandelsspanne in % des Absatzes	-	-	40,1	40,7	42,1	42,2	42,8	42,4	40,8	40,9
34	Betriebswirtschaftliches Betriebsergebnis in % des Absatzes	-	-	6,8	5,5	5,6	5,2	5,9	6,2	5,9	6,2
35	Steuerliches Betriebsergebnis in % des Absatzes	-	-	14,2	12,1	12,8	12,0	13,3	13,4	13,3	14,1

Tabelle 65

Umsatz, Kosten, Spannen und Gewinn des Leder- und Galanteriewareneinzelhandels in den Jahren 1949 bis 1958

Lfd. Nr.	Position	1949	1950	1951	1952	1953	1954	1955	1956	1957	1958
1	Zahl der berichtenden Betriebe	31	36	44	44	47	54	53	58	68	78
2	Zahl der beschäftigten Personen je Betrieb	7,0	7,5	7,2	8,5	7,9	8,9	9,7	8,9	10,0	9,2
3	Absatz je Betrieb in Tausend DM	229	291	272	328	319	340	364	369	421	393
4	Wertmäßige Absatzentwicklung (1949 = 100)	100,0	127,0	128,1	133,6	135,9	133,7	142,7	155,5	167,7	175,0
5	Preisentwicklung (1949 = 100)	-	-	-	-	-	-	-	-	-	-
6	Preisbereinigte Absatzentwicklung (1949 = 100)	-	-	-	-	-	-	-	-	-	-
7	Absatz je beschäftigte Person in DM	32 600	39 700	36 800	38 700	39 300	37 100	37 000	41 100	42 000	43 500
8	Absatz je qm Geschäftsraum in DM	-	-	1 830	2 190	2 010	1 840	1 700	1 760	1 920	1 860
9	Zahl der qm Geschäftsraum je beschäftigte Person	-	-	20	18	20	20	22	23	22	23
10	Lagerentwicklung (1949 = 100)	100,0	138,4	188,2	219,6	236,3	241,3	260,8	290,5	321,6	347,0
11	Lagerumschlag ... mal	6,4	5,6	5,2	4,4	4,2	4,1	3,8	3,6	3,4	3,4
12	Lagerbestand je beschäftigte Person in DM	4 410	5 790	5 980	7 020	7 480	7 300	6 840	7 780	8 660	9 040
13	Kreditverkäufe in % des Absatzes	-	-	3,8	3,4	3,6	4,2	4,1	4,4	3,6	4,3
	Aufgliederung der Kreditverkäufe in %										
14	In Verbindung mit Teilzahlungs-Finanzierungs-Instituten gewährte Kredite	-	-	-	15,2	45,9	38,1	37,2	36,8	23,5	17,1
15	Sonstige Teilzahlungsverkäufe aufgrund von besonderen Teilzahlungsverträgen	-	-	-	33,3	2,7	9,5	7,0	5,3	0,0	9,7
16	Alle sonstigen Kreditverkäufe (offene Buchkredite, Anschreiben)	-	-	-	51,5	51,4	52,4	55,8	57,9	76,5	73,2
17	Außenstände am Jahresende in % des Absatzes	-	-	0,9	0,8	0,8	0,7	0,7	0,8	0,7	0,7
18	Kostenentwicklung (1949 = 100)	100,0	122,0	126,1	138,4	146,7	152,4	165,5	175,3	189,6	200,1
	Kostenarten in % des Absatzes										
19	Personalkosten ohne Unternehmerlohn	6,1	5,8	5,1	5,9	6,1	6,8	6,5	6,6	6,8	6,7
20	Unternehmerlohn	5,0	4,2	4,7	4,2	4,6	4,5	5,0	4,9	4,8	5,0
21	Personalkosten insgesamt	11,1	10,0	9,8	10,1	10,7	11,3	11,5	11,5	11,6	11,7
22	Miete bzw. Mietwert	2,4	2,6	2,7	2,7	3,0	2,9	3,0	2,8	3,1	3,1
23	Reklamekosten	1,0	1,1	1,4	1,4	1,4	1,5	1,6	1,3	1,4	1,3
24	Umsatz- und Gewerbesteuer	3,7	3,6	4,4	5,4	5,3	5,2	5,1	4,9	4,8	4,9
25	Abschreibungen	0,8	1,0	0,7	0,6	0,8	1,0	1,1	1,2	1,1	1,2
26	Zinsen für Eigenkapital	0,6	0,4	0,6	0,6	0,6	0,7	0,6	0,7	0,7	0,7
27	Sonstige Kosten	5,5	5,4	5,1	5,2	5,3	6,0	6,2	5,9	5,7	5,8
28	Gesamtkosten (Summe 21 - 27)	25,1	24,1	24,7	26,0	27,1	28,6	29,1	28,3	28,4	28,7
29	Gesamtkosten ohne Unternehmerlohn und ohne Zinsen für Eigenkapital	19,5	19,5	19,4	21,2	21,9	23,4	23,5	22,7	22,9	23,0
30	Durchschnittliche Vergütung je beschäftigte Person in DM	3 620	3 970	3 610	3 910	4 210	4 190	4 260	4 730	4 870	5 090
31	Miete je qm Geschäftsraum in DM	-	-	49	59	60	53	51	49	59	58
32	Reklamekosten je beschäftigte Person in DM	326	437	516	542	551	556	593	535	588	566
33	Betriebshandelsspanne in % des Absatzes	26,2	26,9	27,3	28,1	30,4	30,1	32,3	32,2	31,9	32,3
34	Betriebswirtschaftliches Betriebsergebnis in % des Absatzes	1,1	2,8	2,6	2,1	3,3	1,5	3,2	3,9	3,5	3,6
35	Steuerliches Betriebsergebnis in % des Absatzes	6,7	7,4	7,9	6,9	8,5	6,7	8,8	9,5	9,0	9,3

Tabelle 66

Umsatz, Kosten, Spannen und Gewinn des Sportartikeleinzelhandels in den Jahren 1951 bis 1958

Lfd. Nr.	Position	1949	1950	1951	1952	1953	1954	1955	1956	1957	1958
1	Zahl der berichtenden Betriebe	-	-	52	38	44	49	43	45	48	48
2	Zahl der beschäftigten Personen je Betrieb	-	-	7,5	8,6	11,7	8,8	9,6	12,6	13,6	14,1
3	Absatz je Betrieb in Tausend DM	-	-	278	389	475	345	411	577	633	704
4	Wertmäßige Absatzentwicklung (1949 = 100)	100,0	135,7	155,7	183,9	195,3	197,6	209,1	247,8	261,2	283,1
5	Preisentwicklung (1949 = 100)	-	-	-	-	-	-	-	-	-	-
6	Preisbereinigte Absatzentwicklung (1949 = 100)	-	-	-	-	-	-	-	-	-	-
7	Absatz je beschäftigte Person in DM	-	-	34 700	41 200	39 200	37 100	38 500	43 000	43 600	46 800
8	Absatz je qm Geschäftsraum in DM	-	-	1 920	2 120	1 960	1 710	1 900	2 160	2 000	2 060
9	Zahl der qm Geschäftsraum je beschäftigte Person	-	-	18	19	20	22	20	20	22	23
10	Lagerentwicklung (1949 = 100)	-	-	-	-	-	-	-	-	-	-
11	Lagerumschlag ... mal	-	-	3,6	3,5	3,1	2,8	2,9	2,8	2,6	2,9
12	Lagerbestand je beschäftigte Person in DM	-	-	9 060	10 070	10 040	10 920	10 790	11 040	11 400	11 420
13	Kreditverkäufe in % des Absatzes	-	-	11,0	10,1	8,6	9,2	9,6	8,6	9,6	9,9
	Aufgliederung der Kreditverkäufe in %										
14	In Verbindung mit Teilzahlungs-Finanzierungs-Instituten gewährte Kredite	-	-	-	7,9	8,8	8,1	7,8	9,6	8,2	5,8
15	Sonstige Teilzahlungsverkäufe aufgrund von besonderen Teilzahlungsverträgen	-	-	-	7,8	6,2	2,3	5,9	3,6	1,0	17,3
16	Alle sonstigen Kreditverkäufe (offene Buchkredite, Anschreiben)	-	-	-	84,3	85,0	89,6	86,3	86,8	90,8	76,9
17	Außenstände am Jahresende in % des Absatzes	-	-	1,7	1,5	2,0	1,9	2,1	1,9	1,8	1,7
18	Kostenentwicklung (1949 = 100)	-	-	-	-	-	-	-	-	-	-
	Kostenarten in % des Absatzes										
19	Personalkosten ohne Unternehmerlohn	-	-	4,3	4,2	4,7	5,1	5,1	5,4	6,3	6,4
20	Unternehmerlohn	-	-	6,7	5,7	5,0	5,6	6,0	5,5	5,6	4,7
21	Personalkosten insgesamt	-	-	11,0	9,9	9,7	10,7	11,1	10,9	11,9	11,1
22	Miete bzw. Mietwert	-	-	2,1	2,0	2,3	2,9	2,8	2,2	2,3	2,2
23	Reklamekosten	-	-	1,3	1,5	1,7	1,7	1,8	2,0	1,7	1,7
24	Umsatz- und Gewerbesteuer	-	-	4,0	4,8	4,9	4,7	4,7	4,5	4,6	4,5
25	Abschreibungen	-	-	0,9	0,5	0,9	0,7	0,9	0,7	0,9	0,7
26	Zinsen für Eigenkapital	-	-	0,7	0,5	0,4	0,6	0,5	0,4	0,5	0,5
27	Sonstige Kosten	-	-	5,5	5,1	5,8	6,2	6,1	5,9	6,1	5,9
28	Gesamtkosten (Summe 21 - 27)	-	-	25,5	24,3	25,7	27,5	27,9	26,6	28,0	26,6
29	Gesamtkosten ohne Unternehmerlohn und ohne Zinsen für Eigenkapital	-	-	18,1	18,1	20,3	21,3	21,4	20,7	21,9	21,4
30	Durchschnittliche Vergütung je beschäftigte Person in DM	-	-	3 810	4 070	3 800	3 970	4 270	4 690	5 180	5 200
31	Miete je qm Geschäftsraum in DM	-	-	40	42	45	50	53	47	46	45
32	Reklamekosten je beschäftigte Person in DM	-	-	451	617	667	631	693	860	741	796
33	Betriebshandelsspanne in % des Absatzes	-	-	24,3	26,2	25,2	27,3	28,3	28,2	28,4	29,3
34	Betriebswirtschaftliches Betriebsergebnis in % des Absatzes	-	-	- 1,2	1,9	- 0,5	- 0,2	0,4	1,6	0,4	2,7
35	Steuerliches Betriebsergebnis in % des Absatzes	-	-	6,2	8,1	4,9	6,0	6,9	7,5	6,5	7,9

Tabelle 67

Umsatz, Kosten, Spannen und Gewinn des Sortimentsbuchhandels in den Jahren 1949 bis 1958

Lfd. Nr.	Position	1949	1950	1951	1952	1953	1954	1955	1956	1957	1958
1	Zahl der berichtenden Betriebe	94	88	143	130	146	135	131	149	150	162
2	Zahl der beschäftigten Personen je Betrieb	7,4	7,9	7,2	7,1	8,1	9,0	10,4	10,5	10,4	9,9
3	Absatz je Betrieb in Tausend DM	190	206	202	219	262	310	374	388	408	420
4	Wertmäßige Absatzentwicklung (1949 = 100)	100,0	105,5	122,3	138,8	154,2	169,2	189,5	205,8	226,0	250,4
5	Preisentwicklung (1949 = 100)	-	-	-	-	-	-	-	-	-	-
6	Preisbereinigte Absatzentwicklung (1949 = 100)	-	-	-	-	-	-	-	-	-	-
7	Absatz je beschäftigte Person in DM	25 600	27 100	28 300	30 500	32 000	34 200	36 500	36 600	38 400	41 800
8	Absatz je qm Geschäftsraum in DM	-	-	1 990	2 110	2 340	2 490	2 550	2 590	2 620	2 750
9	Zahl der qm Geschäftsraum je beschäftigte Person	-	-	14	14	14	14	14	14	15	15
10	Lagerentwicklung (1949 = 100)	100,0	112,7	131,5	148,7	160,4	169,7	184,8	199,6	218,0	247,2
11	Lagerumschlag ... mal	7,3	6,8	6,8	6,8	7,1	7,2	4,5	4,8	4,7	4,5
12	Lagerbestand je beschäftigte Person in DM	3 290	3 340	3 800	3 960	3 960	4 010	3 990	4 010	4 200	4 650
13	Kreditverkäufe in % des Absatzes	-	-	41,1	43,1	44,0	45,7	47,2	47,4	46,5	44,6
	Aufgliederung der Kreditverkäufe in %										
14	In Verbindung mit Teilzahlungs-Finanzierungs-Instituten gewährte Kredite	-	-	-	0,2	0,7	0,0	0,0	0,2	0,0	0,9
15	Sonstige Teilzahlungsverkäufe aufgrund von besonderen Teilzahlungsverträgen	-	-	-	0,5	1,4	0,4	0,8	0,4	1,1	2,5
16	Alle sonstigen Kreditverkäufe (offene Buchkredite, Anschreiben)	-	-	-	99,3	97,9	99,6	99,2	99,4	98,9	96,6
17	Außenstände am Jahresende in % des Absatzes	-	-	6,7	6,8	7,6	7,1	7,7	7,4	6,9	6,8
18	Kostenentwicklung (1949 = 100)	100,0	102,8	114,7	128,6	144,0	159,3	188,8	208,1	228,5	248,6
	Kostenarten in % des Absatzes										
19	Personalkosten ohne Unternehmerlohn	8,1	8,5	7,2	7,1	7,5	7,9	8,1	8,6	9,2	8,8
20	Unternehmerlohn	5,1	4,6	5,0	4,7	4,3	4,0	4,4	4,2	4,1	4,0
21	Personalkosten insgesamt	13,2	13,1	12,2	11,8	11,8	11,9	12,5	12,8	13,3	12,8
22	Miete bzw. Mietwert	2,0	2,0	2,2	2,2	2,2	2,1	2,2	2,2	2,1	2,2
23	Reklamekosten	1,1	1,1	1,1	1,2	1,4	1,2	1,5	1,4	1,4	1,3
24	Umsatz- und Gewerbesteuer	3,1	2,9	3,1	3,6	3,6	3,7	3,6	3,8	3,6	3,7
25	Abschreibungen	0,7	0,6	0,7	0,6	0,6	0,7	0,8	0,8	0,8	0,8
26	Zinsen für Eigenkapital	0,6	0,4	0,6	0,4	0,3	0,3	0,3	0,3	0,3	0,4
27	Sonstige Kosten	6,5	6,4	5,6	5,4	5,5	5,7	6,2	6,2	6,0	5,8
28	Gesamtkosten (Summe 21 - 27)	27,2	26,5	25,5	25,2	25,4	25,6	27,1	27,5	27,5	27,0
29	Gesamtkosten ohne Unternehmerlohn und ohne Zinsen für Eigenkapital	21,5	21,5	19,9	20,1	20,8	21,3	22,4	23,0	23,1	22,6
30	Durchschnittliche Vergütung je beschäftigte Person in DM	3 380	3 550	3 450	3 590	3 780	4 070	4 560	4 690	5 100	5 350
31	Miete je qm Geschäftsraum in DM	-	-	44	46	52	52	56	57	55	61
32	Reklamekosten je beschäftigte Person in DM	282	298	311	365	449	410	548	513	537	543
33	Betriebshandelsspanne in % des Absatzes	24,2	27,8	25,7	26,4	27,3	27,7	29,3	29,3	29,5	29,8
34	Betriebswirtschaftliches Betriebsergebnis in % des Absatzes	- 3,0	1,3	0,2	1,2	1,9	2,1	2,2	1,8	2,0	2,8
35	Steuerliches Betriebsergebnis in % des Absatzes	2,7	6,3	5,8	6,3	6,5	6,4	6,9	6,3	6,4	7,2

Tabelle 68

Umsatz, Kosten, Spannen und Gewinn der Blumenbindereien in den Jahren 1952 bis 1958

Lfd. Nr.	Position	1949	1950	1951	1952	1953	1954	1955	1956	1957	1958
1	Zahl der berichtenden Betriebe	-	-	-	32	53	46	40	49	48	42
2	Zahl der beschäftigten Personen je Betrieb	-	-	-	7,9	7,3	7,2	8,8	8,7	8,4	8,3
3	Absatz je Betrieb in Tausend DM	-	-	-	108	121	128	168	174	192	172
4	Wertmäßige Absatzentwicklung (1949 = 100)	100,0	121,5	136,2	152,1	182,2	213,7	246,8	271,7	304,3	325,3
5	Preisentwicklung (1949 = 100)	-	-	-	-	-	-	-	-	-	-
6	Preisbereinigte Absatzentwicklung (1949 = 100)	-	-	-	-	-	-	-	-	-	-
7	Absatz je beschäftigte Person in DM	-	-	-	13 700	16 400	16 400	17 300	18 300	21 000	20 700
8	Absatz je qm Geschäftsraum in DM	-	-	-	1 180	1 260	1 300	1 460	1 710	1 890	1 550
9	Zahl der qm Geschäftsraum je beschäftigte Person	-	-	-	12	13	13	12	11	11	13
10	Lagerentwicklung (1949 = 100)	-	-	-	-	-	-	-	-	-	-
11	Lagerumschlag ... mal	-	-	-	26,8	31,5	37,7	31,7	30,4	28,2	24,8
12	Lagerbestand je beschäftigte Person in DM	-	-	-	520	460	610	530	590	630	630
13	Kreditverkäufe in % des Absatzes	-	-	-	11,6	10,1	11,4	14,4	14,2	19,6	19,7
	Aufgliederung der Kreditverkäufe in %										
14	In Verbindung mit Teilzahlungs-Finanzierungs-Instituten gewährte Kredite	-	-	-	0,0	0,0	0,0	0,0	0,0	0,0	0,0
15	Sonstige Teilzahlungsverkäufe aufgrund von besonderen Teilzahlungsverträgen	-	-	-	0,0	0,0	0,0	0,0	0,0	0,0	0,0
16	Alle sonstigen Kreditverkäufe (offene Buchkredite, Anschreiben)	-	-	-	100,0	100,0	100,0	100,0	100,0	100,0	100,0
17	Außenstände am Jahresende in % des Absatzes	-	-	-	2,1	1,9	2,4	3,1	2,5	3,3	3,1
18	Kostenentwicklung (1949 = 100)	-	-	-	-	-	-	-	-	-	-
	Kostenarten in % des Absatzes										
19	Personalkosten ohne Unternehmerlohn	-	-	-	10,1	8,9	9,2	9,5	10,1	10,5	10,9
20	Unternehmerlohn	-	-	-	10,0	8,6	9,4	9,5	9,7	8,7	9,2
21	Personalkosten insgesamt	-	-	-	20,1	17,5	18,6	19,0	19,8	19,2	20,1
22	Miete bzw. Mietwert	-	-	-	4,3	4,5	4,2	4,2	4,2	4,4	4,5
23	Reklamekosten	-	-	-	0,6	0,8	0,6	0,8	0,7	0,8	0,7
24	Umsatz- und Gewerbesteuer	-	-	-	5,1	4,9	4,5	5,1	5,1	4,7	4,5
25	Abschreibungen	-	-	-	0,9	1,0	1,3	1,2	1,2	1,6	1,9
26	Zinsen für Eigenkapital	-	-	-	0,5	0,3	0,4	0,3	0,4	0,3	0,4
27	Sonstige Kosten	-	-	-	10,1	8,7	9,4	8,1	8,6	9,7	8,3
28	Gesamtkosten (Summe 21 - 27)	-	-	-	41,6	37,7	39,0	38,7	40,0	40,7	40,4
29	Gesamtkosten ohne Unternehmerlohn und ohne Zinsen für Eigenkapital	-	-	-	31,1	28,8	29,2	28,9	29,9	31,7	30,8
30	Durchschnittliche Vergütung je beschäftigte Person in DM	-	-	-	2 750	2 860	3 050	3 280	3 620	4 030	4 150
31	Miete je qm Geschäftsraum in DM	-	-	-	51	57	55	61	72	83	70
32	Reklamekosten je beschäftigte Person in DM	-	-	-	82	131	98	138	128	168	145
33	Betriebshandelsspanne in % des Absatzes	-	-	-	43,4	42,5	40,2	43,4	44,2	44,8	43,5
34	Betriebswirtschaftliches Betriebsergebnis in % des Absatzes	-	-	-	1,8	4,8	1,2	4,7	4,2	4,1	3,1
35	Steuerliches Betriebsergebnis in % des Absatzes	-	-	-	12,3	13,7	11,0	14,5	14,3	13,1	12,7

Tabelle 69

Umsatz, Kosten, Spannen und Gewinn der Gemischtwarengeschäfte im Jahre 1958

Lfd. Nr.	Position	1949	1950	1951	1952	1953	1954	1955	1956	1957	1958
1	Zahl der berichtenden Betriebe	-	-	-	-	-	-	-	-	-	42
2	Zahl der beschäftigten Personen je Betrieb	-	-	-	-	-	-	-	-	-	6,0
3	Absatz je Betrieb in Tausend DM	-	-	-	-	-	-	-	-	-	290
4	Wertmäßige Absatzentwicklung (1949 = 100)	-	-	-	-	-	-	-	-	-	-
5	Preisentwicklung (1949 = 100)	-	-	-	-	-	-	-	-	-	-
6	Preisbereinigte Absatzentwicklung (1949 = 100)	-	-	-	-	-	-	-	-	-	-
7	Absatz je beschäftigte Person in DM	-	-	-	-	-	-	-	-	-	49 000
8	Absatz je qm Geschäftsraum in DM	-	-	-	-	-	-	-	-	-	1 490
9	Zahl der qm Geschäftsraum je beschäftigte Person	-	-	-	-	-	-	-	-	-	33
10	Lagerentwicklung (1949 = 100)	-	-	-	-	-	-	-	-	-	-
11	Lagerumschlag ... mal	-	-	-	-	-	-	-	-	-	6,7
12	Lagerbestand je beschäftigte Person in DM	-	-	-	-	-	-	-	-	-	6 520
13	Kreditverkäufe in % des Absatzes	-	-	-	-	-	-	-	-	-	9,6
14	Aufgliederung der Kreditverkäufe in % In Verbindung mit Teilzahlungs-Finanzierungs-Instituten gewährte Kredite	-	-	-	-	-	-	-	-	-	0,0
15	Sonstige Teilzahlungsverkäufe aufgrund von besonderen Teilzahlungsverträgen	-	-	-	-	-	-	-	-	-	6,4
16	Alle sonstigen Kreditverkäufe (offene Buchkredite, Anschreiben)	-	-	-	-	-	-	-	-	-	93,6
17	Außenstände am Jahresende in % des Absatzes	-	-	-	-	-	-	-	-	-	1,8
18	Kostenentwicklung (1949 = 100)	-	-	-	-	-	-	-	-	-	-
19	Kostenarten in % des Absatzes Personalkosten ohne Unternehmerlohn	-	-	-	-	-	-	-	-	-	3,4
20	Unternehmerlohn	-	-	-	-	-	-	-	-	-	5,4
21	Personalkosten insgesamt	-	-	-	-	-	-	-	-	-	8,8
22	Miete bzw. Mietwert	-	-	-	-	-	-	-	-	-	1,5
23	Reklamekosten	-	-	-	-	-	-	-	-	-	0,5
24	Umsatz- und Gewerbesteuer	-	-	-	-	-	-	-	-	-	4,2
25	Abschreibungen	-	-	-	-	-	-	-	-	-	1,3
26	Zinsen für Eigenkapital	-	-	-	-	-	-	-	-	-	0,6
27	Sonstige Kosten	-	-	-	-	-	-	-	-	-	4,1
28	Gesamtkosten (Summe 21 - 27)	-	-	-	-	-	-	-	-	-	21,0
29	Gesamtkosten ohne Unternehmerlohn und ohne Zinsen für Eigenkapital	-	-	-	-	-	-	-	-	-	15,0
30	Durchschnittliche Vergütung je beschäftigte Person in DM	-	-	-	-	-	-	-	-	-	4 310
31	Miete je qm Geschäftsraum in DM	-	-	-	-	-	-	-	-	-	22
32	Reklamekosten je beschäftigte Person in DM	-	-	-	-	-	-	-	-	-	245
33	Betriebshandelsspanne in % des Absatzes	-	-	-	-	-	-	-	-	-	20,5
34	Betriebswirtschaftliches Betriebsergebnis in % des Absatzes	-	-	-	-	-	-	-	-	-	- 0,5
35	Steuerliches Betriebsergebnis in % des Absatzes	-	-	-	-	-	-	-	-	-	5,5

VERÖFFENTLICHUNGEN DES INSTITUTS FÜR HANDELSFORSCHUNG

Mitteilungen des Instituts für Handelsforschung

Herausgegeben von Prof. Dr. Dr. h. c. Rudolf Seÿffert

Die Mitteilungen des Instituts erscheinen seit November 1949; ab Januar 1956 monatlich. Sie gehen den Mitgliedern der Gesellschaft zur Förderung des Instituts für Handelsforschung an der Universität zu Köln e. V., Düsseldorf, Kaiserstraße 48, unberechnet zu. Für Nichtmitglieder Bezugspreis der Einzelnummer DM 2,—. Bisher erschienen 100 Nummern mit insgesamt 1132 Seiten.

Auslieferungsstelle: Westdeutscher Verlag, Opladen, Ophovener Straße 1—3.

Sonderhefte der Mitteilungen des Instituts für Handelsforschung

Herausgegeben von Prof. Dr. Dr. h. c. Rudolf Seÿffert

1. Der Betriebsvergleich des Einzelhandels und seine Durchführung. 28 Seiten, 8. Auflage 1962, Preis DM 3,—.
2. Der Betriebsvergleich des Großhandels und seine Durchführung. 24 Seiten, 3. Auflage 1959, Preis DM 3,—.
3. Die Ergebnisse des Betriebsvergleichs des westdeutschen Einzelhandels im Jahre 1952. 56 Seiten, 1954, Preis DM 6,—.
4. Die Beschaffungswege der Konsumenten bei Großartikeln des Hausrats. 24 Seiten, 1954, Preis DM 5,—.
5. Die Bedeutung der Einzelhandelsbetriebsformen für den Lebensmitteleinkauf durch Kölner Haushaltungen. 20 Seiten, 1954 Preis DM 5,—.
6. Wege und Kosten der Distribution der Hausratwaren im Lande Nordrhein-Westfalen. 60 Seiten, 1955 (vergriffen).
7. Wege und Kosten der Distribution der Textil-, Schuh- und Lederwaren. 86 Seiten, 1956 (vergriffen).
8. Die Umstellung von Einzelläden des Lebensmittelhandels auf Selbstbedienung. Von Dipl.-Kfm. F. Schucht, 52 S., 1956 (vergriffen)
9. Der Textilwareneinkauf durch Haushaltungen in Nordrhein-Westfalen. 48 Seiten, 1957, Preis DM 6,—.
10. Methode und Ergebnis einer Gesamtbefragung der Kölner Studenten im Wintersemester 1946/47. Von Prof. Dr. Dr. h. c. Rudolf Seÿffert, 136 Seiten, 1958. Preis DM 14,—.
11. Wege und Kosten der Distribution der Konsumwaren, ausgenommen Lebensmittel, Hausrat-, Textil-, Schuh- und Lederwaren. 104 Seiten, 1959, Preis DM 14,—.
12. Versuch eines Betriebsvergleichs der staatlichen und städtischen Theater. 52 Seiten, 1959, Preis DM 8,—.

Auslieferungsstelle: Westdeutscher Verlag, Opladen, Ophovener Straße 1—3.

Schriften zur Handelsforschung

1. Folge: Schriften zur Einzelhandels- und Konsumtionsforschung (1929 bis 1940)

Herausgegeben von Prof. Dr. Dr. h. c. Rudolf Seÿffert

1. Das Kölner Einzelhandelsinstitut. Von Prof. Dr. Dr. h. c. Rudolf Seÿffert, VIII, 60 Seiten, 1929.
2. Die Probleme des gemeinschaftlichen Einkaufs der Einzelhändler in Haus- und Küchengeräten, Eisenwaren, Glas und Porzellan. Von Dipl.-Kfm. Dr. Albert Meier, XII, 264 Seiten, 1930.
3. Unterrichtsstoff und Lehrpläne für Einzelhandelsschulen. Von Prof. Dr. Paul Eckardt, VIII, 65 Seiten, 1930.
4. Die Modebildung in Damenstoffen. Von Dipl.-Kfm. Martha Fitch, VIII, 74 Seiten, 1930.
5. Der Einfluß der Mode auf den Schuheinzelhandel. Von Dipl.-Kfm. Dr. Fritz Samson, XI, 128 Seiten, 1930.
6. Das Entlohnungsproblem im Einzelhandel. Von Dipl.-Kfm. Dr. Karl Berets, VIII, 107 Seiten, 1930.
7. Die Werbung des Schuheinzelhändlers. Von Dipl.-Kfm. Dr. Karl Kahn, VIII, 208 Seiten, 1930.
8. Das Massenfilialsystem, die Voraussetzungen seiner Anwendbarkeit auf den Einzelhandelsbetrieb. Von Dipl.-Volksw. Dr. Harald Ehrlicher, XI, 200 Seiten, 1931.
9. Die kurzfristige Erfolgskontrolle im Einzelhandelsbetrieb. Von Prof. Dr. Carl Ruberg, VIII, 146 Seiten, 1931.
10. Der Markenartikel in der Kolonialwarenbranche. Von Dipl.-Kfm. Dr. Walter Herzberger, VIII, 120 Seiten, 1931.
11. Die Gemeinschaftsbeschaffung im Textileinzelhandel. Von Dr. Gerhard Schreiterer, IX, 194 Seiten, 1931.
12. Die betriebliche Ausbildung des Verkaufspersonals im Einzelhandel. Von Dipl.-Hdl. Dr. Hildegard Schröer, XVI, 201 Seiten, 1933.
13. Theorie der branchenmäßigen Gliederung des Warenhandels. Von Dr. Lorenz Nix, XII, 137 Seiten, 1932.
14. Die schulmäßigen Ausbildungsmöglichkeiten für den Einzelhandel (Arten, Aufgaben und Lehrpläne). Zusammenfassung der aus dem Preisausschreiben der Wirtschafts- und Sozialwissenschaftlichen Fakultät der Universität zu Köln hervorgegangenen Arbeit, von Prof. Dr. Paul Eckardt, Alfred Naupert, Hermann Prieß und Dr. Hans Stark, bearbeitet von Dipl.-Hdl. Dr. Hildegard Schröer, XII, 240 Seiten, 1932.
15. Das Etagengeschäft im Vergleich mit anderen Betriebsformen des Einzelhandels. Von Dipl.-Kfm., Dipl.-Volksw. Dr. Franz Tafelmayer, X, 127 Seiten, 1933.
16. Aufwands- und Kassenrechnung in der Buchführung des privaten Haushalts. Von Prof. Dr. Carl Ruberg, VIII, 86 Seiten, 1933.
17. Die Berufstätigkeit der Frau im Einzelhandel. Von Dipl.-Hdl. Dr. Ine Haug, XII, 114 Seiten, 1935.
18. Bibliographie des Einzelhandels 1883—1933. XLVIII, 375 Seiten, 1935.

19. **Lehrmittel für die Einzelhandelsschulung, Lehrmittelgruppe: Das Verkaufsgespräch.** 13 Seiten, 30 Tafeln, Sachbearbeiter der Tafeln Prof. Dr. Friedrich Schlieper, 1936.
20. **Die Beziehungen zwischen Betrieb und Haushalt des mittelständischen Einzelhändlers.** Von Dipl.-Kfm. Dr. Wolfgang Kienzerle, X, 91 Seiten, 1939.
21. **Einzelhandel und Berufsschule.** Von Prof. Dr. Friedrich Schlieper, VII, 102 Seiten, 1939.
22. **Das Einzelhandelsinstitut an der Universität Köln 1928—1938.** Von Prof. Dr. Dr. h. c. Rudolf Seÿffert, VIII, 131 Seiten, 1939.
23. **Entwicklung und Struktur des deutschen Tabakwaren-Einzelhandels.** Von Dipl.-Kfm. Dr. Franz Weyer, VIII, 208 Seiten, 1940.

Die Bestände der im C. E. Poeschel Verlag Stuttgart erschienenen 1. Folge wurden durch Kriegseinwirkung vernichtet.

Neue Folge (ab 1951)

Herausgegeben von Dr. Dr. h. c. Rudolf Seÿffert, o. Professor an der Universität zu Köln, in Gemeinschaft mit Dr. Edmund Sundhoff, o. Professor an der Universität Göttingen, Dr. Hans Buddeberg, o. Professor an der Universität Saarbrücken, Dr. Robert Nieschlag, o. Professor an der Universität München.

Die im Institut für Handelsforschung bearbeiteten und die von ihm herausgegebenen oder angeregten Bände der Schriftenreihe sind durch ein * gekennzeichnet.

* 1. **Beschaffung, Lagerung, Absatz und Kosten des Einzelhandels in der Bundesrepublik Deutschland in den Jahren 1949, 1950 und 1951.** XIV, 114 Seiten, 1953, kartoniert, Preis DM 12,—.
* 2. **Die Handelsspanne.** Von Prof. Dr. Edmund Sundhoff, XI, 292 Seiten, 1953, kartoniert, Preis DM 30,—.
* 3. **Die Betriebsvergleichszahlen im Einzelhandel, insbesondere die der Personenabsatzleistung.** Von Dr. Hans Ritter und Dr. Fritz Klein, VI, 90 Seiten, 1954, kartoniert, Preis DM 16,—.
  4. **Die Gewerbefreiheit im Handel.** Von Prof. Dr. Robert Nieschlag, VII. 132 Seiten, 1953, kartoniert, Preis DM 16,—.
* 5. **Über die Vergleichbarkeit der Handelsbetriebe.** Von Prof. Dr. Hans Buddeberg, XI, 234 S., 1955, kartoniert, Preis DM 28,—.
* 6. **Länderberichte über Struktur und Leistungen des Europäischen Binnenhandels, Niederlande, Österreich, Schweden, Schweiz.** Von Prof. Dr. Hans Buddeberg und Prof. Dr. Robert Nieschlag, VIII, 112 Seiten, 1956, kartoniert, Preis DM 12,—.
* 7. **Beschaffung, Lagerung, Absatz und Kosten des Einzelhandels in der Bundesrepublik Deutschland in den Jahren 1952, 1953 und 1954.** XII, 112 Seiten, 1956, kartoniert, Preis DM 12,—.
* 8. **Struktur und Leistungen des westdeutschen Eisenwaren- und Hausrathandels und des Einzelhandels mit Glas-, Porzellan- und Keramikwaren in den Jahren 1949 bis 1953.** Von Dr. Hans Philippi, VIII, 180 Seiten, 1957, kartoniert, Preis DM 16,—.
* 9. **Struktur und Leistungen des westdeutschen Schuheinzelhandels in den Jahren 1949 bis 1953.** Von Dr. Franz Josef Stoffels, VIII, 172 Seiten, 1957, kartoniert, Preis DM 16,—.
*10. **Struktur und Leistungen des westdeutschen Textileinzelhandels in den Jahren 1949 bis 1953.** Von Dr. Robert Menge, VIII, 172 Seiten, 1957, kartoniert, Preis DM 16,—.
*11. **Beschaffung, Lagerung, Absatz und Kosten des Einzelhandels in der Bundesrepublik Deutschland in den Jahren 1955, 1956 und 1957.** XII, 132 Seiten, 1959, kartoniert, Preis DM 14,—.
 12. **Probleme der Funktionseinengung im mittelständischen Handel unter besonderer Berücksichtigung des Einzelhandels (Funktionsausgliederung — Funktionsfortfall).** Von Dr. Hans Georg Worpitz, X, 98 Seiten, 1960, kartoniert, Preis DM 14,—.
 13. **Bildung und Verwendung von Typen in der Betriebswirtschaftslehre dargelegt am Beispiel der Typologie der Messen und Ausstellungen.** Von Dr. Bruno Tietz, X, 306 Seiten, 1960, kartoniert, Preis DM 30,—.
 14. **Die betriebliche Preispolitik im Einzelhandel.** Von Dr. Paul Theisen, XII, 128 Seiten, 1960, kartoniert, Preis DM 15,—.
*15. **Die Vertriebenenbetriebe im westdeutschen Handel.** VIII, 94 Seiten, 1960, kartoniert, Preis DM 15,—.
 16. **Funktionen und Leistungen des Handelsbetriebes.** Von Dr. Heribert Marré, VIII, 104 Seiten, 1960, kartoniert, Preis DM 15,—.
*17. **Methoden der Erfolgskontrolle in der Funkwerbung.** Von Dr. Wolfgang Irle, VIII, 100 Seiten, 1960, kartoniert, Preis DM 15,—.
 18. **Struktur und Leistungen des westdeutschen Möbeleinzelhandels in den Jahren 1949 bis 1957.** Von Dr. Johannes Bernskötter, VIII, 80 Seiten, 1960, kartoniert, Preis DM 14,—.
 19. **Handels- und Herstellermarken in der Lebensmittelbranche.** Von Dr. Fritz Hartl, VIII, 76 Seiten, 1960, kartoniert, Preis DM 14,—.
*20. **Die deutschen Großhandelsauktionen.** Von Dr. Herbert Durach, X, 234 Seiten, 1961, kartoniert, Preis DM 21,—.
 21. **Die Lokalisation des Einzelhandels in Köln und seinen Nachbarorten.** Von Dr. Arnold Kremer, X, 134 Seiten, 1961, kartoniert, Preis DM 17,—.
 22. **Umsatz, Kosten, Spannen und Gewinn des Einzelhandels in der Bundesrepublik Deutschland in dem Jahrzehnt 1949 bis 1958.** XII, 110 Seiten, 1962, kartoniert, Preis DM 16,—.

Westdeutscher Verlag, Köln und Opladen

Außerhalb der Institutsveröffentlichungen erschienen:

Handbuch des Einzelhandels. Herausgegeben unter Mitarbeit von 43 Fachleuten aus Wissenschaft und Praxis von Prof. Dr. Dr. h. c. Rudolf Seÿffert, XX, 933 Seiten, 1932.

Wirtschaftslehre des Handels. Von Prof. Dr. Dr. h. c. Rudolf Seÿffert, 4. Auflage, XII, 727 Seiten, Köln und Opladen (Westdeutscher Verlag) 1961, Ganzleinen, Preis DM 54,—.

Betriebsökonomisierung durch Kostenanalyse, Absatzrationalisierung und Nachwuchserziehung. Festschrift für Prof. Dr. Dr. h. c. Rudolf Seÿffert. Herausgegeben von Prof. Dr. Erich Kosiol und Prof. Dr. Friedrich Schlieper, 171 Seiten, Köln und Opladen (Westdeutscher Verlag) 1958, Ganzleinen, Preis DM 9,80.

If you have any concerns about our products,
you can contact us on
ProductSafety@springernature.com

In case Publisher is established outside the EU,
the EU authorized representative is:
**Springer Nature Customer Service Center GmbH
Europaplatz 3, 69115 Heidelberg, Germany**

Printed by Libri Plureos GmbH
in Hamburg, Germany